B. Buchberger F. Lichtenberger

Mathematik für Informatiker I

Die Methode der Mathematik

Zweite, korrigierte Auflage

Mit 30 Abbildungen

Springer-Verlag
Berlin Heidelberg New York 1981

Bruno Buchberger
Franz Lichtenberger

Institut für Mathematik, Johannes Kepler Universität
Altenberger Straße 69, A-4040 Linz/Donau

Die 1. Auflage erschien in der Reihe
„Informatik Fachberichte", Band 35, Springer-Verlag 1980
ISBN-13:978-3-540-11150-4

ISBN-13:978-3-540-11150-4 e-ISBN-13:978-3-642-68351-0
DOI: 10.1007/978-3-642-68351-0

CIP-Kurztitelaufnahme der Deutschen Bibliothek
Buchberger, Bruno:
Mathematik für Informatiker / B. Buchberger; F. Lichtenberger. –
Berlin; Heidelberg; New York: Springer
NE: Lichtenberger, Franz:
1. Die Methode der Mathematik. – 2., Aufl. – 1981.
ISBN-13:978-3-540-11150-4

2145/3140-543210

Vorwort

Das vorliegende Skriptum ist der erste Teil einer 4-semestrigen Vorlesung "Mathematik für Informatiker", die seit WS 79/80 an der Universität Linz neu aufgebaut wird. Die Autoren wurden bei der Strukturierung des Gesamtzyklus und insbesondere bei der Konzeption dieses ersten Teils von folgenden Grundgedanken geleitet:

1. Mathematik ist die Technik des rationalen Problemlösens. Der Vorgang des Problemlösens in seiner Ganzheit, beginnend bei der Analyse des meist nur sehr diffus gestellten Problems bis zur übersichtlichen Präsentation des fertigen Lösungsverfahrens und der Ergebnisse sollte deshalb im Mittelpunkt der Mathematikausbildung stehen.

2. Die Schulung der vielen sehr verschiedenen intellektuellen und psychischen Fähigkeiten, die das Lösen eines Problems vom Problemlöser erfordert (Geduld im Zuhören; Fähigkeit, gezielte Fragen zu stellen; Sehen von Strukturen in unstrukturierten Realitäten; Präzision im Ausdruck; Verstehen und Formulieren von Sachverhalten in beliebigen Notationen; Kreativität und Flexibilität; Fähigkeit zur Nutzbarmachung vorhandener Informationen; Abstraktionsvermögen und Fähigkeit zur Anschaulichkeit etc. etc.) fällt bei einer Ausbildung in Mathematik nicht selbstverständlich als Nebenprodukt ab. Vielmehr muß der Aspekt, daß es in der Mathematikausbildung um die Schulung aller zum Vorgang des Problemlösens notwendigen Fähigkeiten geht, sowohl vom Lehrer als auch vom Studierenden von Anfang an in bewußter Weise verfolgt werden.

3. Die mathematischen Inhalte, die in den höheren Schulen bis zur Matura geboten werden, reichen bei weitem aus, um die Technik des Problemlösens mit der Methode der Mathematik in bewußter Weise demonstrieren und schulen zu können. Eine bewußte methodische Schulung kann deshalb an den Anfang einer Universitätsausbildung gestellt werden. Eine intensive methodische Schulung am Anfang sollte nach Meinung der Autoren die Fähigkeit zur Aneigung belie-

biger mathematischer und fachwissenschaftlicher Inhalte in den folgenden Semestern entscheidend verbessern und - bei Lehrern und Studierenden - auch eine gewisse Abgeklärtheit gegenüber der über alle hereinbrechende Stoffülle ermöglichen. Auch sollten die Mathematikkenntnisse aus der Schule bei Beginn des Universitätsstudiums nicht "zum Vergessen" verurteilt, sondern als Material für weitergehende Beschäftigung willkommen geheißen werden.

4. Schulung in der Mathematischen Methode des Problemlösens wird als zwei wesentliche Pfeiler <u>"Schulung im präzisen Sprechen"</u> und <u>"Schulung im korrekten Denken"</u> haben müssen. Die Sprache der Mathematik und das Beweisen sollten deshalb nicht nur an Beispielen unbewußt "mitgelernt", sondern als Werkzeuge explizit analysiert, verfeinert und trainiert werden. Dieser Aspekt spielt insbesondere für den Informatiker eine wesentliche Rolle, wo oft sehr feine algorithmische Sprachmittel mit sehr groben und wenig sorgfältig behandelten deskriptiven Sprach- und Denkwerkzeugen zusammentreffen. Aus unserem Eintreten für eine explizite Schulung in der Sprache der Mathematik und im korrekten Argumentieren sollte nicht der Gegensatz "formal - anschaulich" konstruiert werden. Wir sind nur der Meinung, daß zu einer methodischen Schulung sehr wesentlich <u>auch</u> eine Schulung in formalen Belangen gehört, sodaß an beliebiger Stelle im Problemlösungsvorgang willentlich diejenige sprachliche Präzisionstufe gewählt werden kann, die der jeweiligen Situation optimal entspricht.

5. Der Gedanke des <u>Strukturierens</u> wird oft nur im Bereich des Software-Entwurfs betont. Er durchzieht als eine Grundtechnik jedoch den gesamten Problemlösungsprozeß und kommt insbesondere bei der Problemanalyse und Problembeschreibung, bei der Entwicklung von Lösungsverfahren, bei Beweisen und schließlich bei der Präsentation und Dokumentation zum Tragen. Dementsprechend sollte dieser Gesichtspunkt von Anfang an in der Mathematikausbildung trainiert werden, wozu wieder eine bewußte Auseinandersetzung mit Sprachmitteln, die Strukturierung unterstützen, notwendig ist.

6. Die Inhalte einer "Mathematik für Informatiker" sollten <u>aus Problemen der Informatik motiviert</u> sein.

Den hier angebenen Grundgedanken folgend, haben wir den Vorlesungszyklus so strukturiert, daß <u>im ersten Semester</u> eine explizite Schulung

in der "Methode der Mathematik" an Hand des vorliegenden Skriptums erfolgt. Erst in den folgenden Semestern werden neue "Inhalte aus der Mathematik", die für die Informatik relevant sind, geboten.
Die Grobstruktur der Vorlesung "Die Methode der Mathematik" ist dabei wie folgt:

Nach einer einführenden Zusammenschau über die Methode der Mathematik und den Problemlösungsprozeß wird anhand von vier Fallstudien der Gesamtprozeß des Problemlösens mit der Methode der Mathematik demonstriert. Die Fallstudien sind dabei aus dem unmittelbaren Anlaßbereich der Informatiker genommen.

Bei jeder Fallstudie werden in einer "methodischen Analyse der Fallstudie" einige Teilschritte des Problemlöseprozesses im Detail und als allgemein anwendbares Werkzeug aufbereitet. Dabei werden folgende Blöcke behandelt: Problemanalyse und Problembeschreibungen; das Arbeiten mit der Literatur; das Präsentieren und Dokumentieren von erarbeitetem Wissen; die Sprache der Mathematik (deskriptive und algorithmische Sprachmittel); mathematische Standardmodelle und Standardprobleme; Korrektheit von Verfahren; Komplexitätsanalysen von Verfahren; die Technik des Beweisens. Diese Blöcke werden je nach Anlaß in den Analysen der Fallstudien mehrmals angesprochen.

Es gibt zwei Typen von Übungen: die "Übungsarbeiten" im Anschluß an die Fallstudien sind größere Arbeiten, die im Stile der Fallstudien von der Problemanalyse bis zur Dokumentation behandelt werden sollen, sodaß der Problemlösungsprozeß als Einheit erfaßt wird. Die "Übungen und Ergänzungen" im Anschluß an die "methodischen Analysen" sind meist nur zur Schulung des einen oder anderen methodischen Teilwerkzeuges gedacht. Als mathematischer Stoff dieser Übungen dient bekannter Stoff aus der Schule, der bei dieser Gelegenheit wiederholt wird. Bei der Durchführung der Übungen ist meist an eine Lösung in Zusammenarbeit mit einem Tutor gedacht, der dabei Teile in ständigem Dialog mit den Studierenden vorführen wird (z. B. bei verschiedenem Niveau der Schulkenntnisse; manche Übungen sind auch zu schwer für eine Bearbeitung ohne Anleitung). Auch ist die Reihenfolge der Übungen im Anschluß an eine Fallstudie noch an den tatsächlichen Unterrichtsablauf anzupassen.

Wir sind uns bewußt, daß das vorliegende Skriptum die Anforderungen an eine methodische Schulung am Beginn des Studiums nur in sehr bescheidener und vorläufiger Weise befriedigen kann. In das Skriptum sind auch Erfahrungen aus früheren Vorlesungen des ersten Autors über "Korrektheit und Analyse von Algorithmen", "Algorithmentheorie", "Logik für Mathematiker" und des zweiten Autors über "Einführung in die Programmierung für Naturwissenschaftler" sowie aus "Methodikseminaren für Lehramtskandidaten" eingeflossen. Die Durchführung der Vorlesung und die Zusammenstellung des Skriptums hat uns auch gezeigt, wie wenig aufbereitet die "Methode der Mathematik" für eine Darstellung als Grundlage eines (Informatik-)Studiums ist. Insbesondere erscheint hier die bessere Aufbereitung der im Gang befindlichen und für die nächste Zukunft zu erwartenden Beiträge zu einer Synthese algorithmischer und deskriptiver Sprachmittel (vor allem zum Entwurf korrekter Algorithmen aus Problemspezifikationen) für eine Schulung in der Methode der Mathematik vordringlich und reizvoll.

Herr Prof. R. Loos (Universität Karlsruhe) hat uns ermutigt, diese vorläufige Fassung des Skriptums als Beitrag zu der aktuellen Diskussion um die "Mathematik für Informatiker" einer breiteren Öffentlichkeit bekannt zu machen. Die Herren Professoren G. Goos und W. Brauer haben die Verwirklichung dieses Vorhabens ermöglicht. Herr Roßbach (Springer Verlag Heidelberg) hat die Drucklegung unbürokratisch und hilfsbereit geleitet. Den genannten Herren gilt unser besonderer Dank. Wir danken auch unseren Kollegen aus den Instituten für Mathematik und Informatik an der Universität Linz für wertvolle Hinweise und Anregungen, den Mitarbeiterinnen W. Eidljörg, H. Holzer und E. Panholzer für die Herstellung des Manuskripts und Herrn Dipl.Arch. H. Liebl für die Anfertigung der Zeichnungen.

B. Buchberger, F. Lichtenberger

Linz, August 1980.

VORWORT ZUR ZWEITEN AUFLAGE:

Die zweite Auflage ist im wesentlichen identisch mit der ersten Auflage, die als Informatik-Fachbericht Nr. 35 im selben Verlag erschienen ist. Nur die inzwischen gefundenen Druckfehler wurden berichtigt. Eine weitergehende Überarbeitung aufgrund der gewonnenen Lehrerfahrung ist einer späteren Auflage vorbehalten.

B. Buchberger, F. Lichtenberger

Linz, August 1981.

Das hochschuldidaktische Projekt "Mathematik für Informatiker" wird durch Mittel des Österreichischen Bundesministeriums für Wissenschaft und Forschung unterstützt.

Inhaltsverzeichnis

Die Methode der Mathematik

DIE METHODE DER MATHEMATIK

Mathematik kann als die durch die Jahrhunderte aufgespeicherte Erfahrung des Menschen in der Technik des zweckgerichteten Eingreifens in die umgebende Natur betrachtet werden. Der Zweck des Eingreifens ist das Erreichen eines erwünschten Zustandes, ausgehend von einem unbefriedigenden Zustand (das "Lösen eines Problems"). Die für die Mathematik typische Art des Eingreifens ist nicht das sofortige, direkte, unmittelbare, unreflektierte, nicht vorausdenkende Eingreifen, sondern das reflektierte Eingreifen mit dem wesentlichen Zwischenschritt über ein "Modell" in folgendem Dreischritt:

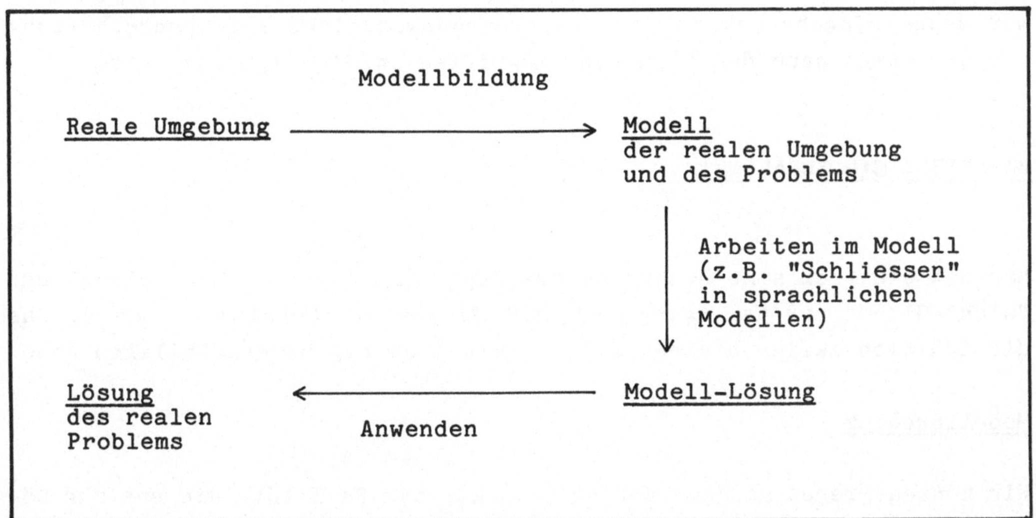

Der praktische Vorteil dieser Methode ist ihre Abstraktheit: Das Modell ist abstrakt (lat. abstrahere = abziehen, loslösen), losgelöst von der Realität. Man kann deshalb

1. im Modell auf der Suche nach optimalen Lösungen für ein Problem experimentieren, ohne die Realität durch schlechte Lösungen zu früh in allenfalls negativer Weise zu verändern, und

2. im Modell zum Zwecke der Erarbeitung einer optimalen Lösung mit Objekten (z.B. Sätzen, Zeichen, Zeichnungen etc.) "leicht" (z.B. mit wenig Energieaufwand) experimentieren, während die entsprechenden Experimente direkt in der Realität vielleicht nur mit großem Aufwand oder überhaupt nicht durchführbar wären.

Die Abstraktheit der Modelle, die Losgelöstheit von der Realität, ist aber natürlich auch die Gefahr der Methode der Mathematik (nämlich welche?). Es ist deshalb unabdingbar, daß die drei Schritte "Modellbildung", "Arbeiten im Modell" und "Anwenden" als ein Ganzes betrachtet werden.

Die Beurteilung des Sinns einer Problemlösung im menschlichen Gesamtzusammenhang ist nicht Aufgabe der Mathematik als Problemlösetechnik, sie liegt aber in der Verantwortung dessen, der Methoden der Mathematik verwendet. Die Ausbildung in der Technik des rationalen Problemlösens muß daher eingebettet in eine eigenverantwortliche Auseinandersetzung mit der Frage nach dem Sinn von Eingriffen in die Umgebung sein.

BEISPIEL: EIN SCHALTNETZ

Man hat elektronische Bausteine des Typs "Und-Glied", "Oder-Glied" und "Nicht-Glied" zur Verfügung und soll daraus ein Schaltnetz bauen, das die Addition zweier binärer Ziffern mit Übertrag bewerkstelligen kann.

Modellproblem

Wir konzentrieren uns nur auf die Aspekte der Realität, die uns zur Lösung des Problems relevant erscheinen:

Realität	Modell

Und-Glied:

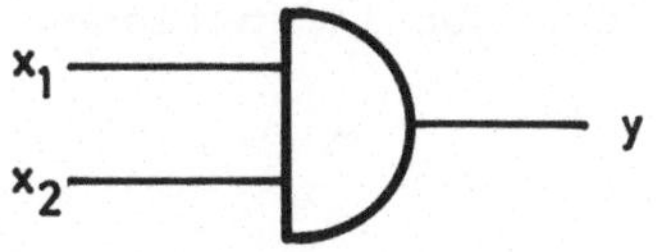

x_1	x_2	$y = x_1 \wedge x_2$
0	0	0
0	1	0
1	0	0
1	1	1

Oder-Glied:

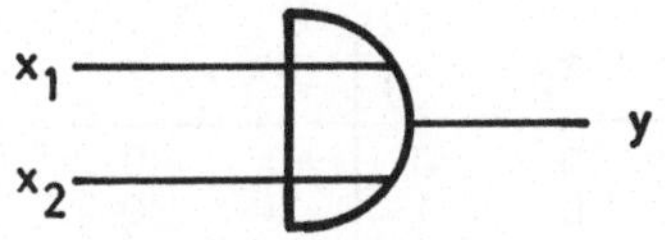

x_1	x_2	$y = x_1 \vee x_2$
0	0	0
0	1	1
1	0	1
1	1	1

Nicht-Glied:

x	$y = \neg x$
0	1
1	0

Halb-Addierer:

(1)

x_1	x_2	s	ü
0	0	0	0
0	1	1	0
1	0	1	0
1	1	0	1

Wir haben das Ein/Ausgabe-Verhalten der Schaltglieder und auch des gesuchten Schaltnetzes im Modell durch Wertetafeln ("Schaltfunktionen") beschrieben (0... niedrige Spannung am betreffenden Eingang bzw. Ausgang, 1... hohe Spannung am betreffenden Eingang bzw. Ausgang). Das Zusammenschalten von Schaltgliedern zu Schaltnetzen spiegelt sich im Modell durch entsprechendes Ineinandersetzen der Schaltfunktionen wider, z.B.

Realität

Modell

$$y = x_1 \vee x_2,$$
$$z = y \wedge x_3,$$
$$ü = \neg\, z, \quad \text{bzw.}$$

(2) $$ü = \neg\, ((x_1 \vee x_2) \wedge x_3).$$

x_1	x_2	x_3	y	z	ü
0	0	0	0	0	1
0	0	1	0	0	1
0	1	0	1	0	1
0	1	1	1	1	0
1	0	0	1	0	1
1	0	1	1	1	0
1	1	0	1	0	1
1	1	1	1	1	0

Das Modellproblem besteht nun in Folgendem:

Modell

Gegeben:

Die Wertetafel (1)

Gesucht: ?

(Ein Ausdruck der Art (2), sodaß die zum Ausdruck gehörige Wertetafel gleich der Wertetafel (1) ist, die den Halbaddierer beschreibt).

Lösung des Modellproblems

Durch genauere Beschäftigung mit den Wertetafeln sehen wir, daß

(3) $x_1 \wedge x_2 = 1$ genau dann, wenn $(x_1 = 1$ und $x_2 = 1)$,

$x_1 \vee x_2 = 1$ genau dann, wenn $(x_1 = 1$ oder $x_2 = 1)$,

$\neg x = 1$ genau dann, wenn $(x \neq 1)$.

Es gilt nun (siehe Wertetafel (1)):

ü = 1 genau dann, wenn $(x_1 = 1$ und $x_2 = 1)$, also mit (3)

genau dann, wenn $(x_1 \wedge x_2) = 1$,

und

s = 1 genau dann, wenn

$(x_1 \neq 1$ und $x_2 = 1)$ oder $(x_1 = 1$ und $x_2 \neq 1)$,

also mit (3) genau dann, wenn

$((\neg x_1 \wedge x_2) \vee (x_1 \wedge \neg x_2)) = 1.$

Also kann man das Verhalten des Halbaddierers (1) im Modell durch

(4) $s = ((\neg x_1 \wedge x_2) \vee (x_1 \wedge \neg x_2))$,

$ü = x_1 \wedge x_2$

beschreiben (Probe!).

Lösung des Problems in der Realität

"Rückübersetzen", Anwenden der Modell-Lösung nach dem Prinzip "Zusammenschalten entspricht Ineinander-Einsetzen" ergibt die Lösung des ursprünglichen Problems.

Lösung in der Realität	Lösung im Modell
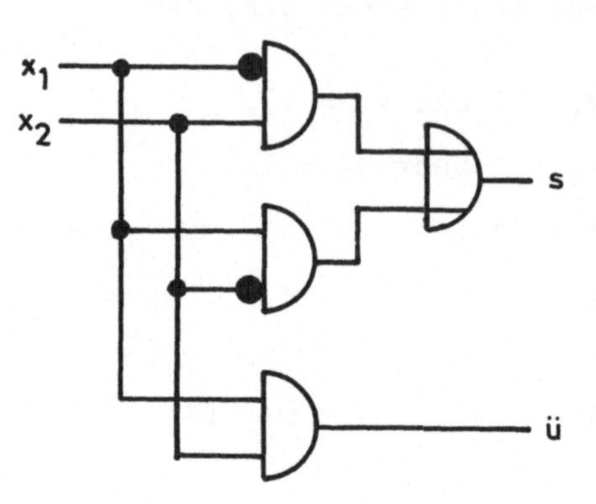	$s = ((\neg x_1 \wedge x_2) \vee (x_1 \wedge \neg x_2))$ $ü = x_1 \wedge x_2$

DER VORGANG DES PROBLEMLÖSENS: ÜBERSICHT

Im Problemlösevorgang mit der Methode der Mathematik lassen sich verschiedene Arbeitsgänge voneinander abgrenzen, für welche ganz verschiedene Fähigkeiten notwendig sind. Das Ziel des Unterrichts in Mathematik ist es, alle diese Fähigkeiten weiter zu entwickeln. In diesem Abschnitt geben wir noch eine Übersicht über eine Abfolge von Grobschritten, die bei jeder Problemlösung nutzbringend angewendet werden kann. In den folgenden Abschnitten werden wir verschiedene Fallstudien von Problemlösungsvorgängen geben, wobei wir bei jeder Fallstudie einige neue Details zu den Grobschritten des mathematischen Problemlösens zusammenstellen.

1. Schritt: Problemanalyse

Ausgehend von
    einem Problem in einer Realität,
    das meist als vager, oft nicht einmal sprachlich formulierter
        Wunsch vorliegt,
versuche zunächst,
    eine präzise Formulierung des Problems
    im Rahmen eines genau spezifizierten Modells für die betrachtete
        Realität zu geben.

2. Schritt: Lösungsversuch mit verfügbaren Mitteln

Ausgehend von
einer präzisen Formulierung des Problems
im Rahmen eines Modells für die Realität

versuche jetzt
durch Arbeiten mit den gerade zur Verfügung stehenden Mitteln
eine Lösung zu erhalten bzw. mögliche Lösungswege zu planen,
wobei während der Entwicklung der Lösung auch deren Korrektheit schrittweise mitgeprüft werden soll.

Dabei kann
ein Zurückgehen zum 1. Schritt zur verbesserten Problemanalyse
oder ein Beschaffen zusätzlicher Informationen über die betrachtete Realität
oder eine Zuhilfenahme von bereits gespeichertem Wissen und bekannten Lösungsverfahren (siehe 3. Schritt) notwendig sein.

In Ausnahmefällen wird eine Lösung gleich gelingen und man kann sofort zu Schritt 4 gehen.

3. Schritt: Verwendung von gespeichertem Wissen und Beschaffung zusätzlicher Informationen über die betrachtete Realität

Ausgehend von
einer präzisen Formulierung des Problems bzw.
von verschiedenen Plänen für Lösungswege
beschaffe
zusätzliches Wissen, Lösungsverfahren für ähnliche Probleme etc. aus Bibliotheken, Programmbibliotheken etc., und durch Gespräche mit dem Problemsteller,
überprüfe dieses Material auf Brauchbarkeit und Korrektheit,
modifiziere es allenfalls und
gehe neuerlich zu Schritt 2.

4. Schritt: Kritische Beurteilung der Lösung und Anwendung

Überprüfe die vorgeschlagene Lösung noch einmal auf Korrektheit, beurteile ihre Brauchbarkeit durch Anwenden auf das reale Problem und schätze den Aufwand (die Komplexität) der Lösung ab.

Die kritische Beurteilung der Lösung kann es notwendig machen, daß man noch einmal zum 1. bzw. 2. Schritt zurückgeht.

Außerdem soll die fertige Lösung auf mögliche naheliegende Verallgemeinerungen und Modifikationen untersucht werden, sodaß man aus der geleisteten Arbeit gleich unter einem einen größeren Nutzen ziehen kann. Dazu muß man allenfalls wieder bis zum 1. Schritt zurückgehen ("eine Problemlösung ist nie fertig").

5. Schritt: Dokumentation und Präsentation der Lösung

Eine fertige Lösung soll man so dokumentieren und beschreiben, daß sie als leicht handhabbarer, wiederverwendbarer und leicht verstehbarer Baustein als "gespeichertes" Wissen für eine zukünftige neue Problemstellung sofort zur Verfügung steht.

Dem Problemsteller soll die Lösung in übersichtlicher und kontrollierbarer Form in seiner Sprache präsentiert werden.

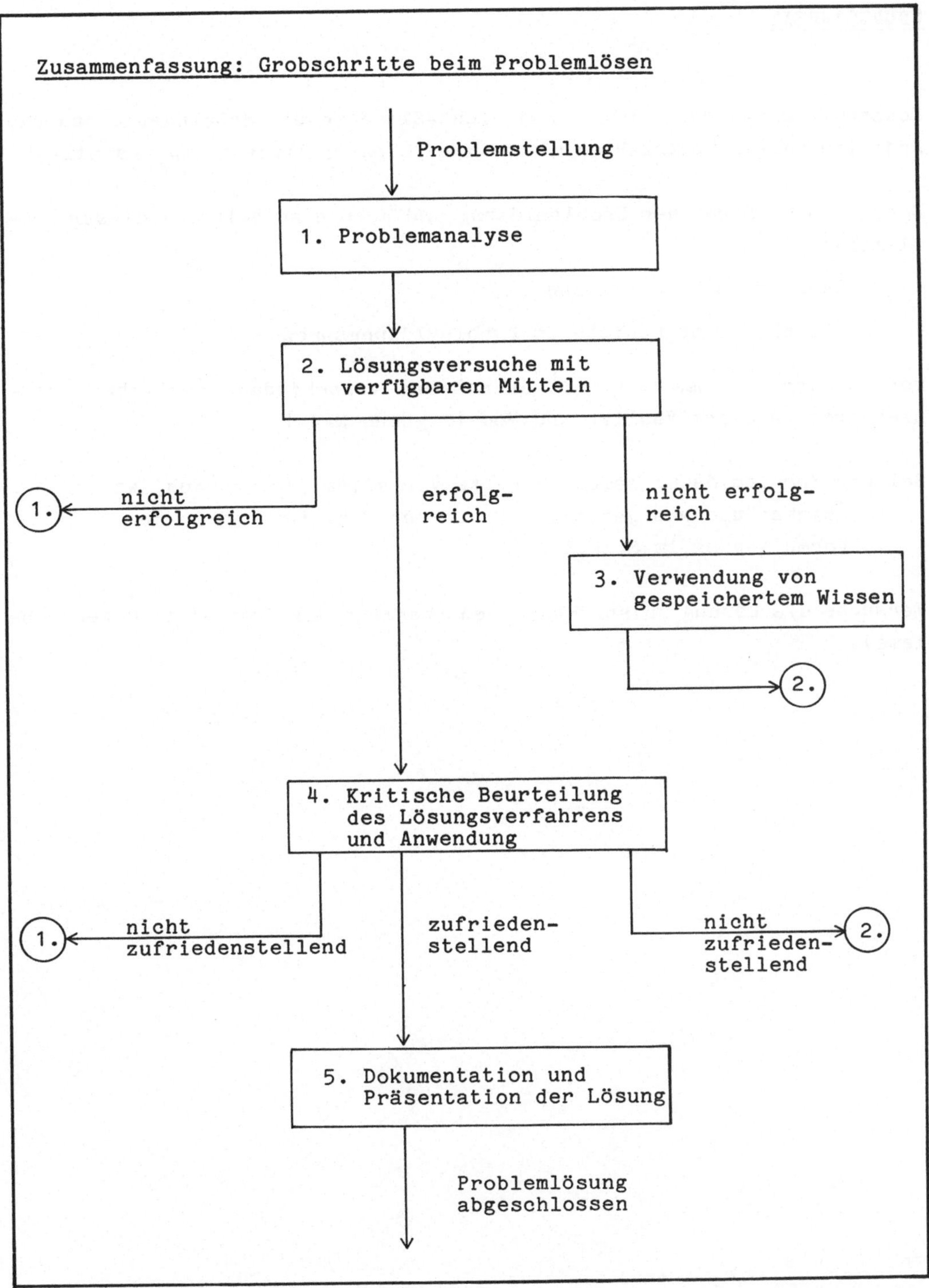
Zusammenfassung: Grobschritte beim Problemlösen
Problemstellung
1. Problemanalyse
2. Lösungsversuche mit verfügbaren Mitteln
1.
nicht erfolgreich
erfolgreich
nicht erfolgreich
3. Verwendung von gespeichertem Wissen
2.
4. Kritische Beurteilung des Lösungsverfahrens und Anwendung
1.
nicht zufriedenstellend
zufriedenstellend
nicht zufriedenstellend
2.
5. Dokumentation und Präsentation der Lösung
Problemlösung abgeschlossen

ÜBUNGSARBEIT

Konstruiere aus Und-, Oder- und Nicht-Gliedern ein Schaltnetz, das die Addition zweier Binärzahlen mit je zwei binären Ziffern bewerkstelligt.

Beobachte Dich bei der Problemlösung und grenze am Beispiel dieser Problemlösung

Realität und Modell und

die fünf Grobschritte im Problemlösungsprozeß

voneinander ab. Beachte, daß es mehrere verschiedene mögliche Grenzziehungen zwischen Realiät und Modell geben kann!

Bei der Problemlösung selbst arbeite vor allem klar heraus, was gegeben und was gesucht ist (in der Realität und in der Formulierung im Modell).

Versuche die Lösung zu strukturieren (zerlege das Problem in Unterprobleme).

Fallstudie: Dynamische Programmierung

REALES PROBLEM: OPTIMALER EINSATZ VON INVESTITIONEN

Eine Weinfirma möchte mit einer groß angelegten Kampagne eine neue Weinsorte auf den Markt bringen. Sie möchte dazu maximal 10 Millionen Schilling investieren. Die Kampagne soll in 4 Regionen des Landes gleichzeitig gestartet werden. Durch einen Wirtschaftsberater wurde in einer Marktstudie ermittelt, daß bei Investitionen einer gewissen Höhe für Lager, Vertreter, Reklame etc. in den vier Regionen folgende unterschiedliche Gewinne zu erwarten sind:

Investition (in Mio.Schilling)	Gewinn in Region 1	Gewinn in Region 2	Gewinn in Region 3	Gewinn in Region 4
0	0,00	0,00	0,00	0,00
1	0,28	0,25	0,15	0,20
2	0,45	0,41	0,25	0,33
3	0,65	0,55	0,40	0,42
4	0,78	0,65	0,50	0,48
5	0,90	0,75	0,62	0,53
6	1,02	0,80	0,73	0,56
7	1,13	0,85	0,82	0,58
8	1,23	0,88	0,90	0,60
9	1,32	0,90	0,96	0,60
10	1,38	0,90	1,00	0,60

In welcher Weise soll die Firma das zur Verfügung stehende Kapital in den vier Regionen investieren?

PROBLEMANALYSE, MODELLPROBLEM

Was ist gesucht?

I_1, I_2, I_3, I_4:

vier Zahlen, die beschreiben, wieviel Geld die Firma in den Regionen 1,2,3 bzw. 4 investieren soll. (Alle Angaben von Geldbeträgen hier und im folgenden mögen in der Einheit 1 Mio Schilling erfolgen).

Was ist gegeben?

G_1, G_2, G_3, G_4:

vier "Tafeln", die in den Regionen 1,2,3 bzw. 4 die Abhängigkeit des Gewinnes vom Einsatz beschreiben.

Welche Bedingung soll das Gesuchte erfüllen?

1. I_1, I_2, I_3, I_4 müssen "zulässige" Investitionen sein
2. Die Investitionen I_1, I_2, I_3, I_4 sollen "optimalen" Gewinn bringen (relativ zu G_1, G_2, G_3, G_4).

Präzisierung der verwendeten Begriffe:

I_1, I_2, I_3, I_4 sollen zulässig heißen genau dann, wenn

$$I_1 + I_2 + I_3 + I_4 = 10 \quad \text{und}$$
$$I_1, I_2, I_3, I_4 \in \{0,1,2,\ldots,10\}.$$

(Wir lassen also nur sehr "grobe" Änderungen der Investitionen zu!)

I_1, I_2, I_3, I_4 bringen optimalen Gewinn genau dann, wenn

für alle "zulässigen" Investitionen I_1', I_2', I_3', I_4' gilt:
$$\text{Gewinn}(I_1',I_2',I_3',I_4') \leqq \text{Gewinn}(I_1,I_2,I_3,I_4).$$

$\text{Gewinn}(I_1, I_2, I_3, I_4) := G_1(I_1) + G_2(I_2) + G_3(I_3) + G_4(I_4)$

(Lies: "der durch die Investitionen I_1, I_2, I_3, I_4 erzielte Gewinn").

$G_1(I_1)$ bedeutet: Der in der Region 1 durch die Investition I_1 erzielte Gewinn, genauso ist die Bedeutung von $G_2(I_2)$ etc. erklärt.

Durch die Angabe des Gesuchten, des Gegebenen und der Bedingung, die das Gesuchte erfüllen muß, ist das Problem formuliert. (Inwieweit ist das Problem in seiner jetzigen Form nur ein "Modell" für das "reale Problem"? Inwieweit ist das reale Problem selbst ein "Modell" des "echten" Problems, das die Firma hat?).

ERSTER LÖSUNGSVERSUCH

Wir gehen aus von der Bedingung, die das Gesuchte erfüllen muß:

Diese Bedingung ist fast schon die Formulierung eines Verfahrens, wie man das Gesuchte findet (vgl. das "für alle" in der Definition der Optimalität!):

Lösungsverfahren (grobe Struktur):

Erzeuge systematisch alle zulässigen Investitionen I_1, I_2, I_3, I_4,

berechne jedesmal $\text{Gewinn}(I_1, I_2, I_3, I_4)$ und

halte eine Kombination I_1, I_2, I_3, I_4 fest,

wo dieser Gewinn maximal wird.

Verfeinerung des Lösungsverfahrens:

Wie kann man alle zulässigen Investitionen systematisch erzeugen?

Eine Möglichkeit ist z.B. folgende:

I_1	I_2	I_3	I_4	Gewinn(I_1,I_2,I_3,I_4)
10	0	0	0	1,38
9	1	0	0	1,57
9	0	1	0	1,47
9	0	0	1	1,52
8	2	0	0	1,64
8	1	1	0	1,63
8	1	0	1	1,68
8	0	2	0	1,48
⋮				
4	3	1	2	1,81
⋮				
0	0	0	10	0,60

KRITISCHE BEURTEILUNG DES LÖSUNGSVERFAHRENS UND ANWENDUNG

Wenn man diese insgesamt 286 Berechnungen wirklich durchführt, stellt sich heraus, daß die "Strategie" $(I_1, I_2, I_3, I_4) = (4,3,1,2)$ optimal ist mit einem erzielten Gewinn von 1,81 Mio Schilling. Eine Handrechnung wird ungefähr 1,5 Stunden benötigen.

Wenn man tatsächlich so vorgeht und nur an der einen speziellen Problemstellung für die angegebenen Gewinntafeln $G_1, \ldots, G_4$ interessiert ist, dann ist das Problem jetzt, gemessen an der ursprünglichen Aufgabenstellung, zufriedenstellend gelöst und wir können zum Schritt "Dokumentation und Präsentation" übergehen.

Wir haben das Modellproblem aber bewußt schon etwas allgemeiner formuliert, als es die ursprüngliche Aufgabenstellung war, weil wir nämlich die Gewinntafeln $G_1, \ldots, G_4$ als "Eingabeparameter" frei wählbar gelassen haben. Vielleicht möchte die Firma die optimale Strategie für zwei verschiedene "Gutachten" G_1, ..., G_4 und G_1', ..., G_4' über die möglichen Gewinne in den einzelnen Regionen ausrechnen lassen. Auch kann es sein, daß man dieselbe Rechnung auch für ähnliche Aufgabenstellungen bei anderen Firmen verwenden können möchte, wo vielleicht mehr als 4 Regionen und mehr als nur 11 verschiedene Investitionseinheiten pro Region gewünscht werden. Dann wird es sich auf jeden Fall auszahlen, über ein besseres Lösungsverfahren (nämlich eines, das mit weniger Rechenschritten auskommt) nachzudenken. Für mehr Regionen und mehr Investitionsmöglichkeiten ist ein schnelleres Verfahren sogar unerläßlich, auch wenn man das Verfahren zur Rechnung auf einem Computer programmiert. (Für 10 Regionen und 20 Investitionsmöglichkeiten z.B. würde das obige Verfahren bereits 41,441.400 Schritte brauchen.)

NEUFORMULIERUNG DES PROBLEMS

Gesucht:

I ... eine "Investitionsstrategie"

Gegeben:

M ... maximaler Investitionsbetrag,

n ... eine endliche Anzahl von Regionen,

G ... eine "Gewinntafel".

Bedingungen an die gesuchte Größe:

(1) I muß eine zulässige Strategie in bezug auf M und n sein.

(2) I muß eine optimale Strategie in bezug auf M, n und G sein.

Bedingungen an die gegebene Größe:

G ordnet jedem Paar von ganzen Zahlen

$m \quad (0 \leqq m \leqq M$, "Investition") und

$i \quad (1 \leqq i \leqq n$, "Nummer einer Region")

eine reelle Zahl (als "Gewinn bei der Investition m in der Region i) zu.

(kurz: G ist eine Funktion von $\{0, \ldots, M\} \times \{1, \ldots, n\}$ in $\mathbb{R}$).

<u>Präzisierung der verwendeten Begriffe:</u>

I ist eine <u>zulässige Strategie</u> (in bezug auf M, n) genau dann, wenn

I ordnet jeder Zahl

$i \quad (1 \leqq i \leqq n$, "Nummer einer Region")

eine ganze Zahl zwischen 0 und M (die "Investition in der Region i") zu,

(kurz: I ist eine Funktion von $\{1, \ldots, n\}$ in $\{0, \ldots, M\}$),

wobei $\sum_{i=1}^{n} I_i = M$.

I ist eine <u>optimale Strategie</u> (in bezug auf M, n, G) genau dann, wenn

für alle zulässigen Strategien I' gilt:

Gewinn (I') $\leqq$ Gewinn (I).

$$\text{Gewinn}(I) := \sum_{i=1}^{n} G(I_i, i)$$

(Lies: "der durch die Strategie I (in bezug auf M, n, G) erzielte <u>Gewinn</u>").

ZWEITER LÖSUNGSVERSUCH

ENTWICKLUNG EINER IDEE

Wie kann man das systematische Durchprobieren aller möglichen Strategien ersetzen durch ein schnelleres Verfahren? Bevor wir die mathematische Literatur zu Rate ziehen, versuchen wir selbst eine Idee zu haben, was man vereinfachen könnte. Es gibt kein Verfahren, wie man eine Idee bekommt. Jedoch gibt es einige Prinzipien, die einen oft auf einen brauchbaren Weg führen. Wenn man ein Problem vorliegen hat, das von einem Parameter n (eine natürliche Zahl) abhängt, dann ist folgendes Prinzip nützlich:

Versuche die Lösung des Problems für den Parameter n zurückzuführen auf die Lösung des Problems für Parameter m < n:

In unserem konkreten Fall spielen zwei Parameter, nämlich M und n eine Rolle. Wir versuchen einmal eine Zerlegung in bezug auf den Parameter n:

Eine zulässige Strategie I ist bestimmt durch die n Zahlen

$$I_1, \; I_2, \; \ldots \; I_{n-1}, \; I_n,$$

wobei

(1) $I_1 + I_2 + \ldots + I_{n-1} + I_n = M,$

also

(2) $I_1 + I_2 + \ldots + I_{n-1} = H$

(3) $I_n = M - H$

(für eine gewisse Hilfsgröße H mit $0 \leqq H \leqq M$).

Die Zeile (2) schaut ähnlich aus wie die Zeile (1), nur daß n durch n-1 und M durch H ersetzt ist.

Das könnte Anlaß für <u>folgende Idee</u> sein:

Um eine optimale Strategie für das Problem mit Parametern n und M zu bekommen,

bestimmen wir eine optimale Strategie für die Probleme mit den Parametern n-1 und H (für alle H mit $0 \leqq H \leqq M$).

Unter den so erhaltenen M+1 vielen Strategien suchen wir diejenige, die zusammen mit dem aus (3) bestimmbaren I_n den Gewinn maximiert.

Wiederholtes Anwenden dieser Überlegung führt auf ein Verfahren, in welchem man nur mehr Teilprobleme mit dem Parameter n = 1 behandeln muß.

Man kann also auch umgekehrt vorgehen, bei n = 1 beginnen, wo es für jedes H nur eine Strategie gibt (nämlich H zu investieren) und dann der Reihe nach nach obigem Prinzip (hoffentlich) optimale Strategien für n = 2,3,... aufbauen. Bevor wir zeigen, daß dieses Verfahren korrekt ist, d.h. tatsächlich immer zu einer optimalen Strategie für das ursprüngliche Problem führt, machen wir das Verfahren an obigem Beispiel deutlich:

n=2:

H Investit.	G(H,1) Gewinn,der bei Inv.H in Region 1 erzielt wird	G(H,2) Gewinn,der bei Inv.H in Region 2 erzielt wird	F(H,2) opt.Gewinn, der bei Inv.H in d.Reg.1,2 erzielt wird	S(H,2) opt.Strategie bei Inv.H in den Regionen 1,2
0	0,00	0,00	0,00	(0,0)
1	0,28	0,25	0,28	(1,0)
2	0,45	0,41	0,53	(1,1)
3	0,65	0,55	0,70	(2,1)
4	0,78	0,65	0,90	(3,1)
5	0,90	0,75	1,06	(3,2)
6	1,02	0,80	1,20	(3,3)
7	1,13	0,85	1,33	(4,3)
8	1,23	0,88	1,45	(5,3)
9	1,32	0,90	1,57	(6,3)
10	1,38	0,90	1,68	(7,3)

Hier ist gemäß obigem Gedanken S(H,2) ein Dupel (I_1, I_2) mit $I_1+I_2=H$,

für welches das Maximum

$$F(H,2) := \max\{ G(I_1,1)+G(I_2,2): I_1+I_2=H \}$$

angenommen wird.

Z.B. betrachten wir zur Berechnung von F(H,2) und S(H,2):

$$G(2,1) + G(0,2) = 0{,}45$$
$$G(1,1) + G(1,2) = 0{,}53$$
$$G(0,1) + G(2,2) = 0{,}41,$$

also F(H,2) = 0,53, S(H,2) = (1,1).

n=3:

H	F(H,2)	G(H,3)	F(H,3)	S(H,2)	S(H,3)
0	0,00	0,00	0,00	(0,0)	(0,0,0)
1	0,28	0,15	0,28	(1,0)	(1,0,0)
2	0,53	0,25	0,53	(1,1)	(1,1,0)
3	0,70	0,40	0,70	(2,1)	(2,1,0)
4	0,90	0,50	0,90	(3,1)	(3,1,0)
5	1,06	0,62	1,06	(3,2)	(3,2,0)
6	1,20	0,73	1,21	(3,3)	(3,2,1)
7	1,33	0,82	1,35	(4,3)	(3,3,1)
8	1,45	0,90	1,48	(5,3)	(4,3,1)
9	1,57	0,96	1,60	(6,3)	(5,3,1) oder (3,3,3)
10	1,68	1,00	1,73	(7,3)	(4,3,3)

Hier ist S(H,3) ein Tripel (I_1, I_2, I_3) mit $I_1+I_2+I_3=H$,

für welches das Maximum

$$F(H,3) = \max\{ F(h,2) + G(I_3,3): h+I_3=H \}$$ angenommen wird

(d.h. für das entsprechende h gilt $(I_1, I_2) = S(h,2)$).

n = 4:

H	F(H,3)	G(H,4)	F(H,4)	S(H,3)	S(H,4)
0	0,00	0,00	0,00	(0,0,0)	(0,0,0,0)
1	0,28	0,20	0,28	(1,0,0)	(1,0,0,0)
2	0,53	0,33	0,53	(1,1,0)	(1,1,0,0)
3	0,70	0,42	0,73	(2,1,0)	(1,1,0,1)
4	0,90	0,48	0,90	(3,1,0)	(3,1,0,0) od.
					(2,1,0,1)
5	1,06	0,53	1,10	(3,2,0)	(3,1,0,1)
6	1,21	0,65	1,26	(3,2,1)	(3,2,0,1)
7	1,35	0,58	1,41	(3,3,1)	(3,2,1,1)
8	1,48	0,60	1,55	(4,3,1)	(3,3,1,1)
9	1,60	0,60	1,68	(5,3,1) od.	(4,3,1,1) od.
				(3,3,3)	(3,3,1,2)
10	1,73	0,60	1,81	(4,3,3)	(4,3,1,2)

Hier ist S(H,4) ein Quadrupel (I_1,I_2,I_3,I_4) mit $I_1+I_2+I_3+I_4=H$, für welches das Maximum

$$F(H,4) := \max\{ F(h,3) + G(I_4,4): h+I_4=H \}$$

angenommen wird

(d.h. für das entsprechende h gilt $(I_1,I_2,I_3) = S(h,3)$).

Das Verfahren braucht für jedes n gleich viel, nämlich 66, insgesamt also 198 Summationen (wobei eine Summation hier etwas einfacher ist als beim ersten Verfahren). Die Einsparung gegenüber dem ersten Verfahren ist hier also noch nicht besonders groß. (Allerdings hat man zusätzlich automatisch auch die optimalen Strategien bei den Investitionen 1,2,...,9 mitgeliefert bekommen!) Bei komplexeren Beispielen ist die Einsparung jedoch beträchtlich, z.B. benötigt man bei 20 Investitionsmöglichkeiten und 10 Regionen nur mehr 1890 Summationen gegenüber 41,441.400 beim ersten Verfahren. Es zahlt sich also aus, sich mit dem Gedanken weiter zu beschäftigen, nämlich seine Korrektheit zu untersuchen:

KORREKTHEIT DES VERFAHRENS:

Worin besteht die Einsparung? Antwort: Gewisse Strategien werden nicht mehr betrachtet, z.B. die Strategie (1,1,2,6). Kann nicht unter diesen nicht mehr berücksichtigten Strategien eine sein, deren Gewinn größer wäre als die durch das neue Verfahren als "optimal" vorgeschlagene Strategie (4,3,1,2)?

Die Idee, die dem Verfahren zugrunde liegt, war, daß es wahrscheinlich genügt, (für verschiedene Investitionen H) optimale Strategien für die ersten drei Regionen zu kennen, um daraus eine optimale Strategie für vier Regionen zu bestimmen. Wenn es uns also gelingt zu überlegen, daß in einer optimalen Strategie für die vier Regionen die ersten drei Investitionen eine optimale Strategie für die ersten drei Regionen darstellen (und so fort für drei und zwei Regionen etc.), dann sind wir fertig. Denn dann kann eine nicht berücksichtigte Strategie wie z.B. (1,1,2,6) die (bei der Investition H=4) für die ersten drei Regionen nicht optimal ist, auch für die vier Regionen nicht optimal sein.

In der Tat gilt:

Jede Teilstrategie einer optimalen Strategie ist optimal.

(Bellmann'sches Optimalitätsprinzip). Wir überlegen uns das am Beispiel von 4 Regionen:

Wenn (I_1,I_2,I_3,I_4) optimal ist bei der Investition H,
dann ist (I_1,I_2,I_3) optimal bei der Investition $h:=H-I_4$.

Wäre nämlich (I_1,I_2,I_3) nicht optimal, dann würde es eine zulässige Strategie (I_1',I_2',I_3') bei der Investition h geben, sodaß

(4) $\text{Gewinn}(I_1',I_2',I_3') > \text{Gewinn}(I_1,I_2,I_3)$.

Dann würde aber auch

(5) $\text{Gewinn}(I_1',I_2',I_3',I_4) > \text{Gewinn}(I_1,I_2,I_3,I_4)$

gelten, (I_1,I_2,I_3,I_4) wäre also nicht optimal. ((I_1',I_2',I_3',I_4) wäre ja eine zulässige Strategie (warum zulässig?) mit größerem Gewinn!). (5) würde gelten, weil

$$\begin{aligned} & \text{Gewinn}\,(I_1', I_2', I_3', I_4) = \\ = \; & G(I_1',1) + G(I_2',2) + G(I_3',3) + G(I_4,4) = \\ = \; & \text{Gewinn}(I_1', I_2', I_3') + G(I_4,4) > \qquad (\text{wegen } (4)) \\ > \; & \text{Gewinn}(I_1, I_2, I_3) + G(I_4,4) = \\ = \; & \text{Gewinn}(I_1, I_2, I_3, I_4). \end{aligned}$$

Genauso könnte man sich die Gültigkeit des Bellmann'schen Prinzips auch für allgemeines n überlegen. Damit hat sich die Idee als korrekt erwiesen.

Wir betrachten für den Augenblick die Entwicklung des Verfahrens an dieser Stelle als abgeschlossen. Im Normalfall wird der Entwurfsvorgang für ein Verfahren bis zur Programmierung weitergeführt.

VERWENDUNG VON GESPEICHERTEM WISSEN

Wenn man selber keine Idee für ein (verbessertes) Verfahren hat oder wenn man bereits vermutet, daß das vorliegende Problem (vielleicht nach einer leichten Modifikation) ein "Standard-Problem" ist, dann macht man eine systematische Suche nach

1. fertigen Programmen für das Problem in Programmbibliotheken,
2. geeigneten Literaturstellen, wo
   Skizzen von Verfahren oder
   nützliches Wissen zum Problem, aus dem man vielleicht
   ein Verfahren konstruieren kann, enthalten ist.

Dazu muß man allerdings wenigstens wissen, unter welchen Stichwörtern man suchen kann. In unserem Fall sind die Stichwörter

"Optimierung", "Programmierung", "Unternehmensforschung", insbesondere "Dynamische Optimierung"

zuständig. An Literaturquellen wird man unter diesen Stichwörtern z. B. finden: BELLMAN 57, GESSNER/WACKER 72, KAUFMANN/FAURE 74, NEUMANN 69.

Das konkrete Beispiel mit den Investitionen in vier Regionen ist z.B. aus KAUFMANN/FAURE 74. Dort wird man auch das Bellmann'sche Optimalitätsprinzip finden (ohne Beweis).

KRITISCHE BEURTEILUNG DES VERBESSERTEN LÖSUNGSVERFAHRENS UND ANWENDUNG

Anwendung des verbesserten Verfahrens auf unser konkretes Beispiel liefert

die optimale Strategie (4,3,1,2) mit
dem optimalen Gewinn 1,81.

Im Normalfall wird man an dieser Stelle noch eine allgemeine Aufwandsabschätzung (für allgemeine Parameter M und n) anschließen. Das wollen wir bei dieser ersten Fallstudie noch nicht tun.

Wieder könnte man sich sofort fragen, inwieweit der Grundgedanke des Verfahrens noch auf viel allgemeinere Probleme anwendbar wäre und damit seine eigene "Methodenbank" noch beträchtlich erweitern. Auch kann man den Aufwand, den das Verfahren braucht, durch bessere Organisation der Rechnung noch beträchtlich verkleinern, siehe Übung. Auch diesbezüglich stoppen wir den Entwurfprozeß jetzt willkürlich.

DOKUMENTATION UND PRÄSENTATION DER LÖSUNG

Für den Auftraggeber sollte die Dokumentation der Lösung in Folgendem bestehen:

Vorgelegtes Problem:

Gesucht sind die notwendigen Investitionen in der Kampagne
für die Verbreitung der Weinsorte ...
in den Regionen 1,2,3,4,
die den Gewinn maximieren.

Vorgegebene Zusatzforderungen:

Die einzelnen Investitionen dürfen nur in Einheiten
zu 1 Mio Schilling erfolgen.
Die Gesamtinvestition soll 10 Mio Schilling betragen.

Lösung:

Man muß

4 Mio Schilling in der ersten Region,
3 Mio Schilling in der zweiten Region,
1 Mio Schilling in der dritten Region,
2 Mio Schilling in der vierten Region

investieren.

(Der dabei vorherzusehende Gewinn beträgt 1,81 Mio Schilling).

Verwendete Methode: dynamische Programmierung
"siehe beiliegende Detailbeschreibung".

Für die spätere Wiederverwendung und Speicherung in der eigenen Methodenbank könnte die Dokumentation der Lösung in Folgendem bestehen:

Problem: Optimaler Gewinn bei verteilten Investitionen

Eingaben: M, n, G.
Ausgaben: I.

Eingabebedingungen:
$G:\{0,\ldots,M\} \times \{1,\ldots,n\} \rightarrow \mathbf{R}$.

Ausgabebedingungen:
I zulässige Strategie in bezug auf M,n.
I optimale Strategie in bezug auf M,n,G.

Präzisierung der Begriffe:
I zulässige Strategie...genau dann,wenn... .
I optimale Strategie....genau,dann wenn...Gewinn(I) ... .

Gewinn(I):=... .

Erlaubte Grundoperationen:
Arithmetische Operationen.

Beispiel einer Interpretation:

0,...,M ... mögliche Investitionen (z.B. in Einheiten zu 1 Mio Schilling).

1,...,n ... mögliche Regionen, wo investiert wird.

G(H,i) ... Gewinn, der bei einer Investition in der Höhe von H Einheiten in der Region i zu erwarten ist ($0 \leqq H \leqq M$, $1 \leqq i \leqq n$).

I(i) ... Investition in der Region i.

Lösungsverfahren: Dynamische Programmierung (M,n,G,I):

Eingaben: M,n,G.

Ausgabe: I.

```
Initialisiere (S,F,M,G)
                    (1)
for  k:= 2 to n do
         Erneuere (S,F,k,M,G)

I := S(M,n).
```

Kommentar zum Verfahren:

Bei (1) gilt

S(H,k) ist eine zulässige optimale Strategie in bezug auf H,k,G,

F(H,k) = Gewinn, der durch die Strategie S(H,k) erzielt wird,

(für $0 \leqq H \leqq M$).

Verwendete Teilverfahren: Initialisiere, Erneuere.

Teilverfahren: Initialisiere (S,F,M,G):

Eingabe: M,G.

Ausgabe: S,F.

```
for H:=0 to M do
    S(H,1) := (H)
    F(H,1) := G(H,1).
```

Teilverfahren: Erneuere (S,F,k,M,G):

Eingabe: M,G,k.

Übergang: S,F.

for H:=0 to M do

$$F(H,k) := \max_{0 \leqq h \leqq H} (F(h,k-1)+G(H-h,k))$$

$S(H,k) := (S(h,k-1),H-h)$,
wobei für h ein Wert genommen werden muß, für welchen obiges Maximum angenommen wird.

Rechenbeispiel:

Hier könnte z.B. das vorhin betrachtete Beispiel angegeben werden.

Komplexitätsabschätzung:

Siehe Übung.

Korrektheitsüberlegungen:

Hier könnten z.B. die wesentlichen Teile des obigen Beweises, für allgemeines M,n durchgeführt, angegeben werden.

Literatur:

Hier könnten die zur Erarbeitung des Verfahrens herangezogenen Literaturstellen zitiert werden, allenfalls mit stichwortartigen Kommentaren, siehe S. 22.

ÜBUNGSARBEIT

(Angabe aus GESSNER/WACKER 72)

Der Absatz einer Wochenzeitschrift unterliegt saisonalen Schwankungen. Die erwarteten Verkaufszahlen für die nächsten 20 Wochen sind:

19, 17, 15, 18, 21, 22, 13, 15, 17, 20, 18, 17, 15, 14, 18, 17, 20, 21, 20, 19.

(Einheit 10.000 Stück). Der derzeitige Produktionsstand ist 200.000 Stück. Die Nachfrage soll stets gedeckt sein. Es ergeben sich aber natürlich Kosten bei Überproduktion, nämlich 12 Schilling pro Stück. Außerdem entstehen Kosten bei der Änderung der Produktionshöhe, und zwar ist der Zuwachs der Kosten bei Produktionsänderung nicht linear, sondern annähernd quadratisch und beträgt 10.000,- Schilling mal d^2, wobei d die Produktionsänderung gemessen in der Einheit 10.000 Stück ist. Wie soll die Produktion gesteuert werden, damit minimale Produktionskosten entstehen.

Führe an diesem Beispiel alle Schritte einer vollständigen Problemlösung durch.Inwieweit kann das in der Fallstudie entwickelte Verfahren verwendet werden? Inwieweit muß es modifiziert, bzw. verallgemeinert werden? (Hinweis: Die "Regionen" entsprechen den "Wochen", die "Investitionen" entsprechen den "Änderungen in der Produktion". Anstatt Gewinn zu maximieren sollen wir hier Kosten minimieren. In den einzelnen Wochen sind immer nur bestimmte Produktionsänderungen möglich! Die Kosten hängen nicht nur von den Produktionsänderungen ab!).

Erarbeite ein allgemeines Verfahren für derartige Aufgabe. Formuliere das Verfahren, wenn bereits möglich, in einer höheren Programmiersprache, bzw. in der in der Fallstudie verwendeten Notation (siehe auch nächster Abschnitt, S.60). Gib auch eine grobe Aufwandsschätzung für das Verfahren (vgl. S.20). Überlege, wie man mit wenig Speicherplatz im Computer auskommt. Überlege andere Beispiele, wo das entwickelte Verfahren angewandt werden könnte.

Methodische Analyse der Fallstudie

ZUR PROBLEMANALYSE

DIE ROLLE DER PROBLEMANALYSE IM PROBLEMLÖSUNGSPROZESS

Die Problemanalyse ist der erste und vielleicht wichtigste Schritt im Problemlöseprozeß: Im Extremfall ist das Resultat einer gründlich durchgeführten Problemanalyse, nämlich eine exakte Problembeschreibung, eine (vielleicht noch nicht optimale aber immerhin schon brauchbare) Problemlösung (siehe später "implizite Problembeschreibungen"). Eine exakte Problembeschreibung ist aber oft wenigstens "die halbe Lösung".

Eine exakte Problembeschreibung ist auf jeden Fall die Basis für eine Beurteilung der Qualität (Korrektheit) einer Lösung, die Schnittstelle (Vertragsbasis) zum Problemsteller und Problemlöser. Sie muß in ständiger Rückkoppelung zwischen Problemsteller und Problemlöser durchgeführt werden. Sie gehört als integraler Bestandteil zum Gesamtdreischritt der Methode der Mathematik. Mathematik fängt nicht erst bei der Bearbeitung eines exakt formulierten Modellproblems an.

PROBLEMTYP: EXPLIZITE BESTIMMUNGSPROBLEME

Den wichtigsten Problemtyp bilden die "expliziten Bestimmungsprobleme", bei welchen

ein oder mehrere Gegenstände zu bestimmen sind,
die gewisse erwünschte Eigenschaften haben sollen,
wobei die Konstruktion von gewissen "Eingaben" ausgehen soll und
gewisse Grundverfahren als vorhanden vorausgesetzt werden.

METHODE: ANALYSE EXPLIZITER BESTIMMUNGSMODELLE

Übersicht:

1. Analysiere die Ausgabegrößen.
2. Analysiere die Ausgabebedingung.
3. Analysiere die Eingaben.
4. Analysiere die Eingabebedingung.
5. Analysiere die für ein Lösungsverfahren zugelassenen Grundoperationen.

Analyse der Ausgabegrößen

Fragen: Was ist gesucht? Welche Objekte wollen wir haben? Welche Größen sollen erzeugt werden? o.ä.

Bezeichne jeden der gewünschten Gegenstände ("Ausgaben", "Ausgabegrößen", "Outputs", "Lösungen") durch eine Variable (Ausgabevariable).

Vermeide dabei "unendlich viele" oder "variabel viele" Gegenstände als Ausgaben (fasse unendlich viele Gegenstände gleichen Typs zu einem komplexeren Gegenstand, z.B. einer Matrix, einer Folge etc. zusammen).

(Gib zu jeder Variablen einen stichwortartigen Kommentar, welchen Typ von Gegenständen die einzelnen Variablen beschreiben).

Beispiel: In der Fallstudie sind

$I_1,\dots,I_4$ die Bezeichnungen der Ausgabegrößen
(mit Kommentar "vier Zahlen,...")

bzw. in der verallgemeinerten Problemstellung ist
I die Bezeichnung der Ausgabegröße
(mit Kommentar "eine Investitionsstrategie";
beachte, daß wir die variabel vielen Ausgabegrößen $I_1,\dots,I_n$ zur "Folge" I zusammengefaßt haben).

Analyse der Ausgabebedingung

Fragen: Welchen Wunsch sollen die Ausgabegrößen erfüllen? Welche Eigenschaften sollen sie haben? o.ä.

Beschreibe die Ausgabebedingung durch eine Aussage, wobei man diese Aussage mit der "Methode der schrittweisen Verfeinerung" ("von oben nach unten", "top-down", "strukturiert") gewinnt:
Beschreibe zuerst grob, wie sich die Bedingung aus Teilbedingungen zusammensetzt.

Dann befasse dich mit jeder einzelnen Teilbedingung.
Präzisiere die in den einzelnen Teilbedingungen vorkommenden Begriffe durch Zurückführen auf einfachere Begriffe und so fort, bis nur mehr bekannte mathematische Standardbegriffe (wie z.B. "natürliche Zahl", "Menge", "Addieren" etc.) vorkommen.

Bei der Präzisierung der Ausgabebedingung wird man entdecken, daß man Teile der Bedingung (und zwar meistens die wesentlichen!) nur relativ zu als "gegeben" gedachten Gegenständen ("Eingaben", "Daten", "Inputs") beschreiben kann (siehe "Analyse der Eingabegrößen").

Seien $y_1,\dots,y_n$ die Ausgabevariablen und
$x_1,\dots,x_m$ die Eingabevariablen (siehe später).
Dann hat die Ausgabebedingung im wesentlichen folgende sprachliche Struktur

$P(x_1,\dots,x_m,y_1,\dots,y_n)$

(eine Aussage, in welcher genau die Variablen $x_1,\dots,x_m$, $y_1,\dots,y_n$ "frei" vorkommen).

Beispiel: In der Fallstudie hat die Ausgabebedingung die Struktur

$$P(\underbrace{G_1,\dots,G_4}_{\text{Eingabe-variable}},\ \underbrace{I_1,\dots,I_4}_{\text{Ausgabe-variable}}).$$

Die Ausgabebedingung wurde "strukturiert" erzeugt: Sie besteht zunächst aus den zwei Teilbedingungen (1), (2) auf Seite 15. Die darin vorkommenden Begriffe "zulässig", "optimal" etc. werden erst auf einer zweiten Stufe der Analyse präzisiert.

Analyse der Eingabegrößen

Fragen: Was ist gegeben? Von welchen Größen hängt die Lösung ab? o.ä. (Diese Fragen werden tunlichst in Verbindung mit der Analyse der Ausgabebedingung gestellt.)

Bezeichne jeden der gegebenen Gegenstände durch eine Variable (Eingabevariable).

Vermeide dabei wieder "unendlich viele" oder "variabel viele" Gegenstände als Eingaben.

(Gib zu jeder Variablen einen stichwortartigen Kommentar, welchen Typ von Gegenständen die einzelnen Variablen beschreiben.)

Beispiel: In der Fallstudie sind

$G_1,\ldots,G_4$ die Eingabegrößen (mit Kommentar "Vier Tafeln...") bzw. in der verallgemeinerten Problemstellung sind
M,n,G die Eingabegrößen (mit Kommentar "Maximaler Investitionsbetrag,...").

Analyse der Eingabebedingung

Fragen: Welche Eigenschaft sollen die Eingabegrößen erfüllen, damit sie für das Problem interessant, geeignet, zulässig, vernünftig etc. sind? o.ä.

Man erhält die Eingabebedingung durch eine ähnliche Analyse, wie sie für die Ausgabebedingung notwendig ist. Im allgemeinen ist die Eingabebedingung aber sehr viel einfacher.

Die Eingabebedingung hat die Struktur

$E(x_1,\ldots,x_m)$

(die Eingabevariablen kommen in der Aussage "frei" vor).

Beispiel: In der Fallstudie (bei der verallgemeinerten Problemstellung) ist die Eingabebedingung:

$$G \text{ ist eine Funktion von } \{0,\ldots,M\} \times \{1,\ldots,n\} \text{ in } R.$$

Zusammenspiel der vier Analysen

Die Durchführung der Analyse der Ausgabe- und Eingabegrößen bzw. -bedingungen ist ein spiralförmiger, iterativer Prozeß. Bei der Formulierung der Ausgabebedingung kann z.B. entdeckt werden,daß noch ein Gegenstand in die Liste der "gesuchten" Gegenstände aufgenommen werden muß, oder es kann bei der Zusammenstellung der Eingabegrößen entdeckt werden, daß die Problemstellung (also im wesentlichen die Ausgabebedingung) vielleicht in dieser oder jener Form verallgemeinert und modifiziert werden sollte, etc.

Analyse der zur Verfügung stehenden Grundoperationen

Genauso, wie eine Problembeschreibung relativ zu gewissen mathematischen Grundbegriffen (Standardbegriffen) geschieht, muß jedes Verfahren auf gewissen, als "vorhanden" ("erlaubt", "elementar durchführbar", "nicht mehr weiter zerlegbar") vorausgesetzten Operationen aufbauen. Die Schwierigkeit einer Problemlösung hängt ganz entscheidend davon ab, welche Grundoperationen man als vorhanden voraussetzt.

Fragen: Welche Grundoperationen (Verfahren zur Lösung irgendwelcher Grundprobleme) haben wir zur Verfügung (z.B. in unserer Programmbibliothek, unserer Methodenbank, auf unserem Rechner etc.)? Welche Grundoperationen wollen wir zulassen? o.ä.

Beispiel: In der Fallstudie setzt man implizit im wesentlichen genau die arithmetischen Grundoperationen als vorhanden voraus.

Das Problem wäre leichter, wenn man die Operation "erzeuge alle möglichen Strategien" als Grundoperation voraussetzen würde.

Das Problem wäre trivial, wenn man die Operation "Berechne unter allen möglichen Strategien eine optimale" als Grundoperation voraussetzen würde.

Bestimmungsstücke eines expliziten Bestimmungsproblems und Lösung eines solchen Problems

Ein explizites Bestimmungsproblem ist also charakterisiert (spezifiziert) durch

die Eingabevariablen $x_1,\dots,x_m$,
die Ausgabevariablen $y_1,\dots,y_n$,
eine Eingabebedingung E,
eine Ausgabebedingung P
und die erlaubten (zur Verfügung stehenden) Grundoperationen.

Die Lösung eines solchen Problems besteht in der Angabe eines "Verfahrens" ("Algorithmus", "Programms", einer "Methode") V, das nur erlaubte Operationen verwendet und die Belegung der Eingabevariablen nicht ändert, sodaß folgende Aussage gilt:

"Für alle Gegenstände $x_1,\dots,x_m$, die
die Eingabebedingung $E(x_1,\dots,x_m)$ erfüllen,
liefert das Verfahren V bei der Anwendung auf die Eingaben
$x_1,\dots,x_m$
Ausgabegrößen $y_1,\dots,y_n$, sodaß
$P(x_1,\dots,x_m,y_1,\dots,y_n)$ gilt".

Diese Aussage heißt "Verifikationsaussage" oder "Korrektheitsaussage" für das durch E und P charakterisierte Problem. Ein Verfahren, das diese Aussage erfüllt, heißt auch "korrektes Verfahren" zur Lösung des Problems.

ZUR ARBEIT MIT DER LITERATUR

DIE ROLLE DER ARBEIT MIT DER LITERATUR IM PROBLEMLÖSUNGSPROZESS

Die Arbeit mit der Literatur spielt heute für den Problemlösungsprozeß eine sehr wesentliche Rolle. Für viele Standardprobleme sind in der Literatur bereits fertige Lösungen vorhanden, sodaß man den Lösunsprozeß sehr stark abkürzen kann, wenn man weiß, wie man an die in der Literatur bereits "gespeicherten" Lösungen herankommt und mit ihnen arbeitet. Leider steckt die übersichtliche Aufbereitung des gespeicherten mathematischen Wissens noch in einer unbefriedigenden Anfangsphase, sodaß sehr viel vorhandenes Wissen nicht zur Problemlösung benutzt wird, weil eine "Neuerfindung" arbeitszeitmäßig billiger kommt als ein Aufsuchen des gespeicherten Wissens.

Die beiden Aktivitäten "eigene Lösungsversuche" und "Verwendung vorhandener Literatur" werden sich im Normalfall im Problemlösungsprozeß gegenseitig abwechseln: eigene Lösungsversuche → zielstrebigere Literatursuche, erfolgreiche Literatursuche → Anregungen für eigene Lösungsversuche usw. (Der erste Schritt ist aber immer besser ein "eigener Lösungsversuch", der fast noch zur "Problemanalyse" gehört).

SACHVERHALTE UND VERFAHREN

Für den Problemlösungsprozeß ist

sowohl Wissen über Sachverhalte in Standardmodellen
(in der Fallstudie z.B.: das Bellmann'sche Optimierungsprinzip)

als auch Wissen über Verfahren zur Lösung von Standardproblemen
(z.B. das Verfahren zur Bestimmung der optimalen Strategie)

wichtig. Es gilt nämlich das Grundgesetz:

> Mehr mathematisches Wissen über Sachverhalte ermöglicht bessere Verfahren.

INFORMATIONSTRÄGER FÜR GESPEICHERTES MATHEMATISCHES WISSEN

Solche Informationsträger sind:

Bücher,
Zeitschriften,
Konferenzberichte, Aufsatzsammlungen,
technische Berichte,
Programmbibliotheken.

Diese Informationsträger sind entweder über den Buchhandel und Institute bzw. über Software-Firmen zu beziehen oder in Bibliotheken bzw. Rechenzentren für den Benutzer zugänglich.

DIE BIBLIOGRAPHISCHEN DATEN VON LITERATURQUELLEN

Für die Beschaffung, Wiederauffindung und Dokumentation von Literaturquellen ist eine vollständige, eindeutige Charakterisierung von Literaturquellen wichtig. Die Charakterisierung einer Literaturstelle ist vollständig, wenn man aufgrund der Charakterisierung jederzeit in der Lage ist, die betreffende Literaturstelle zu beschaffen. Diese Charakterisierung (die "bibliographischen Daten") setzt sich deshalb wie folgt zusammen:

Bei Büchern:

Autor(en),
Titel des Buches,
Verlag, Erscheinungsort, Erscheinungsjahr.

Bei Artikeln in Zeitschriften:

Autor(en),
Titel des Artikels,
Name der Zeitschrift, Nummer des Bandes (Heftes),
Erscheinungsjahr, Seiten.

Bei Artikeln in Konferenzberichten, Aufsatzsammlungen:

Autor(en),
Titel des Artikels,
Name der Konferenz (der Sammlung), Ort und Zeit der
Konferenz, Herausgeber, Erscheinunsjahr, Seiten.

Bei technischen Berichten von Instituten, Firmen etc. (z.B. auch Programm-Manuals)

Autor(en),
Titel des Berichtes,
Name des Institutes (der Firma), Ort, Nummer des Berichtes,
Erscheinungsjahr.

METHODE: DIE BEARBEITUNG VON GESPEICHERTEM WISSEN

Übersicht:

1. Suche Literaturquellen zum vorliegenden Problem
2. Beschaffe die relevant erscheinende Literatur
3. Bearbeite die beschaffte Literatur
4. Dokumentiere die für das vorliegende Problem brauchbare Literatur

Literatursuche

Um zu einem vorliegenden Problem (die bibliographischen Daten relevanter) Literaturstellen zu bekommen, geht man wie folgt vor:

Frage Bekannte, ob sie Literaturstellen (Programme) wissen (vielleicht kennen sie überhaupt die Lösung des Problems!).

Schaue in den Literaturangaben von Literaturstellen, die zum Thema bereits vorhanden sind, nach ("Suche nach rückwärts").

Schaue in den Stichwortverzeichnissen und Inhaltsverzeichnissen von bereits zum Thema vorhandenen Büchern nach.

Schaue in den Schlagwortkarteien (Stichwortkarteien, Sachkarteien) von Bibliotheken bzw. Dokumentationsdiensten nach.

Schaue im Citation-Index nach, welche bereits vorhandenen Arbeiten zum Thema in welchen anderen Arbeiten weiterverwendet wurden ("Suche nach vorwärts").

Schaue in den Review-Zeitschriften und Übersichtszeitschriften bei den betreffenden Teilgebieten nach.

Um in Stichwortkarteien nachschauen zu können, muß man Schlagworte kennen, die das mathematische Gebiet, aus welchem das Problem stammt, charakterisieren. Dazu muß man bereits einigen Einblick in die Mathematik haben und insbesondere den "Jargon der Mathematik" kennen, weil leider die derzeitige Organisation der meisten mathematischen Schlagwortkarteien nicht nach "Problemtypen", sondern eher nach "Datentypen" (Gegenstandsbereichen) organisiert sind.

Bei der Suche nach Literatur zu Problemen <u>suche man immer zuerst nach fertigen Programmen</u> und dann erst nach anderer Literatur.

Eine bekannte und häufig benutzte Grobeinteilung der Mathematik ist die folgende (von der American Mathematical Society, AMS, entwickelte):

00 General
01 History and Biography
02 Logic and Foundations
04 Set Theory
05 Combinatorics
06 Order, Lattices, Ordered Algebraic Structures
08 General Mathematical Systems
10 Number Theory
12 Algebraic Number Theory, Field Theory and Polynomials
13 Commutative Rings and Algebras
14 Algebraic Geometry
15 Linear and Multilinear Algebra; Matrix Theory (finite and infinite)
16 Associative Rings and Algebras
17 Nonassociative Rings and Algebras
18 Category Theory, Homological Algebra
20 Group Theory and Generalizations
22 Topological Groups, Lie Groups
26 Real Functions
28 Measure and Integration
30 Functions of a Complex Variable
31 Potential Theory
32 Several Complex Variables and Analytic Spaces
33 Special Functions
34 Ordinary Differential Equations
35 Partial Differential Equations
39 Finite Differences and Functional Equations
40 Sequences, Series, Summability
41 Approximations and Expansions
42 Fourier Analysis
43 Abstract Harmonic Analysis
44 Integral Transforms, Operational Calculus
45 Integral Equations
46 Functional Analysis
47 Operator Theory
49 Calculus of Variations and Optimal Control

50 Geometry
52 Convex Sets and Geometric Inequalities
53 Differential Geometry
54 General Topology
55 Algebraic Topology
57 Manifolds and Cell Complexes
58 Gobal Analysis, Analysis on Manifolds
60 Probability Theory and Stochastic Processes
62 Statistics
65 Numerical Analysis
68 Computer Science
70 Mechanics of Particles and Systems
73 Mechanics of Solids
76 Fluid Mechanics
78 Optics, Electromagnetic Theory
80 Classical Thermodynamics, Heat Transfer
81 Quantum Mechanics
82 Statistical Physics, Structure of Matter
83 Relativity
85 Astronomy and Astrophysics
86 Geophysics
90 Economics, Operations Research, Programming, Games
92 Biology and Behavioral Sciences
93 Systems, Control
94 Information and Communication, Circuits, Automata
96 Mathematical Education, Elementary
97 Mathematical Education, Secondary
98 Mathematical Education, Collegiate

Wichtige Review- und Übersichtszeitschriften sind:

Mathematical Reviews (Herausgegeben von der AMS, Einteilung der Teilgebiete wie oben, mit Index of Mathematical Papers: jährliche Zusammenfassung der "Mathematical Reviews" mit Autorenindex)

Zentralblatt für Mathematik

SIAM Review (SIAM ist eine Abkürzung für Society for Industrial and Applied Mathematics; enthält Übersichtsartikel, Buchbesprechungen, ungelöste mathematische Probleme und Lösungen zu bisher ungelösten Problemen)

Computer Abstracts (Kurzfassungen von Zeitschriftenartikeln, Tagungsbeiträgen und Büchern aus der Informatik)

Current Mathematical Publications
Contents of Contemporary Mathematical Journals
(Die beiden letzten Zeitschriften enthalten nur die Titel von neuen Arbeiten. Herausgeber ist wieder die AMS, daher Einteilung der Teilgebiete wie oben.)

Literaturbeschaffung:

Um eine durch die bibliographischen Daten bekannte Literaturstelle zu beschaffen, geht man wie folgt vor:

Schaue in den dir zugänglichen Bibliotheken in den Autorenkarteien und Zeitschriftkarteien, ob die betreffende Literaturquellen vorhanden sind. Wenn ja, entlehne sie, wenn nein, entlehne sie durch "Fernleihe" aus anderen Bibliotheken bzw. bestelle die betreffende Quelle über den Buchhandel bzw. (bei Institutsberichten) beim betreffenden Institut.

Bearbeitung der beschafften Literatur

Eine erfolgreiche Beschaffung von Literatur, die für das vorliegende Problem relevant ist, ist im Normalfall noch lange nicht der Abschluß der Arbeit am Problem. Meist ist von einem für das Problem verwendbaren Wissen über einen Sachverhalt (einem "Satz") bzw. auch von einem in einer mathematischen Arbeit vorgeschlagenen "Verfahren" noch ein weiter Weg bis zu einem wirklich vollständigen Lösungsalgorithmus oder gar einem Computer-Programm, denn

mathematisches Wissen ist in ganz verschiedenen Notationen geschrieben,

oft werden Details offengelassen
(mathematische Literatur wendet sich oft an den Menschen als Rechner und nicht an einen Computer),

oft sind Verfahren so allgemein dargestellt, daß man den Spezialfall nur mit Mühe erkennt, oft findet man nur Verfahren für ähnliche Probleme, die man dann noch modifizieren muß,

oft sind Fehler, Unvollständigkeiten etc. in den Darstellungen.

Deshalb ist hundertprozentige Beherrschung der Technik der Mathematik (der verschiedenen Sprachmittel und vor allem auch des Beweisens) auch für den "Praktiker" unumgänglich, der am liebsten nur "fertige Verfahren" anwenden will, ohne sich darum zu kümmern, wie sie entstanden sind.

Dokumentation der verwendeten Literatur

Es ist wichtig, sich selbst nach und nach ein "Dokumentationssystem" aufzubauen, in welchem das zu bestimmten Problemen vorhandene fertige Wissen bzw. die dafür vorhandenen Verfahren durch Hinweise auf die betreffenden Literaturstellen, eigene Ausarbeitungen, fertige Programme etc. schnell wiederauffindbar ist. Die einfachste Organisationsform ist dazu

eine Autorenkartei und

eine Sachkartei.

In der Autorenkartei (Autorendatei) steht für jede Literaturstelle ein Karteikärtchen (Record) mit den bibiliographischen Angaben über die betreffende Stelle mit einer Kurzbezeichnung als Kopf. Die Autorenkartei ist alphabetisch nach dieser Kurzbezeichnung geordnet.

In der Sachkartei (Sachdatei) steht zu jedem Schlagwort ein Karteikärtchen (Record) mit den Kurzbezeichnungen jener Literaturstellen, in welchen zum betreffenden Schlagwort relevante Information zu finden ist.

ZUR PRÄSENTATION UND DOKUMENTATION VON ERARBEITETEN PROBLEMLÖSUNGEN

DIE ROLLE DER PRÄSENTATION UND DOKUMENTATION VON ERARBEITETEN PROBLEMLÖSUNGEN

Die Arbeit an einem Problem ist erst abgeschlossen, wenn man

> die Problemlösung dem Problemsteller präsentiert hat und zur allfälligen späteren Wiederverwendung dokumentiert hat.

Diese Einsicht ist für eine integrierte Gestaltung des Problemlösevorganges von ungeheurer praktischer Wichtigkeit und wird von den "Technikern" meist unterschätzt. Sie ist insbesondere wichtig bei der Zusammenarbeit mehrerer Leute in einem Team, wo bei Aufteilung einer größeren Aufgabe auf die Mitglieder des Teams am Anfang die Problemspezifikation für die einzelnen Teilaufgaben ("Schnittstellenspezifikation") und am Ende die Präsentation der Lösungen der einzelnen Teilaufgaben stehen muß. Sie ist aber auch bei Abnahme einer Problemlösung durch den ursprünglichen Aufgabensteller wichtig. Ein nutzbringender Gebrauch von erarbeiteten Problemlösungen ist nur dann möglich, wenn der Problemlöser seine Lösung selbst präsentiert und diesen Schritt nicht anderen überläßt. Auch die Dokumentation für die Wiederverwendung von Problemlösungen ist ein Gesichtspunkt, dessen wirtschaftliche Wichtigkeit immer mehr erkannt wird.

GRUNDREGELN FÜR DIE PRÄSENTATION (UND DOKUMENTATION)

Übersicht:

1. Verständlichkeit
2. Vollständigkeit
3. Top-down-Struktur
4. Sauberkeit

Verständlichkeit

Vor der Zusammenstellung einer schriftlichen (oder mündlichen) Präsentation einer Problemlösung ist vor allem eine Analyse des

Adressaten der Präsentation notwendig. Die Präsentation muß <u>in der Sprache des Adressaten</u> verfaßt sein. Der Techniker muß deshalb lernen, Problemlösungen in beliebigen Sprachen auszudrücken.

Als die zwei wesentlichen Adressaten kommen in Frage

der Problemsteller,

ein zukünftiger Benützer, der die Problemlösung wieder verwenden möchte (im Spezialfall ist das der Problemlöser selber).

Beispiel: In der Fallstudie sind eine typische Präsentation für den Problemsteller und eine Dokumentation für die Wiederbenutzung skizziert.

Die Präsentation bzw. Dokumentation der Lösung soll so sein, daß der Aufwand, die Lösung zu verstehen, möglichst klein gehalten wird. Das ist für die Wirtschaftlichkeit des gesamten Problemlöseprozesses von auschlaggebender Bedeutung. (Viele Verfahren werden wiedererfunden, weil es zu mühsam ist, sich in bereits vorhandenen Problemlösungen, oft sogar in die selbst erarbeiteten, wieder einzuarbeiten!). Für die Verständlichkeit ist eine gute Strukturierung (siehe unten) natürlich grundlegend. Außerdem kommt es auf viele Kleinigkeiten an, wie z. B. einfache Sprache, Wahl von Bezeichnungen, die "sich selbst erklären", etc.

<u>Vollständigkeit</u>

Eine Präsentation für den Problemsteller ist vollständig, wenn

das ursprüngliche Problem und
die erzielten Ergebnisse enthalten sind und
es dem Problemsteller außerdem möglich ist, auf seiner Ebene die Ergebnisse als korrekt zu erkennen.

Eine Dokumentation für die Wiederverwendung der Lösung ist vollständig, wenn außer der Grob- und Feinbeschreibung des Problems und des Verfahrens so viele Detailangaben vorhanden sind,

daß die Korrektheit des Verfahrens jederzeit leicht nachvollzogen werden kann,

daß die Komplexität des Verfahrens für konkrete Eingaben leicht abgeschätzt werden kann, wenn außerdem klar ist, wie man das Verfahren als "Block" im Rahmen einer größeren Problemstellung verwenden kann,

wenn klar ist, in welcher Weise das Verfahren durch Auswechseln von Teilen modifiziert werden kann.

Top-down-Struktur

Auch bei der Präsentation und Dokumentation von Problemlösungen ist eine übersichtliche Struktur das wichtigste Ziel. Man erreicht sie auch hier durch eine Strukturierung

von "oben nach unten" (top-down, vom Groben zum Feinen, vom Wichtigen zum Detail).

Daraus ergibt sich folgende naheliegende Struktur einer Präsentation einer Problemlösung für den Problemsteller:

a) Grobformulierung des Problems (in der Sprache des Problemstellers),
Präsentation der wesentlichen Ergebnisse,
grobe Skizze der verwendeten Methode.

b) Allenfalls Details der Problemformulierung,
Sonderfälle der Ergebnisse,
Details der Methode (Verweis auf die Dokumentation).

Struktur einer Dokumentation der Problemlösung für die Wiederverwendung: Bibliographische und andere Daten des Dokuments.

Formulierung des Problems (als mathematisches Problem):

1. Grobstruktur z.B.:
   Problemname
   Eingaben
   Ausgaben
   Eingabebedingung
   Ausgabebedingung.

2. Definition der verwendeten Begriffe, Vereinbarung über den Laufbereich der Variablen

3. für das Lösungsverfahren zur Verfügung stehende Grundoperationen.

Beispiele von Interpretationen ("Anwendungen") des mathematischen Problems.

Beispiele von mathematischen Problemen, in welchen das gegebene Problem als Teilproblem vorkommt.

Formulierung des Lösungsverfahrens:

1. Grobstruktur
   - Eingaben
   - Ausgaben
   - Verfahren
   - Korrektheitskommentare ("induktive Behauptungen", siehe später)
   - aufgerufene Teilverfahren

2. Formulierungen der Teilverfahren (wie bei 1., zusätzlich
   - Ein-/Ausgabebedingungen,
   - "Schnittstellenspezifikation").

Rechenbeispiele.

Kompexitätsbetrachtungen.

Korrektheitsüberlegungen (Beweise).

Dokumentation der verwendeten und relevanten Literatur.

Sauberkeit

Auch wenn es gegen sein eigenes Naturell ist, gewöhne man sich an, Präsentationen zu fertigen Lösungen in sauberer und optisch ansprechender Gestalt zu verfertigen (optische Gestaltung ist ein Teilaspekt von "Strukturierung").

ZUR SPRACHE

DIE ROLLE DER SPRACHE IM PROBLEMLÖSUNGSPROZESS

Die Sprache ist (ein wichtiger) Träger der Modellbildung, und zwar sowohl im Stadium der Problemanalyse als Mittel zur Problemspezifikation als auch im Stadium der Erarbeitung eines Lösungsverfahrens als

Mittel zur Beschreibung von Verfahren. Dementsprechend gibt es deskriptive Sprachmittel (zum Beschreiben von Sachverhalten) und algorithmische Sprachmittel (zur Beschreibung von Verfahren). Deskriptive und algorithmische Sprachmittel sind stark miteinander verwoben. Wir trennen sie hier nur, um den Blick zu schärfen.

Beispiel:

Die Formulierung: "Für alle Strategien I' gilt..." (S.16) hat deskriptiven Charakter.

Die Formulierung: "for k:=2 to n do ..." (S.25) hat algorithmischen Charakter.

Bei "Sprache" denken wir hier zunächst vornämlich an gesprochene und geschriebene Sprache. Natürlich besteht ein schleifender Übergang zu anderen Trägern von Modellbildung, z.B. Zeichnungen, Schaltplänen, Speicherinhalten von Computern...

SYNTAX UND SEMANTIK VON SPRACHMITTELN

Deskriptive und algorithmische Sprachmittel sind charakterisiert durch ihre Syntax (äußere Form) und ihre Semantik (Bedeutung). Es stellt sich heraus, daß man mit verhältnismäßig wenigen in der Bedeutung verschiedenen Sprachmitteln auskommt, um den gesamten Problemlösungsvorgang sprachlich zu bedienen. Wohl aber ist die äußere Gestalt (Notation) dieser Sprachmittel in verschiedenen Sprachen sehr verschieden. Um einerseits die gesamte Problemlösepotenz, die in der mathematischen Literatur vorhanden ist, und andererseits die Rechenpotenz der verschiedenen Rechengeräte voll ausnützen zu können, muß man lernen, ein und denselben Inhalt in ganz verschiedenen Notationen ausdrücken und verstehen zu können. Eine gut ausgewählte Sprache kann den Problemlösevorgang stark erleichtern. Umgekehrt ist Mathematik nicht an eine bestimmte Notation gebunden. Insbesondere ist es nicht so, daß Mathematik erst dort beginnt, wo man viele Symbole verwendet.

KONSTANTE UND VARIABLE

Konstante bezeichnen

Objekte (Gegenstände),
Funktionen (Abbildungen, Zuordnungen),
Prädikate (Beziehungen, Relationen, Eigenschaften, Attribute)
oder
Prozeduren (Vorgänge, Algorithmen, Verfahren, Prozesse).

Dementsprechend kann eine Konstante Objekts-, Funktions-, Prädikaten- oder Prozedurkonstante sein. (Der Unterschied, den wir hier zwischen Funktionen und Prozeduren machen, wird später klar werden.)

Variable bezeichnen "Stellen" (Plätze, "Schachteln"), an welche man sich Gegenstände (den "Wert" der betreffenden Variablen) gestellt denken kann. Für jede Variable vereinbart man einen "Laufbereich", das ist die Menge der Gegenstände, die in die durch die Variable bezeichnete "Schachtel" gelegt werden können. Eine Zuordnung von je einem Gegenstand aus dem Laufbereich der betrachteten Variablen zu den Variablen (eine Verteilung dieser Gegenstände in den zugehörigen Schachteln) nennt man eine "Belegung" der betrachteten Variablen.

Als Konstante und Variable werden in den verschiedenen Notationen

einzelne Buchstaben aus verschiedenen Alphabeten,
Buchstaben- und Ziffernkombinationen,
spezielle Symbole,
Buchstaben mit verschiedenen Zusätzen etc.

genommen. Im konkreten Fall muß "aus dem Kontext" oder durch eine explizite Vereinbarung geklärt sein, welches Symbol (welche Symbolkombination) eine Variable, Objektkonstante etc., ist.

Beispiele:

0, 1, 2.53, π ... Objektkonstante,
+, $\sqrt{}$, abs ... Funktionskonstante,
<, =, $\geq$, teilt ... Prädikatenkonstante,
Initialisiere (S.25). Prozedurkonstante,
I, M, n, G (S.15) ... Variable.

I hat in der Fallstudie als Laufbereich die Menge aller Strategien, M die Menge der natürlichen Zahlen etc.

EINFACHSTE SPRACHKONSTRUKTE AUS KONSTANTEN UND VARIABLEN

Aus Konstanten und Variablen kann man drei elementare Sprachkonstrukte aufbauen:

$f(x_1,\dots,x_n)$ ... ein elementarer Term,

Funktions- konstante | Variable

$p(x_1,\dots,x_n)$ ... eine elementare Aussage,

Prädikaten- konstante | Variable

$P(x_1,\dots,x_n)$ ... ein elementares Programm.

Prozedur- konstante | Variable

Von den hier auftretenden Variablen sagt man, daß sie in den betreffenden Sprachkonstrukten "frei" vorkommen.

Beispiele:

x.y ... ein Term (in "Infix-Notation")

Gewinn(I) (S.16)... ein Term (in "Präfix-Notation")

$a \leqq b$ ... eine Aussage (Infix)

Initialisiere (S,F,M,G) ... ein Prozeduraufruf.

Später werden wir noch viele andere Sprachkonstrukte kennenlernen, die aber immer zu einer der drei Kategorien

Term Aussage Programm	} mit gewissen "freien" Variablen

gehören. Die Bedeutung dieser Sprachkonstrukte ist immer nur relativ zu einer Belegung der freien Variablen erklärt. Für eine gegebene Belegung der vorkommenden freien Variablen bezeichnet ein Term einen Gegenstand, beschreibt eine Aussage einen (wahren oder falschen) Sachverhalt und liefert ein Programm eine neue Belegung der Variablen (bzw. liefert "nichts", wenn der durch das Programm beschriebene Vorgang für die gegebene Belegung nicht "stoppt").

Beispiele:

x.y bezeichnet für die Belegung x ↦ 2 den "Gegenstand" 6.
y ↦ 3

a ≤ b beschreibt für die Belegung a ↦ 2,15
b ↦ 1
einen falschen Sachverhalt,

hingegen für die Belegung a ↦ 2,15
b ↦ 3
einen wahren Sachverhalt.

Initialisiere (S,F,M,G) bezeichnet für die Belegung
S ↦ beliebig
F ↦ beliebig
M ↦ 10
G ↦ Tabelle auf S.11

die neue Belegung S ↦

0	(0)
1	(1)
⋮	
10	(10)

F ↦

0	0
1	0,28
⋮	
10	1,38

M ↦ unverändert

G ↦ unverändert

Für jede Funktions-, Prädikaten- und Prozedurkonstante muß man eine "Stelligkeit" vereinbaren: Das ist die Anzahl der "Parameter", die man bei Verwendung der betreffenden Konstanten zur Verfügung hat.

Beispiele:

+,.,- .... zweistellige Funktionskonstante,
√‾, abs, Gewinn (S.16) ... einstellige Funktionskonstante,
≥, teilt .... zweistellige Prädikatenkonstante,
ist Primzahl .... eine einstellige Prädikatenkonstante
(bezeichnet eine "Eigenschaft"),

Initialisiere .... vierstellige Prozedurkonstante.

<u>Beachte:</u> Eine Funktion wird auf eine Belegung angewandt und liefert einen Gegenstand,
eine Prozedur wird auf eine Belegung angewandt und liefert eine Belegung!

(Das soll für uns der Unterschied zwischen einer Funktion und einer Prozedur sein!)

Weiters vereinbaren wir "induktiv":

Objektskonstante sind <u>Terme</u>,
Variable sind <u>Terme</u>,

Gebilde der Art $f(t_1,\dots,t_n)$ sind <u>Terme</u>,
(f: n-stellige Funktionskonstante; $t_1,\dots,t_n$: Terme)

Gebilde der Art $p(t_1,\dots,t_n)$ sind <u>atomare Aussagen</u>,
(p: n-stellige Prädikatenkonstante; $t_1,\dots,t_n$: Terme)

Gebilde der Art $P(t_1,\dots,t_n,v_1,\dots,v_m)$
(P: (n+m)-stellige Prozedurkonstante; $t_1,\dots,t_n$: Terme; $v_1,\dots,v_m$: verschiedene Variable)

sind <u>Prozeduraufrufe</u> (einfachste Programme).

Alle in den $t_1,\dots,t_n$ vorkommenden freien Variablen (und die Variablen $v_1,\dots,v_m$) sind in obigen Sprachkonstrukten frei. (In Prozeduraufrufen darf man nur an den Eingabestellen beliebige Terme einsetzen, nicht bei den Ausgabe- und Übergangsstellen, siehe später). Die Bedeutung dieser Sprachkonstrukte (für vorgegebene Belegungen) erklären wir an Beispielen.

<u>Beispiele:</u>

"(2.x+3)-a" ist ein Term (in Infix-Notation).
Für die Belegung $x \mapsto 2$, $a \mapsto 1$ bezeichnet er den Gegenstand 6.

" $\sqrt{9}$ teilt (x+2.y)" ist eine atomare Aussage (Infix).
Für die Belegung $x \mapsto 2$, $y \mapsto 3$ bezeichnet diese Aussage einen

falschen Sachverhalt.

Für die Belegung $x \mapsto 2$, $y \mapsto 2$ bezeichnet diese Aussage einen wahren Sachverhalt.

"Initialisiere (T,x,7+3,U)" ist ein Prozeduraufruf.

Für die Belegung T ↦ beliebig
x ↦ beliebig
U ↦ die Tabelle für G auf S.11

liefert dieser Prozeduraufruf die Belegung

T ↦	0	(0)
	1	(1)
	10	(10)
x ↦	0	0
	1	0,28
	10	1,38
U ↦		unverändert.

(In der "Vereinbarung" der Prozedur Initialisiere auf S.26 sind nur der 3. und 4. Parameter als Eingabeparameter vereinbart!)

JUNKTOREN

Junktoren (aussagenlogische Junktoren) sind Sprachmittel, die vorhandene Aussagen zu neuen Aussagen verbinden. Das Vorkommen einer Variablen in einer durch Junktoren zusammengesetzten Aussage ist frei genau dann, wenn es in einer der Teilaussagen frei ist.

Wir betrachten folgende fünf Junktoren:
nicht, und, oder, wenn-dann, genau-dann-wenn,
die in der Literatur in mannigfacher äußerer Gestalt auftreten:

nicht: ¬ , ~ , not,
Überstreichen einer Aussage,
Durchstreichen einer Prädikatenkonstante,
versteckt in "nie", "nirgends", "keinesfalls", etc.

und: ∧ , &, and, , (Beistrich),
"sowohl-als-auch".

oder: $\vee$, <u>or</u>.
wenn-dann: ==> , $\rightarrow$, $\succ$, $\supset$.
genau-dann-wenn: <==> , $\leftrightarrow$, $\dot{\succ\!\!\prec}$, $\equiv$.

<u>Standardformen</u> von Junktoraussagen (A,B ... beliebige Aussagen):

$\neg$ A	ist eine Aussage (eine "Negation"),
(A $\wedge$ B)	ist eine Aussage (eine "Konjunktion"),
(A $\vee$ B)	ist eine Aussage (eine "Disjunktion"),
(A ==> B)	ist eine Aussage (eine "Implikation"),
(A <==> B)	ist eine Aussage (eine "Äquivalenz").

Die Klammern dienen dazu, um den Wirkungsbereich der einzelnen Junktoren eindeutig abzugrenzen. Wenn keine Zweideutigkeit möglich ist, werden sie auch weggelassen.

Für A ==> B sagt man oft auch:
A impliziert B,
aus A folgt B,
A ist hinreichend für B,
B ist notwendig für A,
wenn A, dann B,
A nur dann, wenn B.

Für A <==> B sagt man oft auch:
A und B sind äquivalent,
A ist notwendig und hinreichend für B,
A dann und nur dann, wenn B,
A genau dann, wenn B.

Wie bei allen folgenden Sprachkonstrukten ist auch hier nicht wesentlich, in welcher äußeren Form man die Konstrukte gebraucht, sondern vielmehr, daß man die betreffenden Konstrukte in beliebigen Notationen (auch in umgangssprachlichen Formulierungen) erkennt und umgekehrt in jeder beliebigen Notation (insbesondere auch in leicht faßlichen umgangssprachlichen Formulierungen) zum Ausdruck bringen kann.

Die Bedeutung der fünf angegebenen Junktoren ist wie folgt erklärt: Für jede Belegung der freien Variablen, die in einer mit einem Junktor zusammengesetzten Aussage vorkommen, beschreiben die Teilaussagen je einen wahren oder falschen Sachverhalt. Die zusammengesetzte Aussage beschreibt dann einen Sachverhalt, dessen Wahrheit oder Falschheit sich nur aus der Kenntnis der Wahrheit oder Falschheit der durch die Teilaussagen beschriebenen Sachverhalte gemäß folgender "Wahrheitstafeln" ergibt:

Mögliche Fälle für die Wahrheit oder Falschheit der durch die Teilaussagen beschriebenen Sachverhalte		Vereinbarung über die Wahrheit oder Falschheit des durch die zusammengesetzte Aussage beschriebenen Sachverhalts				
A	B	¬ A	A ∧ B	A ∨ B	A==>B	A<==>B
wahr	wahr	falsch	wahr	wahr	wahr	wahr
wahr	falsch		falsch	wahr	falsch	falsch
falsch	wahr	wahr	falsch	wahr	wahr	falsch
falsch	falsch		falsch	falsch	wahr	wahr

Beispiel:

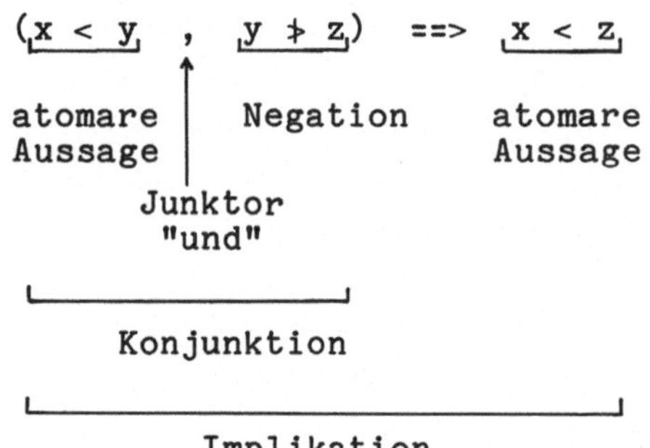

Wir stellen für verschiedene Belegungen fest, ob diese Aussage einen wahren oder falschen Sachverhalt beschreibt (ob "die Aussage wahr oder falsch ist"). Der Laufbereich von x und y seien hier z.B. die ganzen Zahlen.

Belegung von			Wahrheitswert von				
x	y	z	x<y	y≯z	x<y,y≯z	x<z	x<y,y≯z ==> x<z
0	1	2	w	w	w	w	w
0	1	-2	w	f	f	f	w
0	-1	2	f	w	f	w	w
0	-1	-2	f	f	f	f	w

Man beachte, daß die Implikation auch in dem Fall als wahr gilt, wo die "Prämisse" (das ist die Teilaussage links vom "==>") falsch ist. Diese Festlegung des Sprachgebrauchs von "==>" ist insofern vielleicht etwas ungewohnt, weil damit auch solche Sätze wie z.B. "Wenn Linz an der Adria liegt, ist 4 eine Primzahl" "wahr" sind, was man im üblichen Sprachgebrauch eher als "uninteressanten" Satz betrachten würde, dessen Wahrheitsgehalt also auch nicht interessiert. Im mathematischen Sprachgebrauch hat man aber Sätze wie den obigen Satz über ganze Zahlen vor Augen, wo man mit dem "==>" folgendes zum Ausdruck bringen möchte: "<u>entweder</u> ist (für die betrachtete Belegung der Variablen) die Prämisse gar nicht wahr <u>oder</u> aber sie ist wahr und in diesem Fall muß auch die Konklusion wahr sein". D.h. man meint mit (A ==> B) dasselbe wie mit $(\neg A \vee (A \wedge B))$.

$\neg A \vee (A \wedge B)$ hat aber (wie übrigens auch $\neg A \vee B$)folgende Wahrheitstafel:

A	B	$\neg A \vee (A \wedge B)$	$\neg A \vee B$
wahr	wahr	wahr	wahr
wahr	falsch	falsch	falsch
falsch	wahr	wahr	wahr
falsch	falsch	wahr	wahr

Weil man in der Mathematik mit (A ==> B) dasselbe wie mit $\neg A \vee (A \wedge B)$ meint, legt man die Bedeutung von (A ==> B) durch die Wahrheitstafel von $\neg A \vee (A \wedge B)$ fest. Man beachte auch, daß diese Festlegung der Wahrheitstafel für "==>" erst bei Aussagen mit freien Variablen "interessant" wird, wo die Prämisse manchmal wahr und manchmal falsch sein kann. Das ist aber der Normalfall in mathematischen Aussagen und z.B. nicht der Fall bei der obigen als eigenartig empfundenen Aussage "wenn Linz ...".

Beispiel (siehe S.16):

I ist eine zulässige Strategie (in Bezug auf M,n) genau dann, wenn

dreistellige Prädikatenkonstante — Junktor

atomare Aussage

$I: \{1,\dots,n\} \rightarrow \{0,\dots,M\}$, wobei $\sum_{i=1}^{n} I_i = M$

atomare Aussage — Junktor "und" — atomare Aussage

Konjunktion

Äquivalenz.

Die atomaren Aussagen "$I: \{1,\dots,n\} \rightarrow \{0,\dots,M\}$" und "$\sum_{i=1}^{n} I_i = M$" analysieren wir später.

QUANTOREN

Quantoren sind Sprachmittel, die eine oder mehrere Variable benennen, die im "Wirkungsbereich" des Quantors "gebunden" ("quantifiziert") werden und dementsprechend nach außen nicht mehr "frei" sind. Die übrigen Variablen bleiben frei.

Quantoren machen
- aus Aussagen neue Aussagen,
- aus Aussagen neue Terme,
- aus Termen neue Terme.

Wir betrachten zunächst die folgenden allgemein anwendbaren Quantoren (später werden wir auch Quantoren betrachten, die nur für das Sprechen über ganz bestimmte Gegenstandsbereiche interessant sind):

- der Allquantor (macht aus einer Aussage eine neue Aussage),
- Existenzquantor (macht aus einer Aussage eine neue Aussage),
- der Quantor "ein solches" (macht aus einer Aussage einen Term),
- der Quantor "wobei" (macht aus Aussagen und Termen Terme).

Verschiedene Notationen dieser Quantoren (mit Angabe der Variable, die gebunden wird):

Allquantor:	$(\forall x)\ldots$, $\bigwedge_x \ldots$, für alle x gilt: ..., für jedes x: ...,
Existenzquantor:	$(\exists x)\ldots$, $\bigvee_x \ldots$, es existiert ein x, sodaß... ...für ein (gewisses) x, für mindestens ein x gilt:...
Quantor "ein solches":	$(\mathcal{E}\, x)\ldots$, ein solches x, daß...
Quantor "wobei":	..., wobei x = ...

<u>Standardformen</u> von Quantoraussagen (x...eine Variable, A...eine Aussage, in welcher im Normalfall x frei vorkommt, t...ein Term, in welchem x nicht frei vorkommt):

$(\forall x)(A)$	(eine "Allaussage"),
$(\exists x)(A)$	(eine "Existenzaussage"),
(ein solches x)(A)	(ein "$\mathcal{E}$-Term"),
(A, wobei x=t)	(eine "wobei-Aussage").

In diesen Aussagen kommt x nicht mehr frei, sondern gebunden vor.

Wieder benutzt man im Zweifelsfall Klammern, um den Wirkungsbereich der Quantoren eindeutig festzulegen.

Die Bedeutung der obigen Quantoren ergibt sich aus der üblichen Bedeutung der Wörter "für alle", "es gibt", "ein solches", "wobei". Wir erläutern sie noch an Beispielen:

<u>Beispiel:</u> (S.16)

Die Aussage

"für alle zulässigen Strategien I' gilt:

Gewinn (I') $\leq$ Gewinn (I)"

ist eine Kurzform von

"für alle I':

wenn I' eine zulässige Strategie ist,
dann ist Gewinn (I') $\leqq$ Gewinn (I) ".

Die Struktur dieser Aussage ist also:

```
 für alle  I':
└─────────┘
Quantor
      wenn  I' eine zulässige Strategie ist,
           └─────────────────────────────────┘
            atomare Aussage

      dann  ist Gewinn (I') ≦ Gewinn (I) .
           └────────────────────────────┘
            atomare Aussage
     └────────────────────────────────────┘
       Implikation mit freien Variablen I', I
└──────────────────────────────────────────────┘
   Allaussage mit freier Variable I
```

Allgemein kürzt man oft (bei "kurzen" Aussagen A):

$\bigwedge_{x}(A \implies B)$ durch $\bigwedge_{A}(B)$

$\bigvee_{x}(A \wedge B)$ durch $\bigvee_{A}(B)$

oder eine ähnliche Schreibweise ab, wobei man die quantifizierte Variable oft "aus dem Kontext" erkennen muß. Auch schreibt man oft $\bigwedge_{x,y,z} A$ anstatt $\bigwedge_{x}\bigwedge_{y}\bigwedge_{z} A$ etc.

<u>Beispiel:</u>

"Für alle $1 \leqq i \leqq n$: $I_i \in \{0,...,M\}$"
als Abkürzung für:

```
"Für alle i:(1 ≦ i ≦ n ==> Ii ∈ {0,...,M})"
                            └───────────┘
                            atomare Aussage
└───────┘ └┘ └──────────────────────────┘
 Quantor quan-  Implikation mit freien Variablen I,M,n,i
         tifi-
         zierte
         Variable
└─────────────────────────────────────────┘
  Allaussage mit freien Variablen I,M,n
```

Hier muß man "aus dem Sinn" entnehmen, daß i und nicht n gebunden wird.

Diese Aussage ist für die Belegung $I \mapsto (3,0,3)$ wahr und
$M \mapsto 4$
$n \mapsto 3$
für die Belegung $I \mapsto (5,0,3)$ falsch.
$M \mapsto 4$
$n \mapsto 3$

Oft hält man sich an folgende Konvention: All-Quantoren, die in einer Aussage ganz links stehen, läßt man weg.

<u>Beispiel:</u> (S.26)

"Ein solches h, daß
$0 \leqq h \leqq H$ und
für alle $0 \leqq h' \leqq H$:
$F(h',k-1)+G(H-h',k) \leqq F(h,k-1)+G(H-h,k)$"

Aussage mit freien Variablen F,G,H,k,h

ε-Term mit freien Variablen F,G,H,k

Kurzform z.B.:

"Ein $0 \leqq h \leqq H$ mit $F(h',k-1)\ldots\leqq\ldots$für alle $0 \leqq h' \leqq H$".

Für die Belegung $F \mapsto$ die durch "Initialisiere" erzeugte Belegung
$G \mapsto$ Tabelle auf S.11
$H \mapsto 2$
$k \mapsto 2$
bezeichnet dieser Term den Wert 1.

<u>Beispiel:</u>

$f(a,b) = 2.y+y^3$, wobei $y = \sqrt{a^2+b^2}$

Aussage mit freien Variablen a,b,y — Term mit freien Variablen a,b

Aussage mit freien Variablen a,b.

Der wobei-Quantor ist praktisch, um längere Aussagen abzukürzen. Seine Bedeutung dürfte klar sein. Er ist ersetzbar durch den Existenzquantor, was aber zu schwer lesbaren Konstruktionen führt. Obige Aussage ist z.B. gleichbedeutend mit:

$$(\exists y)(f(a,b) = 2.y + y^3 \wedge y = \sqrt{a^2+b^2}).$$

Beispiele für Quantoren, die nur zum Sprechen über bestimmte Gegen-stands-bereiche dienen, sind:

das Summenzeichen Σ (macht aus einer Aussage und einem Term einen Term)

das Produktzeichen $\prod$ (analog)

das Maximumzeichen "max" (macht aus einer Aussage und einem Term einen Term)

das Minimumzeichen "min" (analog).

Standardformen von Termen mit diesen Quantoren (x...eine Variable, A und t eine Aussage bzw. ein Term, in welcher bzw. welchem im Normalfall x frei vorkommt):

$$\sum_{\substack{x \\ A}} t, \quad \prod_{\substack{x \\ A}} t, \quad \max_{\substack{x \\ A}} t, \quad \min_{\substack{x \\ A}} t, \quad \max_{x} A, \quad \min_{x} A.$$

Wir erklären die Bedeutung dieser Quantoren durch Angabe von Beispielen.

Beispiele:

$$\underbrace{\underbrace{\sum_{1 \leq i \leq n}}_{\substack{\text{Aus-}\\\text{sage}\\\text{mit freien}\\\text{Variablen } i,n}} \underbrace{G(I_i,i)}_{\text{Term mit freien Variablen } I,G,i}}_{\text{Term mit freien Variablen } I,G,n}$$

Für die Belegung $n \mapsto 3$ und beliebige Belegungen für I und G bezeichnet dieser Term dieselbe Zahl wie der Term

$G(I_1,1) + G(I_2,2) + G(I_3,3)$. Daß hier "i" die gebundene Variable ist, muß man "aus dem Sinn" erraten.

$\prod_{1 \leqq i \leqq m} i$ bezeichnet z.B. für m=4 die Zahl 24 (= 1.2.3.4).

```
 ∏     i
1≦i≦m
└───┘ └┘
Aus-  Term
sage
└───────┘
  Term
```

Man schreibt oft $\sum_{i=1}^{n} i^2$ für $\sum_{1 \leqq i \leqq n} i^2$ etc.

Allgemeiner bezeichnet z.B. (für jede Belegung der Variablen a)

$\sum_{1 \leqq i<j \leqq 4} a_{i,j}$ dieselbe Zahl wie der Term $a_{1,2}+a_{1,3}+a_{1,4}+$
$+a_{2,3}+a_{2,4}+$
$+a_{3,4}$.

Entsprechend ist die Bedeutung des Summen- und Produktquantors für mehrere gebundene Variable definiert, sofern die Menge der Wertekombinationen, die als Belegungen der gebundenen Variablen die Aussage A erfüllen, endlich ist. Wenn diese Menge leer ist, so bezeichnet der entsprechende Summenterm den Wert 0 und der entsprechende Produktterm den Wert 1, z.B.

$\sum_{m<i+j<n} i.j$ bezeichnet für die Belegung $m \mapsto 2$, $n \mapsto 2$ den Wert 0,

$\prod_{m<i+j<n} (i^2+j^2)$ bezeichnet für dieselbe Belegung den Wert 1.

```
 max  F(h,k-1) + G(H-h,k)
0≦h≦H
└───┘ └───────────────────┘
Aus- Term mit freien Variablen F,G,H,h,k
sage
mit freien
Variablen h,H
└─────────────────────────┘
Term mit freien Variablen F,G,H,k
```

Für die Belegung, die bereits im Beispiel S.57 verwendet wurde, bezeichnet dieser Term den Wert 1,53, nämlich den größten der durch die Terme

$F(0,k-1) + G(H,k)$,
$F(1,k-1) + G(H-1,k)$,
$F(2,k-1) + G(H-2,k)$

bezeichneten Werte.

$$\mathrm{GGT}(m,n) := \underbrace{\max_t \underbrace{(t \text{ teilt } m \text{ und } t \text{ teilt } n)}_{\text{Aussage mit freien Variablen } m,n,t}}_{\text{Term mit freien Variablen } m,n}$$

(Für "GGT(m,n)" lies: "der größte gemeinsame Teiler von m und n", m,n...natürliche Zahlen). Z.B. GGT(6,15) = 3. (3 ist die größte Zahl t, die sowohl 6 als auch 15 teilt.)

Oft definiert man noch zusätzlich:

GGT(m,0):=m,
GGT(0,n):=n.

SPRACHKONSTRUKTE ZUM AUFBAU VON PROGRAMMEN

Programme sind Sprachkonstrukte, die Prozeduren (Vorgänge, Algorithmen,...) beschreiben. Unter einer Prozedur wollen wir dabei hier einen Prozeß verstehen, der, auf Variablenbelegungen angewandt, neue Variablenbelegungen liefert (oder allenfalls "nichts" liefert, wenn der Prozeß nicht "stoppt"). Prozeduren sind deshalb insbesondere zur Beschreibung von auf Computern ausführbaren "Berechnungsprozessen" geeignet, wenn man, grob gesprochen, folgende Entsprechung vornimmt

Variable	.....	Name, (Adresse) eines Speicherbereichs.
Wert der Variablen	.....	Inhalt des betreffenden Speicherbereichs.
Belegung der Variablen mit Werten	.....	Belegung der Speicherbereiche mit Inhalten (ein "Zustand").

In der mathematischen Literatur sind Algorithmen (Prozeduren) meist in einer sehr oberflächlichen, unvollständigen Form beschrieben, weil als "Computer", der die so beschriebenen Algorithmen exekutieren soll, ein Mensch vorausgesetzt wird. Z.B. sind viele Algorithmen nur durch "Angabe von Beispielen beschrieben" (siehe z.B. die Beschreibung des Algorithmus "dynamische Programmierung" auf S.18). Oder sie sind "im wesentlichen" allgemein beschrieben, aber mit Zwischentext, der nur von einem Menschen mit viel Zusatzwissen verstanden werden kann (siehe z.B. die Beschreibung des Teilverfahrens "Erneuere" auf S.26). Man spricht von diesen Beschreibungen deshalb meist nicht von "Programmen", sondern schränkt diesen Begriff auf solche Beschreibungen ein, die in einer maschinenverständlichen Sprache geschrieben sind.

Auch wir werden im folgenden manche Verfahren nur durch Beispiele andeuten, andere wieder genauer angeben. Als Normsprache für die genau angegebenen Verfahren verwenden wir eine Sprache, die die fünf wesentlich verschiedenen Sprachkonstrukte algorithmischer Sprachen enthält (Prozeduraufruf, Wertzuweisungen, zusammengesetzte Anweisungen, Verzweigungen und Schleifen). Wir werden dazu auch eine Standardsyntax angeben, an die wir uns aber nicht immer streng halten werden (genau so wie bei den bisher besprochenen Typen von Aussagen und Termen). In welchen Notationen diese wesentlichen Sprachkonstrukte in den Programmiersprachen erscheinen, ist Gegenstand der parallelen Vorlesung "Einführung in die Informatik". Die Übersetzung aus der hier verwendeten Notation in die verschiedenen Programmiersprachen-notationen ist ein reiner Routine-Vorgang. (Siehe S. 96, wo die Implementierung eines Beispielprogramms in drei verschiedenen Programmiersprachen angegeben ist.)

Elementare Programme sind die Prozeduraufrufe (siehe S.49) und die Wertzuweisung (siehe unten), die nicht mehr weiter in Teilprogramme zerlegt werden können.

Ähnlich wie es Junktoren und Quantoren zum Zusammensetzen neuer Terme und Aussagen aus vorhandenen Termen und Aussagen git, gibt es "Programmbildner", die aus Termen, Aussagen und Programmen neue Programme machen. Die vier wesentlichen Programmbildner sind:

der Zuweisungsbildner	(macht aus einer Variablen und einem Term ein Programm),
der Zusammensetzer	(macht aus mehreren Programmen ein Programm),
der Verzweigungsbildner	(macht aus einer Aussage und zwei Programmen ein Programm),
der Schleifenbildner	(macht aus einer Aussage und einem Programm ein Programm).

Standardformen von Programmen, die mit diesen Programmbildnern aufgebaut sind,sind (x...eine Variable; t...ein Term; A...eine Aussage; $P, P_1, \ldots, P_k$...Programme):

$x := t$	(eine "Wertzuweisung"),
<u>begin</u> $P_1;\ldots;P_k$ <u>end</u>	(ein "zusammengesetztes Programm"),
<u>if</u> A <u>then</u> P_1 <u>else</u> P_2 <u>endif</u>	(eine "Verzweigung"),
<u>while</u> A <u>do</u> P <u>endwhile</u>	(eine "<u>while</u>-Schleife").

Alle in t, A, P, $P_1,\ldots,P_k$ frei vorkommenden Variablen und die Variable x kommen auch in obigen Programmen frei vor.

Die Wörtchen <u>begin</u>, <u>end</u>, <u>then</u>, <u>else</u> etc. spielen die Rolle von Klammern, die wieder den Wirkungsbereich der einzelnen Programmbildner angeben. Wir lassen diese "Wortklammern" oft weg, wenn keine Mißverständnisse entstehen können. (Anstatt dessen arbeiten wir oft wie bei den Aussagen mit Einrückungen.) Die Bedeutung dieser Anweisungen (das ist die Art und Weise, wie diese Anweisungen vorgegebene Variablenbelegungen in neue Belegungen umwandeln), erklären wir an Beispielen (siehe auch die Vorlesung "Einführung in die Informatik"):

<u>Beispiele:</u>

gegebene Belegung	Anweisung	Belegung nach Ausführung der Anweisung
$x \mapsto 3$ $y \mapsto 2$	$y := 2x^3$	$x \mapsto 3$ $y \mapsto 54$
$x \mapsto 0$ $y \mapsto 1$	$(y,x) := (x,y)$ Eine Verallgemeinerung der Zuweisungsanweisung ("<u>kollaterale</u>" Zuweisung)	$x \mapsto 1$ $y \mapsto 0$
$x \mapsto 21$ $y \mapsto 17$	$(x,y) := (x+1,y-1)$	$x \mapsto 22$ $y \mapsto 16$

Beachte den <u>Unterschied zwischen der Aussage</u> $y=2x^3$ <u>und dem "Programm"</u> $y:=2x^3$! Für die Belegung $\begin{matrix} x \mapsto 3 \\ y \mapsto 2 \end{matrix}$ bezeichnet die Aussage $y=2x^3$ den (falschen) Sachverhalt, daß 2 gleich 54 ist, während für dieselbe Belegung das Programm $y:=2x^3$ die Belegung $\begin{matrix} x \mapsto 3 \\ y \mapsto 54 \end{matrix}$ liefert.

<u>Beispiel:</u> (S.26)

<table>
<tr><th>gegebene Belegung</th><th>Anweisung</th><th>Belegung nach Aus führung der Anweisung</th></tr>
<tr><td>$H \mapsto 2$
$S \mapsto \begin{array}{c|cc} & 1 & 2 \\ \hline 0 & (0) & * \\ 1 & (1) & * \\ 2 & * & * \end{array}$</td><td>S(H,1) := (H)</td><td>$H \mapsto 2$
$S \mapsto \begin{array}{c|cc} & 1 & 2 \\ \hline 0 & (0) & * \\ 1 & (1) & * \\ 2 & (2) & * \end{array}$</td></tr>
</table>

Zuweisungen, in denen auf der linken Seite "indizierte Variable" als Bezeichnung von "Feldern" verwendet werden, haben die Bedeutung, daß nur an der durch die Indizes angegebenen Stelle die Belegung der Variablen geändert wird. Man kann eine solche Zuweisung auch so auffassen:

S := Einsetze(S,H,1,(H)),

wo "Einsetze" eine Grundoperation ist mit der Bedeutung: "Einsetze(f,i,j,c)" ist "das Feld, das aus f dadurch entsteht, daß man an der durch i und j bestimmten Stelle den Wert c einsetzt und alle anderen Stellen unverändert läßt" (Wir gehen darauf später noch einmal genauer ein).

<u>Beispiel:</u>

<table>
<tr><th>gegebene Belegung</th><th>Anweisung</th><th>Belegung nach Ausführung der Anweisung</th></tr>
<tr><td>$x \mapsto 3$
$y \mapsto 1$
$z \mapsto 1$</td><td><u>begin</u>
$y := 2.x^3$
$z := (y+3).\sqrt{y}$
<u>end</u></td><td>$x \mapsto 3$
$y \mapsto 54$
$z \mapsto 418.86...$</td></tr>
</table>

(Wir trennen zusammengesetzte Anweisungen oft durch Untereinanderschreiben anstatt durch ";".)

Beispiel:

gegebene Belegung	Anweisung	Belegung nach Ausführung der Anweisung
a ↦ 3 b ↦ 5 c ↦ 0	if a < b then c := b-a else c := a-b endif	a ↦ 3 b ↦ 5 c ↦ 2
a ↦ 5 b ↦ 3 c ↦ 0	if a < b then c := b-a else c := a-b	a ↦ 5 b ↦ 3 c ↦ 2
b ↦ (1,2,1,3) k ↦ 2	if $b_k \not\leq b_{k+1}$ then $(b_k, b_{k+1}) := (b_{k+1}, b_k)$ ("einseitige Verzweigung")	b ↦ (1,1,2,3) k ↦ 2
b ↦ (1,2,3,3) k ↦ 2	if $b_k \not\leq b_{k+1}$ then $(b_k, b_{k+1}) := (b_{k+1}, b_k)$	b ↦ (1,2,3,3) k ↦ 2

Beispiel:

gegebene Belegung	Anweisung	Belegung nach Ausführung der Anweisung
x ↦ 0	while $x^2 \neq 9$ do x := x+1	x ↦ 3
x ↦ -4	while $x^2 \neq 9$ do x := x+1	x ↦ -3
x ↦ 5	while $x^2 \neq 9$ do x := x+1	"keine" Belegung (Programm stoppt nie!)

Für eine gegebene Belegung wird durch while A do P endwhile also der folgende Prozeß beschrieben: Der Prozeß P wird ausgehend von der gegebenen Belegung solange durchgeführt, bis für die entstehende Belegung die Aussage A nicht mehr erfüllt ist.

Beispiel:

<table>
<tr><th>gegebene Belegung</th><th>Anweisung</th><th>Belegung nach Ausführung der Anweisung</th></tr>
<tr>
<td>H ↦ *
M ↦ 10
S ↦ *
F ↦ *
G ↦ Belegung
von S. 11</td>
<td>for H:=0 to M do
S(H,1) := (H)
F(H,1) := G(H,1)
(siehe S.26)</td>
<td>H ↦ 11
M ↦ 10
S ↦
<table>
<tr><th></th><th>1</th><th>2...</th></tr>
<tr><td>0</td><td>(0)</td><td></td></tr>
<tr><td>1</td><td>(1)</td><td></td></tr>
<tr><td>⋮</td><td>⋮</td><td></td></tr>
<tr><td>10</td><td>(10)</td><td></td></tr>
</table>
F ↦
<table>
<tr><th></th><th>1</th><th>2...</th></tr>
<tr><td>0</td><td>0</td><td></td></tr>
<tr><td>1</td><td>0,28</td><td></td></tr>
<tr><td>⋮</td><td>⋮</td><td></td></tr>
<tr><td>10</td><td>1,38</td><td></td></tr>
</table>
</td>
</tr>
</table>

Wir fassen hier die zwei Wertzuweisungen durch "Einrücken" zusammen anstatt durch die Wortklammern begin, end.

Die "for-Schleife"

for x := t_1 to t_2 do P endfor

(x...eine Variable; t_1, t_2...Terme; P...ein Programm)

hat also dieselbe Bedeutung wie folgendes Programm:

x := t_1
while x $\leqq$ t_2 do P; x := x+1 endwhile.

x heißt die "Laufvariable". (Oft vereinbart man auch, daß die Belegung von x nach Ausführung der for-Anweisung nicht mehr zur Verfügung steht. x wird "gebunden".)

STRUKTURIERUNG VON BESCHREIBUNGEN DURCH DEFINITIONEN

Wir haben gesehen, daß die Methode des schrittweisen Verfeinerns, Strukturierens, von oben nach unten Entwerfen,

sowohl bei der exakten Fassung des Problems,
als auch bei der Beschreibung der betrachteten Realität,
als auch bei der Entwicklung eines Lösungsverfahrens
und schließlich auch
bei der übersichtlichen Dokumentation der Lösung

eine wesentliche Rolle spielt. Das sprachliche Hilfsmittel, das eine solche Strukturierung ermöglicht, sind die verschiedenen Arten von Definitionen.

Mit ihrer Hilfe ist es möglich, jeden einzelne Beschreibungsschritt so kompakt zu gestalten, daß er "mit einem Blick" überschaubar ist.

Was "mit einem Blick überschaubar" heißt, ist natürlich subjektiv. Vom Gesichtspunkt des vorhin entwickelten geschachtelten Aufbaus der Verwendung der deskriptiven und algorithmischen Sprachkonstrukte aus könnte man als ungefähre Richtzahl meinen, daß die Schachtelungstiefe in einem Beschreibungsschritt nie mehr als zwei sein soll, wobei das "Nebeneinanderstellen" ("und" bei Aussagen, ";" bei Programmen) nicht zählt.

Beispiel:

In der Fallstudie hat die Problembeschreibung auf S.24 folgende Struktur: Zuerst kommt die "Grobbeschreibung" des Problems:

Problemname
  atomare Aussage (Eingabedingung: "G ist Funktion..."),
  atomare Aussage (erster Teil der Ausgabebedingung:
    "I ist zulässig..."),
  atomare Aussage (zweiter Teil der Ausgabebedingung:
    "I ist optimal...").

Das ist ein "mit einem Blick überschaubarer" Block. Dann kommt die Definition des Begriffes "zulässig", der im ersten Teil der Ausgabebedingung vorkommt:

Begriffsname
  atomare Aussage ("I ist Funktion..."),
  atomare Aussage ("$\Sigma\ I_i = M$").

Das ist ein "mit einem Blick überschaubarer" Block (Schachtelungstiefe null). Ebenso ist die Definition des Begriffs "optimal" "mit einem Blick überschaubar" (Schachtelungstiefe eins):

Begriffsname
    für alle I': atomare Aussage ("Gewinn(I')$\leqq$...").

Schließlich wird die Definition des Begriffs "Gewinn" gegeben:

Begriffsname
    Term ("Σ G(I_i,i)").

Auch die Beschreibung des Lösungsverfahrens ist in dieser Weise strukturiert: Zuerst kommt eine Grobbeschreibung des Verfahrens (Schachtelungstiefe 1):

Name des Verfahrens
    Prozeduraufruf ("Initialisiere")
    <u>for</u> k:=2 <u>to</u> n <u>do</u> Prozeduraufruf ("Erneuere")
    Wertzuweisung ("I:=S(M,n)").

Dann kommt die Definition der Prozedur "Initialisiere" (Schachtelungstiefe eins):

Prozedurname
    <u>for</u> H:=0 <u>to</u> M <u>do</u>:
        Folge von Wertzuweisungen.

Ebenso ist die Definition der Prozedur "Erneuere" strukturiert, wobei der Programmteil in der <u>for</u>-Schleife allerdings erst angedeutet ist.

Die Problembeschreibung und die Beschreibung des Lösungsverfahrens haben also beide eine hierarchische Struktur mit streng <u>entkoppelten</u> Blöcken, die sämtlich "überschaubar" sind.

DIE TECHNIK DES DEFINIERENS

Das Definieren kommt also im strukturierten Entwurf von Beschreibungen an folgender Stelle zum Einsatz: Man hat eine Funktion, ein Prädikat, eine Prozedur bis zu diesem Zeitpunkt nicht weiter zerlegt, also unstrukturiert, als einen Block ("<u>black box</u>") betrachtet, der mit der Außenwelt nur über seine "Eingaben" und "Ausgaben" kommuniziert:

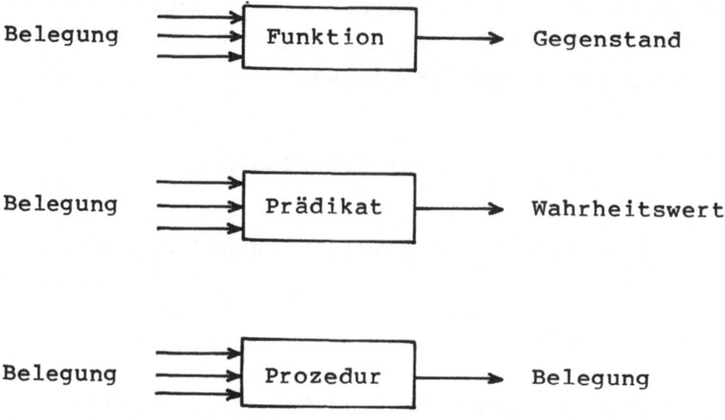

Jetzt möchte man die betreffende Funktion (Prädikat, Prozedur) <u>weiter zerlegen</u>, d.h. als aus elementareren Funktionen, Prädikaten, Prozeduren aufgebaut beschreiben. Als mögliche Aufbauarten stehen die zur Verfügung, die durch die verschiedenen Junktoren, Ouantoren und Prozedurbildner beschrieben werden können (einschließlich dem "Ineinandereinsetzen" bei Termen). Das ist ein Arsenal von Aufbautechniken, das sich für die Praxis als ausreichend und andererseits "zum exakten Analysieren zwingend" herausgestellt hat.

Ein Sprachkonstrukt, das die weitere Zerlegung einer Funktion (Prädikat, Prozedur) in elementare Bestandteile beschreibt, nennt man <u>Definition</u>. Definitionen können als spezielle Aussagen betrachtet werden, deren Gültigkeit man für alle Belegungen voraussetzt.

Sei also f (p, P) eine Funktions-(Prädikaten-, Prozedur-)konstante, die eine Funktion (Prädikat, Prozedur) beschreibt, deren detaillierten Aufbau man erklären möchte. Dann hat eine Definition dieser Konstanten folgende Gestalt:

$f(x_1,\ldots,x_n)$	:=	t
↖ ↗ Variable		↑ Term, in welchem höchstens die Variablen $x_1,\ldots,x_n$ frei vorkommen
		(n..."Anzahl der Eingaben in die durch f beschriebene Funktion")

$p(x_1,\ldots,x_n)$:<==> A

Variable — Aussage, in welcher höchstens die Variablen $x_1,\ldots,x_n$ frei vorkommen.

<u>procedure</u> $P(x_1,\ldots,x_k,u_1,\ldots,u_l,y_1,\ldots,y_m)$:

Eingabevariable: $x_1,\ldots,x_k$.
Übergangsvariable: $u_1,\ldots,u_l$.
Ausgabevariable: $y_1,\ldots,y_m$.
(Variable)

S — ein Programm, in welchem die Belegung der Variablen $x_1,\ldots,x_k$ nicht geändert wird.

Die Unterscheidung der Variablen in Eingabe-, Übergangs- und Ausgabevariable geschieht nach folgendem Kriterium:

Eingabevariable: Ihre Belegung darf sich durch Ausführung von S nicht ändern. Bei Aufruf der Prozedur P darf man die Belegung dieser Variablen vorgeben.

Übergangsvariable: Ihre Belegung muß am Beginn der Ausführung von S bekannt sein und wird durch S geändert.

Ausgabevariable: Ihre anfängliche Belegung spielt keine Rolle, sie wird im Laufe der Ausführung von S belegt.

Sollten in der Prozedur P noch andere Variable als die in der "Parameterliste" angegebenen vorkommen, so betrachtet man diese als "<u>lokal</u>", d.h. gebunden, nach außen hin nicht verfügbar. Ihre Belegung kann bei einem Aufruf der Prozedur nicht festgesetzt werden und andererseits können über lokale Variable auch keine Belegungen an das aufrufende Programm übertragen werden.

Wir betrachten hier zunächst nur Definitionen, bei denen im Term (Aussage, Programm) "auf der rechten Seite" ("<u>Definiens</u>"), mit welchem die Konstante auf der linken Seite ("<u>Definiendum</u>") definiert wird, das Definiendum auf der rechten Seite nicht wieder vorkommt ("<u>Explizite" Definitionen</u>). Später werden wir auch <u>rekursive "Definitionen"</u> zulassen. (Man schreibt oft einen Doppelpunkt auf die Seite des Definiendums).

Beispiel: (S.16)

$$\underbrace{\text{Gewinn}}_{\text{dreistellige Funktionskonstante}}\ \underbrace{(I,G,n)}_{\text{"Parameterliste"}} := \underbrace{\sum_{i=1}^{n} G(I_i, i)}_{\text{Term mit freien Variablen } I,G,n}$$

explizite Definition der Funktionskonstante "Gewinn"

Diese Definition haben wir auf S.16 zu

Gewinn(I) := ...

verkürzt, weil wir die Variablen G und n als "global" betrachtet haben. Globale Variable sind normale Variable, d.h. man kann ihnen beliebige Gegenstände aus ihrem Laufbereich als Belegung zuordnen. Man legt aber durch die Vereinbarung "global" fest, daß die Belegung der betreffenden Variablen für die Gesamtbetrachtung gleich bleibt. Das ist ein praktischer Trick, um sich bei der Definition und Verwendung von Konstanten Parameterstellen zu sparen. Als globale Variable geeignet sind vor allem die Eingabevariablen von Problemen.

Beispiel: (S.16)

I ist optimale Strategie in Bezug auf M,n,G genau dann, wenn

vierstelligen Prädikatenkonstante

für alle I':

I' ist zulässige Strategie in Bezug auf M,n

$\Longrightarrow$ Gewinn (I') $\leqq$ Gewinn (I)

Aussage mit freien Variablen I,M,n,G.

explizite Definition der vierstelligen Prädikatenkonstante "ist optimale Strategie in bezug auf"

Beispiel: (S.26)

```
                 fünfstellige   Parameter-
                 Prozedur-      liste
                 konstante
procedure  Erneuere    (S,F,k,M,G):

       Eingabevariable:   M,G,k.
       Übergangsvariable: S,F.
       for H := o to M do ...

       Programm mit freien Variablen S,F,k,M,G
       (h,H sind lokal),

Definition der Prozedurkonstante "Erneuere" ("Prozedurvereinbarung")
```

Man kann Funktionskonstante auch durch ein Programm definieren, indem man sich nicht für die Belegung nach Exekution des Programms, sondern nur für die erzeugten Werte interessiert ("Funktionsprozeduren"). Das ist insbesondere praktisch, wenn man Funktionen "mit mehreren Ausgaben" beschreiben will.

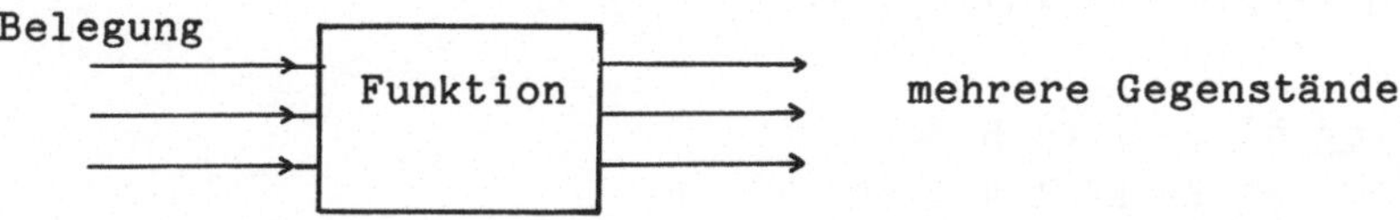

Wir beschreiben dann die Erzeugung jedes einzelnen "Teilwertes" der Ausgabe durch eine eigene Funktionskonstante z.B. in der folgenden Gestalt.

function $f_1,\ldots,f_m(x_1,\ldots,x_k)$:
Eingaben: $x_1,\ldots,x_k$
Ausgaben: $y_1,\ldots,y_m$
S
↖ ein Programm, in welchem die Belegung der Variablen $x_1,\ldots,x_k$ nicht geändert wird.

Für eine gegebene Belegung der Variablen $x_1,\ldots,x_k$ bezeichnen dann $f_1(x_1,\ldots,x_k),\ldots,f_m(x_1,\ldots,x_k)$ die Werte, die bei der Exekution von S als Belegung von $y_1,\ldots,y_m$ entstehen.

Beispiel:

Im Programm "Erneuere" könnte man den Programmteil in der Schleife übersichtlich wie folgt strukturieren (Wir vereinbaren hier G als "global"):

```
F(H,k) := optimale Strategie (F,k,H)
S(H,k) := optimaler Wert (F,k,H)
```

und vereinbaren die Funktionskonstanten "optimale Strategie" und "optimaler Wert" gemeinsam wie folgt:

```
function optimale Strategie, optimaler Wert (F,k,H):
Eingaben: F,k,H
Ausgaben: h,m

        h := 0
        m := F(0,k-1)+G(H,k)

        for h' := 1 to H do
            m' := F(h',k-1)+G(H-h',k)
            if m' > m then (h,m) := (h',m')
          └──────────────────────────────────┘
```

Programm mit freien Variablen F,k,H,h,m (h' und m' sind "lokal").

ÜBUNGEN UND ERGÄNZUNGEN:

1. Übung (Literaturarbeit):

Stelle eine Liste der an deiner Universität zur Verfügung stehenden, für die Arbeit als Informatiker relevanten Bibliotheken und Programmsammlungen zusammen und erkläre in einheitlicher und übersichtlicher Form ihre grobe Organisation.

2. Übung (Literaturarbeit):

Stelle unter Benutzung der Dokumentationshilfen der Bibliotheken an deiner Universiät einige Literaturstellen zusammen, wo du zur Lösung der in der Fallstudie und in der zugehörigen Übungsarbeit gestellten Probleme relevantes Material findest. Suche ebenso nach vorhandenen Programmen, die die Probleme lösen könnten. Dokumentiere das Ergebnis dieser Literatursuche (korrekte bibliographische Angaben!).

3. Übung (syntaktische Sprachanalyse):

Analysiere die syntaktische Struktur der folgenden sprachlichen Gebilde, die in verschiedensten Notationen gegeben sind, nach dem Muster auf den Seiten 52 ff. Übertrage die Sprachkonstrukte nötigenfalls vorher in auf diesen Seiten angegebene Standardnotation. Beachte, daß oft mehrere Zerlegungen der syntaktischen Struktur möglich sind. Gib auch überall den (vermutlichen) Laufbereich der verwendeten Variablen explizit an und stelle fest, welche Variablen an welcher Stelle frei bzw. gebunden sind.

a) $\frac{e^{-16}.16^5}{5!}$

b) $\frac{(b-a)^2}{12}$

c) $\frac{1}{\sqrt{2\pi}\sigma} \quad e^{-(x-\mu)^2}$

d) die Länge des reellen Intervalls $[-17,5.0]$

e) Die Cousine meines Onkels ist die Freundin meines Chefs.
(Hinweis: "Cousine von" ... einstellige Funktionskonstante,
"ist Freundin"... zweistellige Prädikatenkonstante).

f) $2^2+3^2 < 30$.

g) $\sqrt{5+4}$ teilt $(2+1)^3$.

h) Die Funktion sinus ist in ganz $\mathbb{R}$ beschränkt.

i) $5 \leqq a \leqq 7$ (zwei Zerlegungsmöglichkeiten, z.B. mit verstecktem Junktor "und").

j) 2 ist zwar eine Primzahl, aber gerade.

k) Sind f und g stetig, so ist auch $g \circ f$ stetig.

l) Existenz und Eindeutigkeit der Lösung liegen genau dann vor, wenn die Determinante von A ungleich 0 ist.

m) Für $|x-a| < \delta$ ist $|\sin(x)-\sin(a)| < \varepsilon$.

n) Wenn eine Primzahl ein Produkt teilt, dann teilt sie einen der Faktoren.

o) Die Eigenschaften "prim" und "irreduzibel" sind äquivalent.

p) Wenn das Parlament keine neuen Gesetze beschließt, wird die Krise nicht überwunden werden, außer wenn sie länger als ein Jahr dauert und Hilfe von außen einsetzt.

q) $0 \leqq \sin(x) \leqq 1$, falls $0 \leqq x \leqq \frac{\pi}{2}$.

r) Griechen sind stolz (versteckte Variable!).

s) Griechen und Türken sind Südeuropäer.

t) x teilt y genau dann, wenn x.z=y für ein z.

u) $\bigwedge_{1 \leqq i \leqq n} f(i) \leqq f(i+1)$

v) $\bigwedge_{\varepsilon > 0} \bigvee_{\delta > 0} \bigwedge_{|x| < \delta} |\sin(x)| < \varepsilon$

w) Für je zwei Punkte gibt es genau eine Gerade, die durch beide Punkte geht.

x) v ist revers zu w :<==>
v und w haben die gleiche Länge und
$v_i = w_{n-i+1}$ für alle i mit $1 \leqq i \leqq n$,
wo n die Länge von v ist.

Erfinde allenfalls andere übersichtliche Darstellungsformen für die Angabe der syntaktischen Struktur der obigen Sprachkonstrukte, z.B. durch "Bäume" in der Form (für das Beispiel t)):

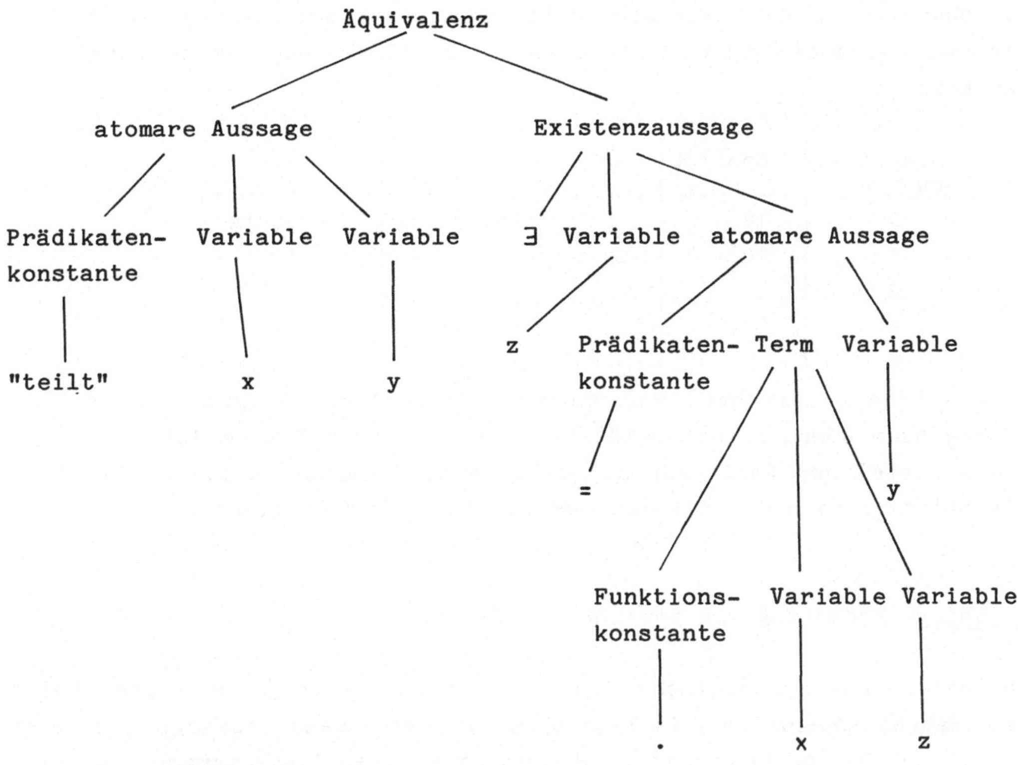

<u>4. Übung</u> (Bedeutung von Sprachkonstrukten):

Stelle von den in der 3. Übung angegebenen Termen und Aussagen fest, welchen Gegenstand sie bezeichnen bzw. ob sie wahr oder falsch sind (allenfalls für verschiedene Belegungen der freien Variablen).

<u>5. Übung</u> (Analyse algorithmischer Sprachkonstrukte):

Analysiere die syntaktische Struktur des folgenden Programms

```
x := z
y := 1
while |x-y| > Epsilon do
      x := y
      y := 1/2.(y+z/y)
```

Ausgehend von einer beliebigen Belegung der vorkommenden freien Variablen mache eine Liste der Belegungen der Variablen nach jedem Schritt in der Form

Schritt-nummer	Epsilon	z	x	y
0	10^{-3}	2	beliebig	beliebig
1	10^{-3}	2	2	1
2	.	.	1	1,5
3	.	.	.	.

Eine solche Liste nennt man "Spur" ("<u>Trace</u>") des Programms. Das händische oder Computer-unterstützte Aufstellen von Traces ist ein wichtiges Mittel der Fehlersuche. Stelle eine Vermutung über das Ergebnis des obigen Programms in Abhängigkeit von z (und Epsilon) auf.

<u>6. Übung</u> (Bedeutung von Sprachkonstrukten):

Analysiere die syntaktische Struktur der folgenden Aussage und stelle den Wahrheitswert der Teilaussagen und der Gesamtaussage für vier "typische" Belegungen in einer Wahrheitswertetabelle zusammen. Was wird hier "typisch" heißen? (x,y ... Variable über reelle Zahlen).

$x.y > 0 \iff (x,y > 0 \ \vee \ x,y < 0)$

<u>7. Übung</u> (Beschreibung mit Standard-Sprachmitteln):

Beschreibe mit den bisher zur Verfügung stehenden Sprachmitteln die folgenden Sachverhalte und analysiere die syntaktische Struktur der Beschreibungen.

"Es gibt unendlich viele Primzahlen."

("ist prim" möge als Grundprädikat zur Verfügung stehen. Hinweis: Es gibt unendlich viele ... = zu jeder (beliebig großen) Zahl gibt es eine größere mit ...).

"Es gibt genau ein $x \geqq 0$ mit $x^2 = z$."

(Hinweis: Es gibt genau ein ... = Es gibt ein ... und alle anderen ... sind diesem gleich).

"Für fast alle n ist $n^2 > 5n$."

(Hinweis: "Ab einem bestimmten n gilt das immer").

" z := dasjenige $x \geqq 0$, für welches $x^2 = z$"

(Hinweis: "dasjenige" kann mit "ein solches" beschrieben werden. Bei "dasjenige" schwingt mit, daß es nur "ein solches" gibt. Das muß in einer zusätzlichen Aussage ausgedrückt werden).

Für "es gibt unendlich viele x ...", "es gibt genau ein x ...", "für fast alle x ..." findet man manchmal die Schreibweisen:

$\overset{\infty}{\bigvee_x}$ ..., $\overset{!}{\bigvee_x}$ ..., $\overset{\infty}{\bigwedge_x}$ ... o.ä.

Drücke den Quantor max bzw. min durch den Quantor "ein solches" aus (Hinweis: $\max_x$ ... = ein solches x mit ..., das größer oder gleich allen anderen y mit ... ist).

8. Übung (Beschreibung mit Standard-Sprachmitteln, Definieren):

Definiere folgende Begriffe mit Standardsprachmitteln (verwende allenfalls die aus der Schule vorhandenen Lehrbücher, vgl. die Definition von GGT auf S. 60). Überlege jedesmal, für welchen Grundbereich der betreffende Begriff sinnvoll definiert werden kann und gib die Laufbereiche der Variablen dementsprechend an. Halte Dich beim Definieren genau an die auf S. 68 angegebene Struktur und analysiere die syntaktische Struktur der Definitionen, insbesondere auch die freien und gebundenen Variablen.

x teilt y, x und y sind teilerfremd (relativ prim),
der größte gemeinsame Teiler zweier Zahlen, das kleinste gemeinsame Vielfache zweier Zahlen, n ist Primzahl,
Quotient und Rest bei ganzzahliger Division
(Hinweis: m:n = dasjenige q, sodaß m = q.n+r für ein $0 \leqq r < n$.),
Absolutbetrag einer Zahl, größtes Ganzes einer Zahl,
n-te Wurzel einer Zahl.

(Oft verwendete Zeichen: "$x|y$" für "x teilt y"; "GGT" für "größter gemeinsamer Teiler"; "KGV" für "kleinstes gemeinsames Vielfaches";

"m÷n" für "Quotient von m und n bei ganzzahliger Division"; "|x|" für "Absolutbetrag von x"; "[x]" bzw. "⌊x⌋" für "größtes Ganzes von x"; analog definiert man oft auch eine Funktion $\lceil x \rceil := \min_{z \in \mathbb{Z}}(z \geq x)$ (engl. "ceiling" von x).

9. <u>Übung</u> (Definitionen):

Analysiere die sprachliche Struktur der folgenden Definitionen (n,i,k ... natürliche Zahlen einschließlich 0).

$$n! := \prod_{i=1}^{n} i \qquad \text{(lies: "n \underline{Fakultät}"),}$$

$$\binom{n}{k} := \frac{n!}{k!(n-k)!}, \text{ falls } 0 \leq k \leq n$$

(lies: der <u>Binomialkoeffizient</u> "n über k").

Argumentiere, warum folgendes gilt:

$$\binom{n}{k} = \frac{\prod_{i=n-k+1}^{n} i}{\prod_{i=1}^{k} i}.$$

Berechne $\binom{13}{3}$, 0!, $\binom{0}{0}$, $\binom{1}{0}$, $\binom{1}{1}$ (verwende die Konvention auf S. 59 !).
Berechne $\binom{n}{k}$ für n = 1,...,5 und alle zugehörigen k. (Fällt Dir eine Gesetzmäßigkeit auf? Vergleiche die Schulbücher!).

<u>10. Übung</u> (Definitionen):

Das Zeichen "+" sei im Folgenden eine zweistellige Funktionskonstante, für welche gilt:

0+0 = 0, 0+1 = 1, 0+2 = 2,
1+0 = 1, 1+1 = 2, 1+2 = 0,
2+0 = 2, 2+1 = 0, 2+2 = 1.

Berechne (2+(2+2))+1. Argumentiere, warum

x+y = y+x und (x+y)+z = x+(y+z)

gilt (Laufbereich der Variablen ... 0,1,2).

Wir definieren allgemein:

Für $0 \leqq x,y < m$:

$$x \underset{m}{+} y := R_m(x+y),$$
$$x \underset{m}{-} y := R_m(x-y),$$
$$\underset{m}{-} x := R_m(-x),$$
$$x \underset{m}{\cdot} y := R_m(x.y).$$

(Laufbereich von x,y,m: natürliche Zahlen einschließlich 0; $R_m(z)$ als Abkürzung für Rest(z,m)). Analysiere die sprachliche Struktur dieser Definition (Hinweis: Oft wird bei Definitionen durch eine Bedingung der Gültigkeitsbereich eingeschränkt). Die Operationen $\underset{m}{+}$, $\underset{m}{-}$, $\underset{m}{\cdot}$ heißen <u>Restklassenoperationen</u> modulo m, die Zahlen ("Gegenstände") 0,...,m-1 mit diesen Operationen bilden den "<u>Restklassenbereich modulo</u> m".

Berechne $0 \underset{4}{+} 0$, $0 \underset{4}{+} 1$, ..., $3 \underset{4}{+} 3$, ebenso $0 \underset{4}{-} 0$, ..., $\underset{4}{-} 0$, ..., $0 \underset{4}{\cdot} 0$, ...
(Beachte: gemäß der Definition in Übung 8 ist z.B.

$R_4(-3) = 1$, weil $-3 = (-1).4+1$, also gilt z.B. $\underset{4}{-} 3 = 1$).

<u>11. Übung</u> (Problemanalyse, Funktionsprozeduren):

Spezifiziere das Problem, Quotient und Rest bei ganzzahliger Division zu bestimmen, und definiere eine Funktionsprozedur zur Bestimmung von Quotient und Rest, die im wesentlichen mit der Grundoperation "Subtraktion" auskommt. (Hinweis: vgl. Übung 8. Die Prozedurvereinbarung soll folgenden Kopf haben:

```
function Quotient, Rest(x,y):
Eingaben: x,y.
Ausgaben: q,r.
```

<u>12. Übung</u> (Problemanalyse, Prozeduren):

Spezifiziere das Problem, alle Primzahlen $\leqq S$ zu bestimmen und beschreibe den Lösungsalgorithmus "Sieb des Eratosthenes" für dieses Problem mit Standardsprachmitteln. (Hinweis: Die Lösung ist hier eine "Menge" von Zahlen, nicht nur eine einzelne Zahl. Ein explizites Bestimmungsproblem kann <u>keine</u>, <u>eine</u> oder <u>mehrere Lösungen</u> haben. Die Suche nach mehreren Lösungen kann man formal auch immer als Suche nach der <u>einen</u> Menge von Lösungen auffassen. Der Grundgedanke für das

Verfahren ist: Streiche alle Vielfachen von 2. Die kleinste noch verbleibende Zahl > 2, nämlich 3, ist wieder eine Primzahl. Streiche alle Vielfachen von 3. Die kleinste noch verbleibende Zahl > 3, nämlich 5, ist wieder eine Primzahl usw.). Versuche ein möglichst gut strukturiertes Programm zu erhalten (Fasse z.B. einen "Streichvorgang" zu einem Unterprogramm zusammen). Analysiere die sprachliche Struktur von Problembeschreibung und Programmbeschreibung. Argumentiere, warum das Programm korrekt ist.

<u>13. Übung</u> (Problemanalyse):

Analysiere die folgenden <u>Probleme</u> und gib übersichtlich strukturierte Beschreibungen der Probleme (nicht der Lösungsverfahren). Analysiere die sprachliche Struktur der Beschreibungen.

a) Das Problem des Zeilenausgleichs:

Man hat eine bestimmte Anzahl von Wörtern von verschiedenen Längen und möchte sie in einer Zeile, die eine fix vorgeschriebene Länge hat, so drucken, daß das erste Wort am Beginn der Zeile und das letzte Wort am Ende der Zeile steht und die Abstände zwischen den Wörtern gleich groß sind. Wenn das nicht genau möglich ist, dann sei es erlaubt, die Abstände zwischen den letzten Wörtern um eins größer zu wählen als die Abstände zwischen den ersten Wörtern. (Hinweis: Verwende eine Funktion f, die für das i-te Wort die Anzahl der für dieses Wort benötigten Druckpositionen angibt und eine Funktion e, die für das i-te Wort die Druckposition des ersten Symbols des Wortes angibt).

b) Das 8-Damen-Problem:

Auf einem Schachbrett sollen 8 Damen so aufgestellt werden, daß sich keine zwei davon gegenseitig bedrohen. (Hinweis: Verwende eine Funktion s, die für die i-te Zeile auf dem Schachbrett die Position der Dame in dieser Zeile angibt. Das Problem hat keine Eingabe! Wieso? Verallgemeinere das Problem auf Schachbretter mit n Zeilen und Spalten und dementsprechend n Damen).

c) Ein Zuteilungsproblem:

Ein Dampfer mit einer bestimmten maximalen Ladekapazität soll mit verschiedenen Gütern beladen werden. Zur Auswahl stehen verschiedene Güter mit den Gewichten $g_1,\dots,g_n$ und den zugehörigen Frachterlösen $f_1,\dots,f_n$. Das Gesamtgewicht aller Güter ist zu groß für die Ladekapazität. Welche Güter soll man laden, damit der gesamte Frachterlös möglichst groß ist?

14. Übung (Problemanalyse, Literaturbearbeitung):

Analysiere die verschiedenen Probleme vom Typ "Gleichungen lösen", die Du in Deinen Lehrbüchern aus der Schule finden kannst. Spezifiziere die verschiedenen Arten von Gleichungsproblemen und dokumentiere die Literaturstellen zu jeder gefundenen Gleichunsart. (In welchen Bestimmungsstücken unterscheiden sich die verschiedenen Gleichungsarten? Unterscheide vor allem auch zwei "Sprachebenen" bei den Methoden zur Lösung von Gleichungen:

Beispiel für die erste Ebene: Lineare Gleichung in einer Variablen über den reellen Zahlen.

Eingabe: a,b (reelle Zahlen).
Eingabebedingung: $a \neq 0$.
Ausgabe: x (reelle Zahl).
Ausgabebedingung: $a.x = b$.

Beispiel für die zweite Ebene: Auflösen von Wurzelgleichungen

Eingabe: x (eine Variable)
s,t (zwei Terme)
Eingabebedingung: s und t enthalten als Funktionskonstante nur +, -, ., : und $\sqrt{}$ und die Variable x.
Ausgabe: u (ein Term derselben Art).
Ausgabebedingung: Die folgende Aussage gilt:
$x=u \implies s=t$.

15. Übung (Sprachanalyse, Literaturbearbeitung):

Betrachte folgendes Standardproblem und seine Lösung aus GESSNER/WACKER 72, S. 27 bis 29: (Eine Kopie davon wird in der Vorlesung ausgegeben. Hier kann auch eine andere Literaturstelle genommen werden). Analysiere die sprachliche Struktur der Problembeschreibung und der Beschreibung des Lösungsverfahrens (allenfalls nach vorheriger Transformation des Textes in die auf S. 47 ff. vorgeschlagene Standardnotation).

Fallstudie: Sortieren

VORGELEGTES PROBLEM: SORTIEREN EINER KARTEI

Es liegen z.B. Karteikärtchen mit den bibliographischen Angaben von Literaturstellen zum Thema "Optimieren" vor. Man möchte die Kärtchen nach den Autoren sortiert haben. Das Verfahren soll für beliebige Listen von bibliographischen Angaben funktionieren und von einem Computer durchgeführt werden können.

PROBLEMANALYSE, MODELLPROBLEM

Das vorgelegte Problem ist ein explizites Bestimmungsproblem: Man "möchte" etwas haben, was einen bestimmten Wunsch erfüllt. Wir gehen gemäß der Methode "Analyse expliziter Bestimmungsprobleme" (S.29) vor:

Analyse der Ausgabegröße (was ist gesucht?):

b...eine Liste von bibliographischen Angaben.

Analyse der Ausgabebedingung (welchen Wunsch soll die Ausgabegröße erfüllen?):

b soll sortiert sein.

Man könnte meinen, daß, wenn man weiß, was "sortiert" heißt, die Problemanalyse jetzt abgeschlossen wäre. Man beachte aber: es besteht noch kein Zusammenhang mit der vorgegebenen Liste von bibliographischen Daten. Das muß eine Warnung sein: Es fehlt noch etwas Wesentliches! Die Ausgabe soll ja nicht irgendeine sortierte Liste sein, sondern "im wesentlichen dieselbe" Liste wie die vorgelegte, nur eben zusätzlich sortiert. D.h. wir müssen zur Ausgabebedingung noch anfügen:

b enthält dieselben Elemente wie (die vorgegebene Liste) a.

a ist die Eingabegröße.

In der nächsten Verfeinerungsstufe müssen wir festlegen, was wir mit "sortiert" und "enthält dieselben Elemente" meinen. "Sortiert" heißt "alphabetisch sortiert nach Autor". Der Rest der bibliographischen Daten ist also für das Problem uninteressant. Wir betrachten deshalb nur Listen von Autoren, allgemein von Objekten, die "sortierbar" sind in dem Sinn, daß zwischen je zwei Objekten ein Ordnungskriterium erfüllt ist oder nicht. Die Länge einer solchen Liste b bezeichnen wir mit L(b), die i-te Information in der Liste b mit b_i. Dann können wir die Begriffe "sortiert" und "enthalten dieselben Elemente" wie folgt präzisieren (wir fassen das Ergebnis der Problemanalyse gleich zusammen und bedienen uns einer etwas formalen Schreibweise, um die "Blockstruktur" der Begriffe klar herauszuarbeiten, siehe S.47, "Definitionen").

Modellproblem

Problem: Sortieren
Eingabe: a.
Ausgabe: b.
Ausgabebedingung: sortiert(b),
$b \divideontimes a$.

Präzisierung der Begriffe:

sortiert(b) : <===>
für alle $1 \leqq i < L(b)$: $b_i \leqq^* b_{i+1}$.

$a \divideontimes b$: <===>

L(a) = L(b) und

es gibt p, sodaß:

Umstellung (p,L(a)),

für alle $1 \leq i \leq L(a)$: $b_i = a_{p(i)}$.

Umstellung (p,n): <===>

$p : \mathbf{N}_n \xrightarrow{\text{bijektiv}} \mathbf{N}_n$.

(siehe später).

Variablenvereinbarung:

a,b ... endliche Folgen,

n,i ... natürliche Zahlen.

Beispiel einer Interpretation und zugehörige Lesart:

a,b	Listen von Autorennamen,
L(a)	Anzahl der Elemente in der Liste,
a_i	Element an der i-ten Stelle in der Liste a,
$x \leq^* y$	das Element x kommt lexikographisch vor dem Element y,
sortiert (b)	b ist sortiert,
$a \divideontimes b$	die Listen a und b enthalten die gleichen Elemente,
Umstellung(p,n)	p ist eine Umstellung der ersten n natürlichen Zahlen.

Erlaubte Grundoperationen für das Verfahren:

arithmetische Operationen,

$\leq^*$,

Herausgreifen aus Listen und Einfügen in Listen an vorgegebenen Stellen ("random access").

ENTWURF EINES LÖSUNGSVERFAHRENS

IDEEN FÜR EINE LÖSUNG

Wir gehen aus von der Ausgabebedingung:

Die gesuchte Folge b soll sortiert sein und dieselben Elemente enthalten wie die gegebene Folge a.

Wir machen uns eine Zeichnung

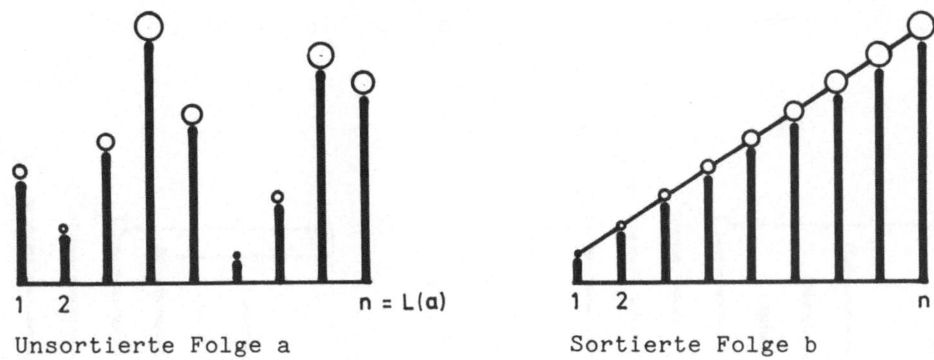

Wir versuchen, das Problem auf ein leichteres zurückzuführen

Eine mögliche Idee bekommt man z.B. aus folgender Zeichnung:

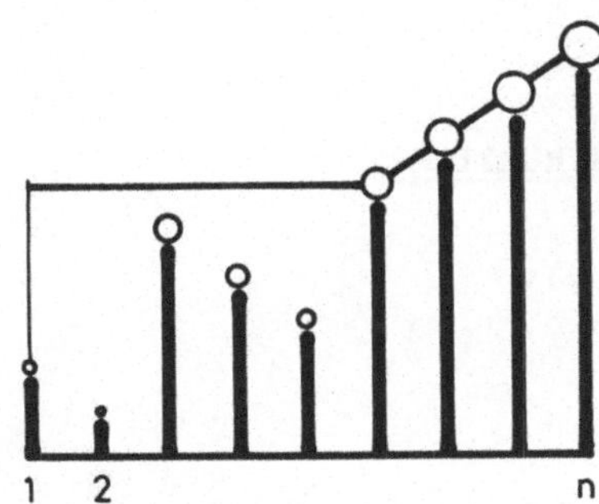

Nehmen wir an, eine Folge sei so wie in der Zeichnung:

(1) ihr rechter Teil ist schon sortiert,

(2) das linkste Element des rechten Teils ist größer (oder gleich) den Elementen des linken Teils.

Dann bräuchten wir in einem "Grobschritt" nur

das größte Element aus dem linken Teil an den rechten Rand des linken Teils bringen

und hätten eine Folge,

(1') deren rechter sortierter Teil um 1 länger geworden ist und

(2') wo das linkste Element des rechten Teils wieder größer (oder gleich) den Elementen des linken Teils ist:

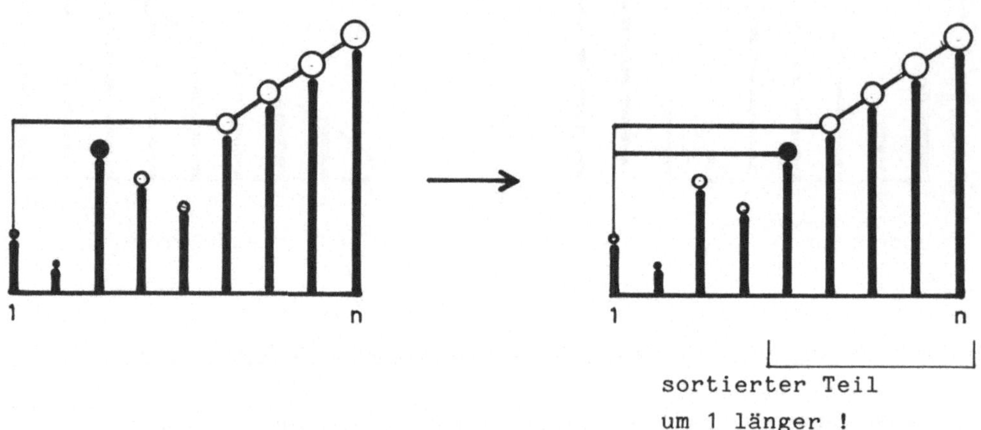

Diese Beobachtung verwerten wir in folgendem

LÖSUNGSVORSCHLAG (GROBSTRUKTUR):

```
Prozedur: Sortieren (a,b):
Eingabe:  a.
Ausgabe:  b.
      (b,n) := (a,L(a))
      for j := 1 to n-1 do
            Maximum (b,j)
```

(Grober Kommentar zur Prozedur Maximum: Diese Prozedur soll das größte Element des linken unsortierten Teils an den rechten Rand des linken Teils bringen).

KORREKTHEITSBEWEIS FÜR DEN LÖSUNGSVORSCHLAG

Gemäß der Idee, die wir aus der Zeichnung entnommen haben, erwarten wir, daß unmittelbar nach der Wertzuweisung an j bei jedem Schleifendurchgang folgende Situation vorliegt:

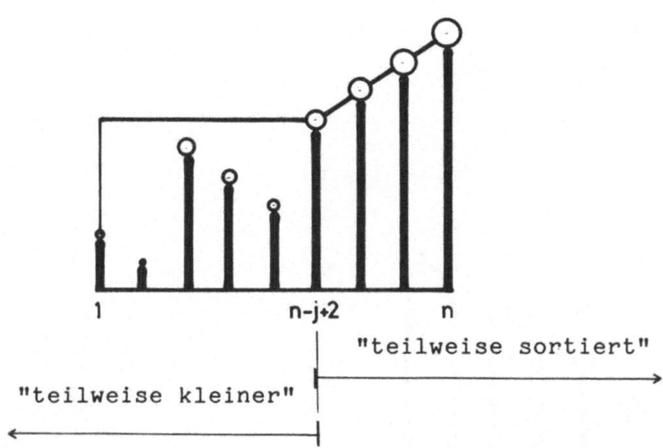

Genauer erwarten wir, daß an dieser Stelle des Programms immer folgende Behauptung ("Schleifeninvariante") $I_1(a,b,n,j)$ für die gerade vorliegenden Werte der Variablen a,b,n,j gilt:

<u>Schleifeninvariante:</u> $I_1(a,b,n,j)$: <===>

teilweise sortiert (b,n,n-j+2),
teilweise kleiner (b,n-j+2) (falls $2 \leqq j$),
$j \leqq n$, $n = L(b)$, $b \asymp a$.

(Außer den wesentlichen Teilaussagen braucht es bei den Schleifeninvarianten meistens einige "kleinere" Zusätze wie hier $j \leqq n$ etc., deren Wichtigkeit sich meist erst im Lauf des Korrektheitsbeweises herausstellt!)

<u>Präzisierung der Begriffe:</u>

teilweise sortiert (b,n,t): <===>
für alle $t \leqq i < n$: $b_i \leqq^* b_{i+1}$.
teilweise kleiner (b,t): <===>
für alle $1 \leqq i < t$: $b_i \leqq^* b_t$.

<u>Korrektheitsbeweis aus der Gültigkeit der Schleifeninvariante:</u>

Angenommen, die Schleifeninvariante gilt bei jedem Durchgang durch die betreffende Programmstelle, dann gilt sie auch insbesondere beim Verlassen der Schleife, wo $j > n-1$. In diesem Fall ist aber (wegen der Teilbehauptung $j \leqq n$ in der Schleifeninvariante) j=n.

Es gilt also insbesondere:

teilweise sortiert $(b,n,\underbrace{n-n+2}_{2})$,

teilweise kleiner $(b,\underbrace{n-n+2}_{2})$ (falls $2 \leqq n$),

anschaulich:

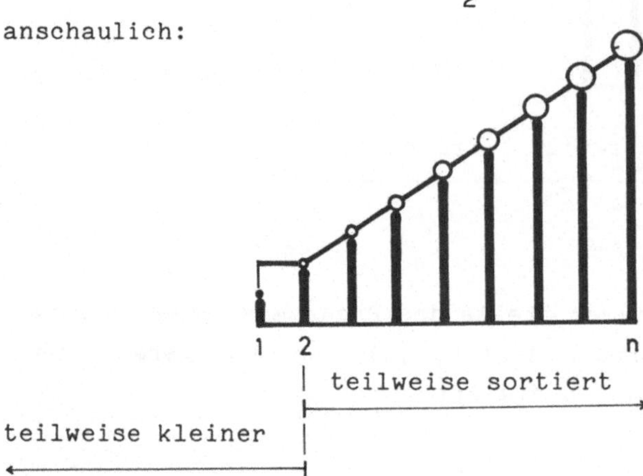

d.h. b ist sortiert (im Falle n=1 ist b immer sortiert). Außerdem ist $b \asymp a$ aufgrund der Schleifeninvariante. Zusammengefaßt heißt das, daß die Ausgabebedingung gilt.

Beweis der Schleifeninvariante:

Um zu zeigen, daß die Schleifeninvariante an der betreffenden Programmstelle immer gilt, muß man zeigen

1. daß sie am Anfang des Programms gilt,
2. daß sie am Ende eines Schleifendurchgangs gilt unter der Voraussetzung, daß sie am Beginn des Schleifendurchgangs gegolten hat und die Schleife überhaupt durchschritten wurde (d.h. $j \leqq n-1$ war).

Beweis, daß die Schleifeninvariante am Anfang gilt:

Variable	b	n	j
Werte der Variablen am Ende des ersten Programmstückes	a	L(a)	1

Die Schleifeninvariante muß für die Werte der Variablen am Endes des ersten Programmstückes gelten, d.h. es ist zu zeigen:

$$\text{teilweise sortiert } (a,\ L(a),\ \underbrace{L(a)-1+2}_{L(a)+1}),$$

$$\text{teilweise kleiner } (a,\ L(a)+1) \qquad \underbrace{(\text{falls } 2\leqq 1)}_{\text{nicht erfüllt!}},$$

$$1\leqq n,\ L(a)=L(a),\ a \between a.$$

Das ist aber "trivialerweise" richtig (warum? Vergleiche Bemerkung über Bedeutung von "===>", S.53).

Beweis, daß die Schleifeninvariante nach einem Durchgang wieder gilt ("invariant" ist):

Hier müssen wir nun einige präzise Anforderungen an die Prozedur Maximum stellen. Diese Anforderungen werden wir dann durch die Vereinbarung einer geeignete Prozedur auf der nächsten Verfeinerungsstufe des Entwurfs erfüllen. Die Anforderungen sind eine präzise Formulierung des früheren "Kommentares", nämlich:

Spezifikation der Prozedur Maximum:

(global:	a,n)
Eingabe:	j.
Übergangsvariable:	b.
Eingabebedingung:	$I_1(a,b,n,j)$, $j\leqq n-1$.
Ausgangsbedingung:	$I_1(a,b,n,j)$, $j\leqq n-1$, teilweise kleiner (b,n-j+1).

Weiterführung des Beweises der Invarianz der Schleifeninvariante:

Nehmen wir also an, daß die Schleifeninvariante gilt und daß die Schleife durchlaufen wird, d.h. $j \leqq n-1$. Dann gilt die Eingangsbedingung der Prozedur "Maximum". Nach Verlassen des Programmteils Maximum gilt dann die Ausgangsbedingung des Programmteils, d.h. im wesentlichen

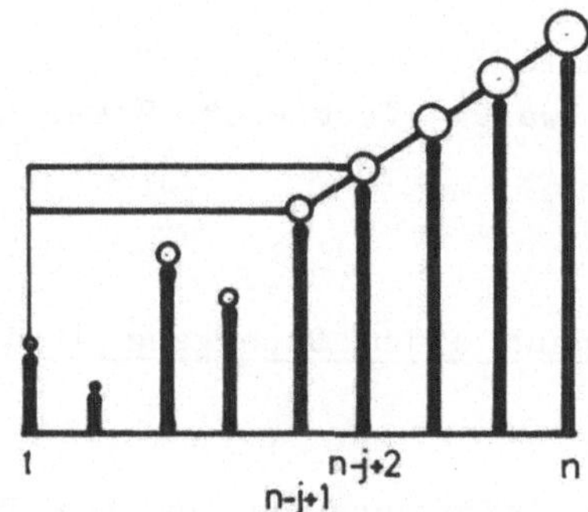

Daraus muß die Schleifeninvariante für den neuen Wert j+1 der Variablen j folgen, d.h. $I_1(a,b,n,j+1)$, genauer

teilweise sortiert $(b,n,\underbrace{n-(j+1)+2}_{n-j+1})$,

teilweise kleiner $(b,n-j+1)$ $\quad$ $(\underbrace{\text{falls } 2 \leqq j+1}_{\text{also "immer"}})$,

$j+1 \leqq n$, $n = L(b)$, $b \between a$.

Das gilt, "denn die obige Zeichnung kann auch so betrachtet werden":

(*)

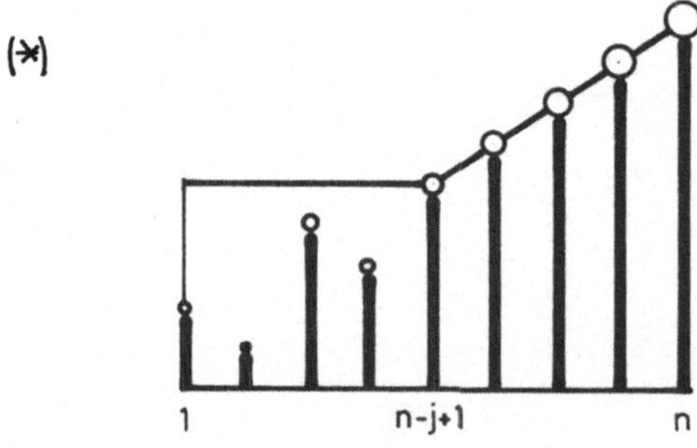

LÖSUNGSVORSCHLAG FÜR DIE PROZEDUR MAXIMUM

Wieder kann man durch Betrachten einer Zeichnung

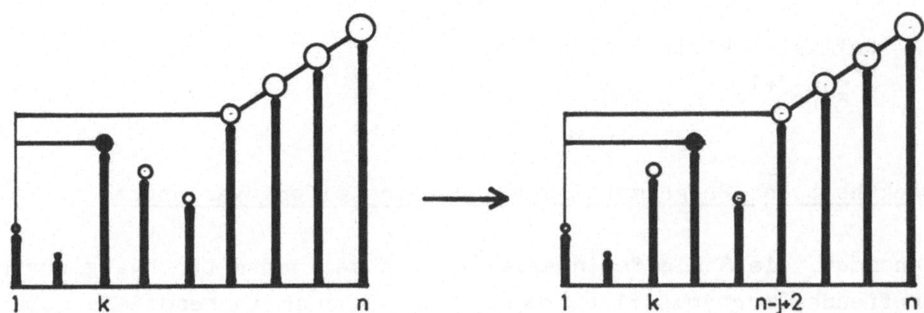

das durch die Spezifikation gestellte Problem, das Maximum an den rechten Rand zu befördern, von der "Problemgröße" k+1 auf die Problemgröße k zurückgeführt werden. Das ergibt z.B. folgenden Lösungsvorschlag für den Programmteil "Maximum":

<u>procedure</u> Maximum (b,j):

(global: n)

Eingabe: j.

Übergangsvariable: b.

<u>for</u> k:=1 <u>to</u> n-j <u>do</u>

<u>if</u> ($b_k \not\leq^* b_{k+1}$) <u>then</u> (b_k, b_{k+1}):=(b_{k+1}, b_k).

Für die Programmstelle unmittelbar nach der Wertzuweisung an k erwarten wir, daß folgende Situation vorliegt:

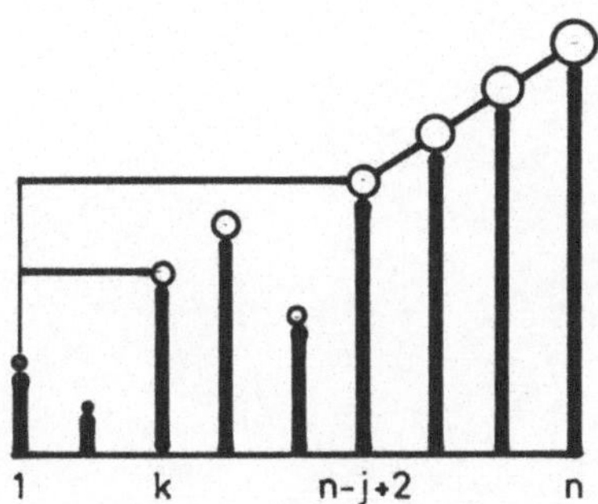

Genauer: Es soll an dieser Stelle die folgende Schleifeninvariante $I_2(a,b,n,j,k)$ gelten.

Schleifeninvariante: $I_2(a,b,n,j,k)$: <===>

$I_1(a,b,n,j)$,
$j \leq n-1$,
teilweise kleiner (b,k),
$k \leq n-j+1$.

Korrektheit des Programmteils aus der Schleifeninvariante:

Angenommen, die Schleifeninvariante gilt bei jedem Durchgang durch die betreffende Programmstelle, dann gilt sie auch insbesondere beim Verlassen der Schleife, d.h. wenn $k>n-j$. In diesem Fall ist aber (wegen der Teilbehauptung $k \leq n-j+1$ in der Schleifeninvariante) $k=n-j+1$.

Es gilt also:

$I_1(a,b,n,j)$,
$j \leq n-1$,
teilweise kleiner (b,n-j+1).

Das ist aber genau die Ausgangsbedingung des Programmteils "Maximum".

Beweis, daß die Schleifeninvariante am Anfang gilt:

Hier ist der Wert der Variablen k gleich 1. Unter Voraussetzung der Eingabebedingung der Prozedur "Maximum" müssen wir also zeigen:

$I_1(a,b,n,j)$,
$j \leq n-1$,
teilweise kleiner (b,1),
$1 \leq n-j+1$.

Das gilt trivialerweise (Warum?)

Invarianz der Schleifeninvariante:

Nehmen wir also an, daß die Schleifeninvariante gilt und daß die Schleife durchlaufen wird, d.h. $k \leqq n-j$, also auch $k+1 \leqq n-j+1$ gilt.

Dann gibt es zwei Wege durch den Programmteil in der Schleife:

a) Fall $b_k \leqq^* b_{k+1}$:

Dann ändert sich in diesem Programmstück nur die Variable k auf den Wert k+1. Zu zeigen ist also:

$I_1(a,b,n,j)$,
$j \leqq n-1$,
teilweise kleiner (b,k+1),
$k+1 \leqq n-j+1$.

Das gilt, "denn" laut Voraussetzung gilt:

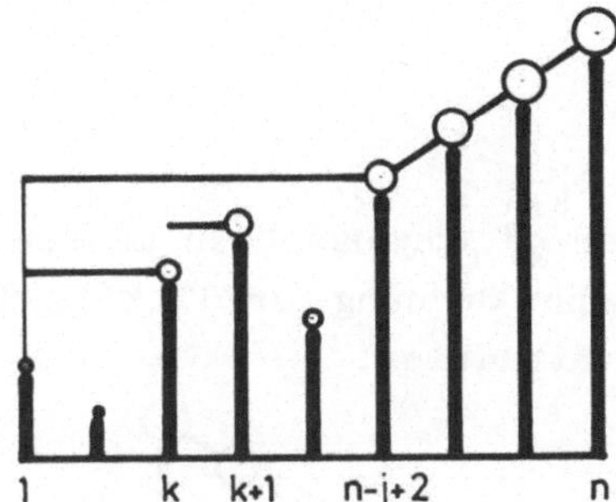

also auch

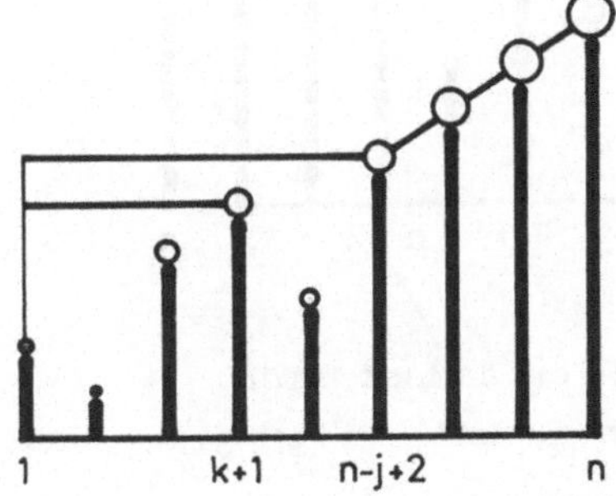

b) Fall $b_k \nleq^* b_{k+1}$:

Dann ändern sich in diesem Programmstück die Variablen b und k wie folgt:

Variable	b	k
Werte der Variablen am Ende des Programmstückes	b'	k+1

wobei b' an allen Stellen dieselben Elemente enthält wie b, aber $b'_k = b_{k+1}$, $b'_{k+1} = b_k$.

Zu zeigen ist dann

$I_1(a,b',n,j)$,
$j \leqq n-1$,
teilweise kleiner $(b',k+1)$,
$k+1 \leqq n-j+1$.

Das gilt, denn aus $b_k \nleq^* b_{k+1}$ folgt $b_{k+1} \leqq^* b_k$.
(Das ist eine Eigenschaft, die wir über $\leqq^*$ voraussetzen müssen. Sie ist z.B. für die lexikographische Ordnung erfüllt!). Laut Voraussetzung haben wir also folgende Situation:

(*)

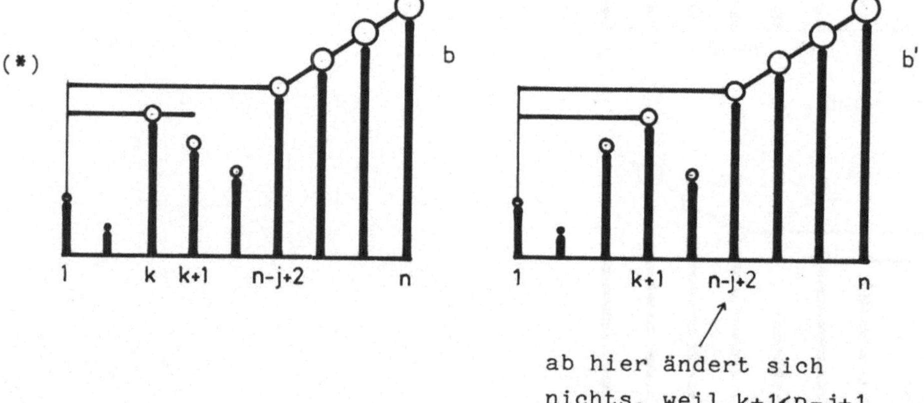

Detailbeweise:

Wir haben Überlegungen wie (*) "in einem Schritt" an Hand der Zeichnung durchgeführt. Mit den Beweistechniken S.263 ff. kann man bei Bedarf solche Überlegungen noch beliebig verfeinern.

KRITISCHE BEURTEILUNG DES LÖSUNGSVERFAHRENS

KOMPLEXITÄT DES VERFAHRENS

Das Verfahren braucht für Eingabefolgen der Länge n insgesamt $\frac{1}{2}.n.(n-1)$ Schritte, wenn man als einen "Schritt" die Ausführung der Anweisung

$$\underline{\text{if}}\ b_k \not\leq^* b_{k+1}\ \underline{\text{then}}\ (b_k,b_{k+1}) := (b_{k+1},b_k)$$

betrachtet. Das überlegt man sich so:

Ein Prozeduraufruf Maximum (b,j) braucht (n-j) Schritte. Im Algorithmus wird diese Prozedur hintereinander mit den Parametern j=1,2,...,n-1 aufgerufen. Das ergibt folgende Schrittzahl:

$$(n-1) + (n-2) + \ldots + 2 + 1 \quad = \frac{1}{2}.n.(n-1).$$

Die Rechenzeit steigt also "im Wesentlichen" quadratisch in Abhängigkeit von der "Problemgröße" n an (kurz: "Die Zeitkomplexität des Verfahrens ist von der Ordnung n^2" oder "ist $O(n^2)$"). Für das praktische Rechnen ist das bereits ein Verhalten, das bald zu Schwierigkeiten führt. Gibt es bessere Verfahren? Wenn man keine Idee hat, kann man in der Literatur nachschauen (siehe S.97).

ANWENDEN DES VERFAHRENS

Um das Verfahren mit einem Computer auf konkrete Autorenlisten anzuwenden, müßten wir diese Listen zuerst in maschinenlesbarer Form (auf Lochkarten, Disketten, Bändern, etc.) erfassen, das Verfahren in der Notation einer am verfügbaren Rechner implementierten Programmiersprache codieren (einschließlich Ein-/Ausgabeanweisungen) und auf dem Rechner mit den angegebenen Daten exekutieren. Insbesondere müßten wir auch die Grundoperation $\leq^*$ noch programmieren. Wir geben drei Beispiele von Implementierungen des Verfahrens (ohne Ein/Ausgabeanweisungen), wo wir $\leq^*$ als die normale Kleiner-Gleich-Beziehung zwischen reellen Zahlen interpretieren und somit ein Verfahren zum Sortieren reeller Zahlen implementieren:

FORTRAN

```
      SUBROUTINE SORT (A,B,N)
      DIMENSION A(N), B(N)
      DO 20 I=1,N
   20   B(I)=A(I)
      N1=N-1
      DO 50 J=1,N1
        N2=N-J
        DO 50 K=1,N2
          IF (B(K).LE.B(K+1)) GO TO 50
            HELP=B(K)
            B(K)=B(K+1)
            B(K+1)=HELP
   50 CONTINUE
      RETURN
      END
```

PL/I

```
SORT:
   PROCEDURE (A,B,N);
DECLARE (A(*),B(*),HELP) DECIMAL FLOAT,
     (N,J,K) BINARY FIXED;
   B=A;
   DO J=1 TO N-1;
     DO K=1 TO N-J;
       IF B(K) > B(K+1)
         THEN DO;
           HELP=B(K);
           B(K)=B(K+1);
           B(K+1)=HELP;
           END;
     END;
   END;
END SORT;
```

PASCAL

```
:
const n=...; (Länge der Folgen)
type feld = array [1:n] of real;
:
procedure sort (var a,b : feld);
   var j,k:integer;
       help:real;
   begin
       b:=a;
       for j:=1 to n-1 do
          for k:=1 to n-j do
             if b[k] < b[k+1]
               then begin
                  help:=b[k];
                  b[k]:=b[k+1];
                  b[k+1]:=help
                  end
   end;
```

LITERATURSUCHE

In der Tat ist das Sortierproblem eines der häufigsten Programmierprobleme. Dementsprechend gibt es eine ungeheure Vielzahl von verschiedenen Algorithmen für dieses Problem. Eine Literatursuche kann z.B. zu folgenden Literaturquellen führen: KNUTH 73, LORIN 75, MEHLHORN 77.

DOKUMENTATION DES LÖSUNGSVERFAHRENS

Die Dokumentation des Problems, des Lösungsverfahrens und der Schleifeninvarianten faßt man oft wie folgt in der Form eines "annotierten Algorithmus" zusammen:

procedure: Bubble-Sort (a,b)

Eingabe: a ... eine endliche Folge
Ausgabe: b ... eine endliche Folge
Eingabebedingung:
Ausgabebedingung: sortiert (b),
$b \between a$.

$(b,n) := (a,L(a))$

for $j := 1$ ① **to** $n-1$ **do**

  for $k := 1$ ② **to** $n-j$ **do**

    if $b_k \nleqq^* b_{k+1}$ **then**

      $(b_k,b_{k+1}) := (b_{k+1},b_k)$

Schleifeninvarianten:

① teilweise sortiert (b,n,n-j+2),
teilweise kleiner (b,n-j+2) (falls $2 \leqq j$),
$j \leqq n$, $n = L(b)$, $b \between a$.

② wie ①, zusätzlich
teilweise kleiner (b,k),
$j < n$, $k \leqq n-j+1$.

(Wir haben die Prozedur Maximum gleich in den Algorithmus eingebaut, weil er damit noch nicht zu unüberschaubar wird.).

Definition der verwendeten Begriffe,
vorausgesetzte Grundoperationen,
Beispiel einer Interpretation,
Komplexitätsbetrachtung,
Korrektheitsbeweis,
Literaturdokumentation:

siehe die vorhergehenden Seiten.

Rechenbeispiel: Übung.

ÜBUNGSARBEIT:

Entwickle einen Algorithmus für das Sortieren aus folgendem Grundgedanken ("Sortieren durch Mischen"):

Zwei sortierte Folgen, z.B.

(2,2,3,5,5,8) und

(1,3,4,4,5)

kann man mit wenig (wieviel?) Aufwand zu einer sortierten Folge mischen:

(1,2,2,3,3,4,4,5,5,5,8).

Eine unsortierte Folge kann man zunächst in lauter sortierte Teilfolgen zerschlagen (z.B. in lauter Teilfolgen der Länge 1, oder in lauter bereits sortierte Teilstücke verschiedener Länge:

(5,5,7,4,3,2,3,1,5,2,3))

bereits sortierte Teilfolge

Je zwei sortierte Teilfolgen kann man dann durch einen Mischschritt zu einer größeren sortierten Folge vereinigen. Je zwei von diesen längeren sortierten Teilfolgen kann man dann wieder mischen usw. Führe an dieser Aufgabe alle Schritte des Problemlösevorgangs durch, insbesondere den Korrektheitsbeweis.

Methodische Analyse der Fallstudie

ZUR PROBLEMANALYSE: STANDARDMODELLE

DIE ROLLE VON STANDARDMODELLEN IM PROBLEMLÖSUNGSPROZESS

Wir haben bereits zusammengestellt, wie man ganz allgemein bei der Analyse von Problemen, bei der Beschreibung von Realitäten und beim Zusammenstellen von Verfahren von oben nach unten vorgeht (S. 66), bis man analysiert hat, wie sich die interessierenden Funktionen, Prädikate und Prozeduren aus den als vorhanden (bekannt, zulässig, erlaubt) vorausgesetzten "elementaren" ("Grund"-)Funktionen, Prädikaten und Prozeduren zusammensetzen.

Von den im jeweiligen Fall als elementar vorausgesetzten Funktionen, Prädikaten und Prozeduren muß man einige Eigenschaften wissen, damit man über die interessierenden, aus den elementaren Bausteinen zusammengesetzten Funktionen, Prädikaten und Prozeduren etwas aussagen kann, z.B. daß ein Lösungsverfahren in bezug auf eine Problemspezifikation "korrekt" ist.

<u>Beispiel:</u>

Vom Prädikat $\leqq^*$ (S.84) mußten wir wenigstens die Eigenschaft

$$x \not\leqq^* y \Longrightarrow y \leqq^* x$$

kennen, damit wir den Korrektheitsbeweis für die zusammengesetzte Prozedur Bubble-Sort in bezug auf die Problembeschreibung auf S.83 durchführen konnten (siehe insbesondere S.94).

Anstatt nun für jede neue Problemstellung und jede neue Realität die als elementar vorausgesetzten Funktionen, Prädikate und Prozeduren neu festzusetzen und ihre Eigenschaften zu beobachten, geht man bei der mathematischen Problemanalyse mit Vorteil umgekehrt vor: Man hat bereits eine große Anzahl von Standardfunktionen, -prädikaten und -prozeduren zur Verfügung, deren Eigenschaften wohlbekannt sind und sucht sich daraus solche aus, die für die jeweilige Problem- (oder Verfahrens-) beschreibung passen. Solche Ensembles von Standardbausteinen bilden zusammen verschiedene Standardmodelle, in deren Rahmen man dann vorliegende Situationen beschreiben kann. Immer bleibt es in der Verantwortlichkeit dessen, der das Problem analysiert, inwieweit er ein be stimmmtes mathematisches Standardmodell als adäquat für eine bestimmte Situation betrachtet.

Beispiel:

Wir betrachten ein zweistelliges Prädikat $\leqq^*$ über einer Menge, das folgende Eigenschaften hat:

für alle x,y,z (aus der Menge):

$x \leqq^* x$, (Reflexivität),
$x \leqq^* y,\ y \leqq^* x \implies x=y$ (Antisymmetrie),
$x \leqq^* y,\ y \leqq^* z \implies x \leqq^* z$ (Transitivität),
$x \leqq^* y \vee y \leqq^* x$ (Trichotomie).

Ein solches Prädikat ist ein häufig verwendetes mathematisches Standardmodell (das "lineare Ordnung" heißt). Es paßt z.B. auf folgende Situationen:

die Kleinergleich-Beziehung zwischen natürlichen Zahlen,

die alphabetische Ordnung zwischen Wörtern,

die Beziehung "Knoten x ist mit Knoten y durch eine Folge von Pfeilen verbindbar" in folgender Zeichnung:

etc.

Andere bekannte Standardmodelle sind (stichwortartig) z.B.: "Bereich der reellen Zahlen", "Konzept der Gruppe", "Wahrscheinlichkeitsmaß" etc.

Die Junktoren, Quantoren und Programmbildner beschreiben gewisse Standardmethoden, mit denen Funktionen, Prädikate und Prozeduren aus anderen Funktionen, Prädikaten und Prozeduren aufgebaut werden können. Wir haben gesehen, daß die Beschränkung auf wenige solche Standardbildungsprozesse für die Strukturierung sogar ein Vorteil sein kann, weil man durch sie auch eine gewisse Führung im Analyseprozeß bekommt. Genauso ist die Beschränkung auf bestimmte elementare Funktionen, Prädikate und Prozeduren als Standardmodelle eine hilfreiche Führung, auf welche elementare Bausteine man bei der Analyse lossteuern soll. Der Top-down-Analyseprozeß erhält damit eine Richtung, die einer Steuerung von-unten-nach-oben ("Bottom-up") entspricht. Bei der strukturierten Erstellung von Programmen sind die elementaren Bausteine die bereits verfügbaren Prozeduren (Algorithmen), auf der letzten Stufe die in den Rechnern verfügbaren Grundoperationen (im wesentlichen die arithmetischen Operationen).

Ein wichtiges mathematisches Standardmodell ist das Konzept der "Menge" und die damit verbundenen Begriffe. Dieses Modell ist in einem gewissen Sinne universell: Jedes andere Modell läßt sich im Prinzip in diesem Modell ausdrücken. Für die Praxis ist das Wissen um diese Universalität aber belanglos.

Ein für allemal setzen wir das Vorhandensein der Gleichheitsbeziehung (mit "=" bezeichnet) als elementarer Baustein in allen Modellen voraus. Die wesentlichen Eigenschaften dieser Beziehung sind:

$$x = x \quad \text{(Reflexivität)},$$
$$x = y \Longrightarrow y = x \quad \text{(Symmetrie)},$$
$$x = y,\ y = z \Longrightarrow x = z \quad \text{(Transitivität)},$$
$$\left.\begin{array}{l} x = y \Longrightarrow f(x) = f(y) \\ x = y \Longrightarrow (p(x) \Longleftrightarrow p(y)) \end{array}\right\} \quad \text{(Gleichheitsaxiome)},$$

(f...eine einstellige Funktionskonstante, p...eine einstellige Prädikatenkonstante, x,y,z...Variable mit beliebigem Laufbereich.)

DAS STANDARDMODELL "MENGE"

Die Mengenlehre befaßt sich mit dem Zusammenbau komplizierter Objekte ("Mengen", "Listen", "Tabellen" etc.) aus vorhandenen Objekten. Kaum eine Beschreibung einer Realität kommt ohne diese Grundkonzepte aus (siehe in den bisherigen Fallstudien S.15, 83). Einige Begriffe der Mengenlehre setzen wir hier als aus der Schule bekannt voraus und wiederholen sie hier nur kurz, auf andere gehen wir näher ein.

DAS GRUNDPRÄDIKAT "ENTHALTEN SEIN"

Der Grundbegriff der Mengenlehre ist das zweistellige Prädikat "enthalten sein", mit der Konstanten "$\in$" bezeichnet. Dieses Prädikat kann man meist dort zur Beschreibung von Realitäten verwenden, wo Gegenstände in einer Beziehung der folgenden Art miteinander stehen bzw. nicht stehen:

"Ein Gegenstand ist Teil eines anderen Gegenstandes."
"Ein Gegenstand ist unter jenen Gegenständen, die zusammengenommen den anderen Gegenstand bilden."
"Ein Gegenstand ist Element in einem anderen Gegenstand." etc.

Wenn ein erster Gegenstand zu einem zweiten in der Beziehung $\in$ steht, dann nennt man oft nur den zweiten Gegenstand eine "Menge", obwohl auch "Mengen" ihrerseits wieder in der Beziehung $\in$ zu einem neuen Gegenstand stehen können und es deshalb nicht sinnvoll wäre, den Ausdruck "Menge" für eine bestimmte Art von Gegenständen zu reservieren.

Auf welche Verhältnisse in einer betrachteten Realität der Grundbegriff $\in$ und die folgenden Begriffe der Mengenlehre wirklich anwendbar ist, ist dadurch geregelt, daß man eine große Anzahl von Aussagen festlegt, die für jede Beziehung gelten müssen, die man durch $\in$ beschreiben möchte, z.B. die Aussage:

Gleichheitsaxiom der Mengenlehre:

"Zwei Mengen sind genau dann gleich, wenn sie die gleichen Elemente enthalten."

($x = y$ <==> für alle z:
$z \in x$ <==> $z \in y$)

DIE BILDUNG NEUER MENGEN AUS VORHANDENEM MATERIAL

Für das Bilden komplizierter "Gegenstände aus vorhandenem Material" stehen in der Mengenlehre verschiedene Prozesse zur Verfügung, von denen die folgenden drei grundlegend sind:

Bildung einer Menge aus endlich vielen "namentlich bekannten" Gegenständen ("explizite Mengenbildung"),

Bildung der Menge aller Gegenstände, die eine gegebenene Eigenschaft haben ("Mengenbildung durch Angabe der charakteristischen Eigenschaft"),

Bildung der Menge aller Gegenstände, die bei einem gegebenen Prozeß erzeugt werden ("Mengenbildung durch Erzeugung").

Explizite Mengenbildung

Beispiel:

$\{2,4,5\}$ bezeichnet einen Gegenstand ("Menge"), der genau "aus den Zahlen 2, 4 und 5 besteht" ("die Elemente 2,4,5 enthält" etc.).

Es gilt:

$2 \in \{2,4,5\}$ (lies: "2 ist Element von $\{2,4,5\}$", "2 in $\{2,4,5\}$" o.ä.),

$4 \in \{2,4,5\}$

$5 \in \{2,4,5\}$

$6 \notin \{2,4,5\}$ (lies: "6 ist nicht in $\{2,4,5\}$").

Allgemein gilt:

$u \in \{ x \}$ $\iff$ $u=x$,
$u \in \{ x,y \}$ $\iff$ $u=x \vee u=y$,
$u \in \{ x,y,z \}$ $\iff$ $u=x \vee u=y \vee u=z$.
usw.

Für $\{ x \}$ lies: "das Singleton x"
$\{ x,y \}$ lies: "die Zweiermenge x,y"
$\{ x,y,z \}$ lies: "die Dreiermenge x,y,z" usw.

Beachte z.B.:
$\{x,x,y\} = \{x,y\}$ (warum?)

Mengenbildung durch Angabe der charakteristischen Eigenschaft

Zur Beschreibung diese Art der Mengenbildung verwendet man das Symbol $\{ \}$ als Quantor (Man müßte eigentlich ein neues Symbol verwenden. "Aus dem Kontext" wird aber immer klar sein, in welcher Bedeutung das Symbol $\{ \}$ gerade verwendet wird.).

Der Quantor $\{\}$ macht aus einer Aussage einen Term.

Standardform eines solchen Terms ist:

$\{x : A\}$

A: Aussage, in welcher im Normalfall die Variable x frei vorkommt.

$\{x : A\}$: In diesem Term kommt x nicht mehr frei, sondern gebunden vor.

$\{x : A\}$ bezeichnet (für jede Belegung der freien Variablen) die "Menge aller Gegenstände, für die die Aussage A gilt" ("die die Eigenschaft A haben").

Beispiel:

$\{x : 1 \leqq x \leqq n, \text{ x ist Primzahl}\}$

$1 \leqq x \leqq n$, x ist Primzahl: Aussage mit freien Variablen x,n (Laufbereich: nat. Zahlen)

$\{x : 1 \leqq x \leqq n, \text{ x ist Primzahl}\}$: Term mit freier Variabler n

Es gilt:

Falls n=6:

$5 \in \{x : 1 \leqq x \leqq n,\ x \text{ ist Primzahl}\}$
$\{x : 1 \leqq x \leqq n,\ x \text{ ist Primzahl}\} = \{2,3,5\}.$

Falls n=4:

$5 \notin \{x : 1 \leqq x \leqq n,\ x \text{ ist Primzahl}\}$
$\{x : 1 \leqq x \leqq n,\ x \text{ ist Primzahl}\} = \{2,3\}.$

Allgemein gilt:

$u \in \{x : A\} \iff \underbrace{A_x[u]}$

Die Aussage, die aus der Aussage A dadurch entsteht, daß man die Variable x an allen Stellen, wo sie in A frei vorkommt, durch u ersetzt.

($u \in \{x : A\} \iff$ "Die Eigenschaft A gilt für u").

Mengenbildung durch Erzeugung:

Zur Beschreibung diese Art der Mengenbildung verwendet man ebenfalls das Symbol { } als Quantor (Wieder bräuchte man eigentlich ein neues Symbol!).

Diese Quantor macht aus einem Term und einer Aussage einen Term.

Standardform eines solchen Terms:

$\{t \underset{x}{:} A\}$

Term, in welchem im Normalfall die Variable x frei vorkommt

Aussage, in welcher im Normalfall die Variable x frei vorkommt

In diesem Term kommt x nicht mehr frei, sondern gebunden vor.

(Die Angabe der durch den Quantor gebundenen Variablen x unter dem ":" unterbleibt fast immer!)

$\{t \underset{x}{:} A\}$ bezeichnet (für jede Belegung der freien Variablen) die "Menge aller Gegenstände der Gestalt t, wobei für x die Eigenschaft A gelten muß" (oder: "die Menge aller Gegenstände, die durch den Vorgang t erzeugt wird, wenn x alle Werte durchläuft, für welche A gilt").

Beispiel:

$\{2.x : 1 \leqq x \leqq n\}$

Term mit freier Variabler x — Aussage mit freien Variablen x,n

Term mit freier Variabler n

("Aus dem Kontext" ersieht man, daß x die gebundene Variable ist).

Es gilt (falls man als Laufbereich von x,n die Menge der natürlichen Zahlen annimmt):

Falls n = 3:

$$\{2x : 1 \leqq x \leqq n\} = \{2,4,6\}.$$

Beispiel:

$\{G(h,1) + G(2-h,2) : o \leqq h \leqq 2\}$

Term mit freien Variablen G,h — Aussage mit freier Variabler h

Term mit freier Variabler G

Für die Belegung von G von S.11 gilt:

$$\{G(h,1)+G(2-h,2) : o \leqq h \leqq 2\} = \{0{,}41,\ 0{,}53,\ 0{,}45\}.$$

Allgemein gilt:

$$u \in \{t \underset{x}{:} A\} \iff \bigvee_{x} (u = t \wedge A).$$

Bemerkung:

Auf gewisse Schwierigkeiten, die entstehen, wenn man den Quantor { } uneingeschränkt für beliebige Aussagen A (bzw. Terme t und

Aussagen A) verwendet, gehen wir hier nicht ein. Sie treten nicht ein, wenn man sich auf die folgenden Verwendungen beschränkt und solche, bei denen man für die quantifizierte Variable auf jeden Fall $x \in M$ verlangt, wo M eine bereits vorhandene Menge ist. Das ist in den uns interessierenden Anwendungen immer der Fall.

DIE BILDUNG VON TUPELN

Eine weitere wichtige Konstruktion komplizierterer Objekte aus einfachen ist die Bildung von "Tupeln". Das sind Objekte, bei denen die Reihenfolge der endlich vielen Elemente, aus denen sie bestehen, aus dem Objekt wieder erkannt werden kann. Zur Beschreibung der Bildung des Tupels, das aus genau n vorgegebenen Elementen besteht, wird das Symbol () als n-stellige Funktionskonstante verwendet (für alle Stellenzahlen n wird dasselbe Symbol verwendet!)

Beispiel:

(2,4,5) bezeichnet einen Gegenstand ("3-Tupel" oder "Tripel"), der genau aus den Zahlen 2,4,5 besteht (in dieser Reihenfolge).
Es ist also z.B.

$$(2,4,5) \neq (4,2,5).$$

Aus einem Tupel kann man die einzelnen "Komponenten" durch Anwenden der sogenannten Projektionen wiederfinden. Die Projektionsfunktion p_i^n holt dabei die "i-te Komponente" aus einem n-Tupel (für $1 \leqq i \leqq n$).

Beispiel:

$p_1^2((2,4)) = 2,$ $\qquad$ $p_2^2((2,4)) = 4.$

↑ "Das aus 2 und 4 gebildete Paar (oder Dupel)".

Kurzschreibweise:
$p_1^2(2,4)$ oder $(2,4)_1$

$p_3^5((1,1,0,2,2)) = 0.$

Beachte:

$\{1,2\} = \{1,1,2,1\} = \{2,1\}$, aber
$(1,2) \neq (2,1)$
$(1,2) \neq (1,1,2,1) \neq (2,1,1,1).$

Allgemein gilt:

$(x,y) = (x',y') \iff (x=x' \text{ und } y=y')$,

$p_1^2((x,y)) = x, \quad p_2^2((x,y)) = y$,

$(p_1^2(z),\ p_2^2(z)) = z$

und entsprechend für 3-Tupel, 4-Tupel,...

SPEZIELLE MENGENBILDUNGSPROZESSE

Mit Hilfe der eingeführten Funktionssymbole $\{\}$ und () und der Quantoren $\{\}$ kann man nun eine Reihe von Standard-Mengenbildungsprozessen beschreiben:

$x \cap y := \{z\colon z \in x \text{ und } z \in y\}$
("Der Durchschnitt der Mengen x und y"),

$x \cup y := \{z\colon z \in x \text{ oder } z \in y\}$
("Die Vereinigung der Mengen x und y"),

$x - y := \{z\colon z \in x \text{ und } z \notin y\}$
("Die Differenz der Mengen x und y" oder "das Komplement von y in x"),

$\bigcap x := \{z\colon \text{für alle } y \in x \text{ gilt } z \in y\}$
("Der Durchschnitt aller in der Menge x als Element enthaltenen Mengen"),

$\bigcup x := \{z\colon \text{es gibt ein } y \in x, \text{ sodaß } z \in y\}$
("Die Vereinigung aller in der Menge x als Element enthaltenen Mengen"),

$x \times y := \{(a,b)\colon a \in x \text{ und } b \in y\}$
("Das kartesische Produkt der Mengen x und y"),

$\mathrm{Pot}(x) := \{y\colon y \subseteq x\}$
("Die Potenzmenge der Menge x").

In der letzten Definition wurde der Begriff der Untermenge verwendet:

$x \subseteq y \;:\Longleftrightarrow\;$ für alle z:
$(z \in x \Longrightarrow z \in y)$
("x ist Untermenge von y").

Man definiert auch:

$x \supseteq y$:<==> $y \subseteq x$

("x ist <u>Obermenge</u> von y"),

$x \subsetneq y$:<==> ($x \subseteq y$ und $x \neq y$)

("x ist <u>echte Untermenge</u> von y").

$\cap$, $\cup$, $-$, $\times$ sind zweistellige Funktionskonstanten. $\bigcap$, $\bigcup$, Pot sind einstellige Funktionskonstanten. $\subseteq$, $\supseteq$, $\subsetneq$ sind zweistellige Prädikatenkonstanten. Manchmal ist es praktisch, wenn man auch ein Objekt bezeichnen kann, das überhaupt keine Elemente enthält. Dieses kann man z.B. so definieren

$\emptyset := \{x: x \neq x\}$

("die <u>leere Menge</u>").

Wenn die Belegung von x aus dem Kontext bekannt ist, (x eine "globale Variable" ist) und $y \subseteq x$ gilt, dann bezeichnet man $x-y$ oft auch durch $\bar{y}$ (lies "<u>Komplement</u> von y").

Den routinemäßigen Umgang mit diesen Mengenbildungsoperationen setzen wir als bekannt voraus. Wir geben nur einige etwas subtilere Beispiele, an denen man das Verständnis testen kann.

<u>Beispiele:</u>

Sei $M := \{1,2,3,4\}$, $N := \{3,4,5\}$, $P := \{1,4\}$,
$Q := \{M,N,P\}$

Dann ist:

$\bigcap Q = \{4\}$, $\bigcup Q = \{1,2,3,4,5\}$,

$M \in Q$,

$1 \neq M$ (denn sonst wäre $1 \in 1$, man setzt aber als eine Eigenschaft der $\in$-Beziehung folgendes fest:
$x \notin x$ (Regularitätsaxiom)),

$N \times P = \{(3,1), (3,4), (4,1), (4,4), (5,1), (5,4)\}$,

$Pot(N) = \{\emptyset, \{3\}, \{4\}, \{5\}, \{3,4\}, \{3,5\}, \{4,5\}, \{3,4,5\}\}$,

$\emptyset \in Pot(N)$, $\emptyset \subseteq Pot(N)$,

$\{3\} \in Pot(N)$.

Ist $\{3\} \subseteq \mathrm{Pot}(N)$? (Diese Frage ist ohne Heranziehung von zusätzlichen Voraussetzungen über die Zahlen 3,4,5 und die Menge N "nicht zu entscheiden"! Warum?).

Man verwendet $\bigcup$ und $\bigcap$ auch als Quantoren, die aus Termen Terme machen:

$$\bigcap_{\substack{x\\A}} t, \qquad \bigcup_{\substack{x\\A}} t.$$

A ↑: eine Aussage, in welcher im Normalfall die Variable x frei vorkommt

t ↑: ein Term, in welchem im Normalfall die Variable x frei vorkommt

x wird durch diese Quantoren gebunden. Die Angabe der Variablen x entfällt meist. $\bigcap_{\substack{x\\A}} t$ bezeichnet (für jede Belegung der freien Variablen) "den Durchschnitt aller Mengen der Gestalt t, wo x die Aussage A erfüllt." $\bigcup_{\substack{x\\A}} t$ bezeichnet (für jede Belegung der freien Variablen) "die Vereinigung aller Mengen der Gestalt t, wo x die Aussage A erfüllt."

Einige spezielle Mengen (von Zahlen), deren Elemente wir als "gegeben" betrachten wollen (ohne ihren möglichen Aufbau aus anderen Objekten mit Hilfe von Mengenbildungsoperationen durchzuführen; vergleiche die Lehrbücher aus der Schule):

$\mathbf{N}$	Menge der natürlichen Zahlen (1,2,3,...),
$\mathbf{N}_o$	Menge der natürlichen Zahlen einschließlich 0,
$\mathbf{Z}$	Menge der ganzen Zahlen,
$\mathbf{Q}$	Menge der rationalen Zahlen,
$\mathbf{R}$	Menge der reellen Zahlen,
$\mathbf{C}$	Menge der komplexen Zahlen.

Wir definieren außerdem:

$\mathbf{N}_n := \{m \in \mathbf{N}: 1 \leqq m \leqq n\}$,
(für natürliche Zahlen n),

$[a,b] := \{x \in \mathbf{R}: a \leqq x \leqq b\}$ (das <u>abgeschlossene Intervall</u> a,b),

$(a,b) := \{x \in \mathbf{R}: a < x < b\}$ (das <u>offene Intervall</u> a,b),
(für reelle Zahlen a,b).

($\{x \in \mathbf{R}: a \leq x \leq b\}$ ist eine abkürzende Schreibweise für $\{x: x \in \mathbf{R}$ und $a \leq x \leq b\}$.)

Es gilt: $\mathbf{N} \subsetneqq \mathbf{N}_0 \subsetneqq \mathbf{Z} \subsetneqq \mathbf{Q} \subsetneqq \mathbf{R} \subsetneqq \mathbf{C}$.

Beispiel:

$$\underbrace{\bigcap_{n \in \mathbf{N}} \underbrace{\left[0,\tfrac{1}{n}\right]}_{\text{Term mit freier Variabler } n}}_{\text{Term ohne freie Variable}} = \{0\}.$$

Allgemein gilt:

$$\bigcap_{\substack{x\\A}} t = \bigcap \{t \underset{x}{:} A\} = \{z: \bigwedge_x (A \Longrightarrow z \in t)\},$$

$$\bigcup_{\substack{x\\A}} t = \bigcup \{t \underset{x}{:} A\} = \{z: \bigvee_x (A \text{ und } z \in t)\}$$

DEFINITION DER BEGRIFFE "PRÄDIKAT" UND "FUNKTION" IM RAHMEN DER MENGENLEHRE

Mit Funktions- und Prädikatenkonstanten bezeichnen wir Funktionen und Prädikate in den zu beschreibenden Realitäten. Um zu wissen, welche Entitäten in den zu beschreibenden Realitäten wir als Funktionen (Abbildungen, Zuordnungen) und welche wir als Prädikate (Beziehungen, Relationen, Eigenschaften, Atribute) betrachten sollen, müssen wir bereits eine ziemlich klare Vorstellung von diesen Begriffen haben. Das Vorhandensein dieser Klarheit setzen wir hier voraus (siehe die Schullehrbücher).

In einer Sprache, in welcher man manche Funktions- und Prädikatenkonstante zur Bezeichnung gewisser nicht mehr weiter zerlegter Grundfunktionen und -prädikate zur Verfügung hat, kann man viele andere Funktionen und Prädikate durch geeignete Definitionen beschreiben (siehe S.66). Man kann aber mit den auf S.46 ff. zur Verfügung gestellten Sprachmitteln nicht Formulierungen der Art "<u>für alle Funktionen</u> f" oder "es <u>gibt ein Prädikat</u> p" etc. bilden.

Solche Formulierungen sind aber zur Beschreibung gewisser Situationen unumgänglich: Zum Beispiel haben wir in der Fallstudie "Dynamisches Programmieren" Variablen G,F,S für verschiedene Tabellen (= Zuordnungen = Funktionen) und die Variable I für Strategien (= Zuordnungen = Funktionen) gebraucht und auch Formulierungen der Art: "für alle Strategien I':..." etc. verwenden müssen. Ebenso haben wir in der Fallstudie "Sortieren" die Variablen a,b für "Folgen" (= Anordnungen = Zuordnungen = Funktionen) und p für "Umordnungen" (= Zuordnungen = Funktionen) gebraucht und zum Beispiel formuliert: "Es gibt eine Umordnung p, sodaß...".

Um solche Formulierungen verwenden zu können, könnten wir entweder die zur Verfügung stehenden Sprachmittel erweitern, indem wir auch "Funktionsvariable", "Prädikatenvariable" (und "Prozedurvariable") einführen und dementsprechend auch Quantoren für diese neuen Variablentypen. Wenn man aber die speziellen Funktions- und Prädikatenkonstanten der Mengenlehre bereits zur Verfügung hat (und in einer bestimmten Beschreibung auch verwenden will), dann braucht man das Arsenal der Sprachmittel nicht zu erweitern: Man kann nämlich mit Hilfe der eingeführten mengentheoretischen Konstanten die Begriffe "Funktion" und "Prädikat" definieren in der Art

f ist eine Funktion :<==> ...
R ist ein Prädikat :<==> ... .

Aussagen, die nur die mengentheoretischen Grundbegriffe enthalten

Alle Funktionen und Prädikate werden damit zu "kompakten" Gegenständen, über die man genau so reichhaltig sprechen kann wie über andere Gegenstände (z.B. kann man beschreiben, daß man "alle Funktionen eines bestimmten Typs durchsucht", "beliebige Funktionen eines bestimmten Typs als Eingabe in einer fixen Funktion verwendet", etc.).

Wir haben gesehen, daß Terme mit freien Variablen in gewisser Weise auch Zuordnungen in der betrachteten Realität beschreiben (zu jeder Belegung der freien Variablen wird ein Gegenstand "bezeichnet", "geliefert", siehe S.47). Ebenso bezeichnen Aussagen mit freien Variablen Beziehungen. Man könnte deshalb meinen, daß man den Funktions-und Prädikatenbegriff im Rahmen der Mengenlehre einfach so definieren könnte

f ist eine Funktion :<==> f ist ein Term der Mengenlehre,
p ist ein Prädikat :<==> p ist eine Aussage der Mengenlehre.

Das ist aber keine geeignete Vorgangsweise, denn im linken Teil der Definition befinden wir uns in einer "Sprachschicht", die um eins niedriger ist als die Sprachschicht rechts:

f ist eine Funktion	:<==>	f ist ein Term der Mengenlehre.
Aussage *der* Mengenlehre		Aussage *über* die Mengenlehre

Solche Sprachschichtenvermengungen führen auf Zirkel.

Vielmehr muß man so vorgehen, daß man - genauso wie man jeden anderen Begriff analysiert (siehe S.66) - auch den Begriff der Funktion und der Relation versucht, auf einfachere, bereits vorhandene Begriffe zurückzuführen: so kann man z.B. ein zweistelliges Prädikat R (eine Beziehung, Relation) als vollständig bestimmt betrachten, wenn man alle jene Paare von Gegenständen x,y, die miteinander in der Beziehung R stehen, kennt, d.h. wenn man den *Umfang* (Extension) der Beziehung kennt. (Freilich gehen dabei alle Aspekte der Art und Weise, wie die betrachtete Beziehung vielleicht aus anderen Beziehungen aufgebaut ist etc., d.h. der *Inhalt* (Intention) der Beziehung verloren. Die "Intention" einer Beziehung ist gerade das, was mit dem Begriff der "Aussage" adäquat getroffen werden könnte!). Für viele Zwecke reicht es tatsächlich aus, Relationen als durch ihren Umfang "gegeben" zu betrachten. Diese Analyse des Begriffs des Prädikats kann man aber mit Hilfe der bereits vorhandenen mengentheoretischen Grundbegriffe bereits definieren, nämlich: "Ein Prädikat ist nichts anderes als eine Menge von Paaren."

Genauso kann man eine Funktion f als "gegeben" betrachten, wenn man zu jeder Eingabe, zu jedem "Argument" x für die Funktion den zugehörigen Ausgabewert y kennt, d.h. wenn man den gesamten *Werteverlauf* der Funktion kennt. (Freilich geht bei dieser Betrachtungsweise das "Dynamische" des Funktionsbegriffs verloren und auch alle Aspekte des Aufbaus von Funktionen aus Teilfunktionen etc., wie es im Termbegriff viel eher zum Ausdruck kommt!). Für viele Zwecke ist es aber wieder durchaus ausreichend, Funktionen durch ihren Werteverlauf als gegeben zu betrachten. Der Werteverlauf einer Funktion ist aber wieder nichts anderes als eine Menge von Paaren. Funktionen sind also bei dieser Betrachtungsweise spezielle Relationen. Das "Spezielle" an Funktionen ist, daß sie zu jedem Argument nur einen Wert liefern. Gerade für Funktionen, die durch Algorithmen realisiert sind, ist noch die Unterscheidung zwischen "partiellen" und "totalen" Funktionen nützlich: Totale Funktionen liefern zu jedem zugelassenen Eingabewert ein Ergebnis. Bei partiellen Funktionen kann es für gewisse Eingaben auch kein Resultat geben, z.B. weil der die Funktion realisierende Algorithmus nicht stoppt.

Die obige Begriffsanalyse kann man jetzt durch folgende Definitionen im Rahmen der Mengenlehre zusammenfassen:

Definition:

R ist eine (zweistellige) Relation zwischen (der Menge) M und (der Menge) N :<==>

$R \subseteq MxN$

R ist eine Relation auf M :<==> $R \subseteq MxM$.

R ist eine dreistellige Relation zwischen M, N, P :<==>

$R \subseteq MxNxP$.

usw. (Man reserviert für das Konzept des Prädikats in seiner mengentheoretischen Fassung meist ausschließlich den Namen "Relation", um diesen Begriff vom intuitiven Vorbegriff abzuheben. Demgegenüber schwingt beim Wort "Prädikat" meist der intentionale Gesichtspunkt mit.)

Beispiel:

$R := \{(x,y): x,y \;\; \mathbf{N}, y \geq 2.x\}$ ist eine zweistellige Relation auf **N**.

$\{(3,5), (3,6), (4,1)\}$ ist eine Relation zwischen $\{3,4\}$ und $\{5,6,1\}$, aber auch zwischen **N** und **N**.

Definition:

f ist eine partielle Funktion von M nach N :<==>

$f \subseteq MxN$,

für alle x,y,y':

$(x,y) \in f, (x,y') \in f$ ==> $y=y'$.

f ist eine totale Funktion von M nach N :<==>

f ist eine partielle Funktion von M nach N und
für alle $x \in M$ existiert ein y, sodaß
$(x,y) \in f$.

Für "f ist eine partielle Funktion von M nach N" schreibt man kurz auch

$$f:M \xrightarrow{\text{partiell}} N$$

und für "f ist eine totale Funktion von M nach N"

$$f:M \longrightarrow N.$$

(Zur Sprachstruktur: $f : M \longrightarrow N$)
(f und M, N) Bilden zusammen eine dreistellige Prädikatenkonstante!

Beispiel:

Sei

$I := \{(1,2), (2,0), (3,8), (4,0)\}$,
$f := \{(x, (-1)^x . x): x \in \mathbf{N}\}$.
$p := \{(1,2), (2,1), (3,3)\}$
$a := \{(1,\text{MAIR}), (2,\text{AIGNER}), (3,\text{MÜLLER})\}$

Es gilt:

I ist eine totale Funktion von $\mathbf{N}_4$ nach $\{0,\ldots,10\}$.
(I wäre eine zulässige Strategie in der ersten Fallstudie, S.16)
I ist eine partielle Funktion von $\mathbf{N}$ nach $\{0,\ldots,10\}$.
I ist keine partielle Funktion von $\mathbf{N}_4$ nach $\mathbf{N}_4$.
f ist eine totale Funktion von $\mathbf{N}$ nach $\mathbf{Z}$.
p ist eine totale Funktion von $\mathbf{N}_3$ nach $\mathbf{N}_3$
(p ist eine "Umstellung der ersten drei natürlichen Zahlen" in der zweiten Fallstudie, S. 84).
a ist eine totale Funktion von $\mathbf{N}_3$ in die Menge aller Familiennamen.
(a ist eine "Folge" von Namen der Länge drei in der zweiten Fallstudie, S. 83).

Auch den Begriff "Ergebnis der Anwendung einer Funktion auf ein Argument" kann man im Rahmen der Mengenlehre fassen. Für Funktionskonstante f hat man dieses "Ergebnis der Anwendung von f auf die Eingabe x" durch f(x) bezeichnet. Wir werden dieselbe Bezeichnung auch für Variable f verwenden, deren Laufbereich Mengen von Funktionen sind. Genauer:

Definition:

Sei f eine Funktion und x aus dem Definitionsbereich von f.
Dann ist

das Resultat der Anwendung von f auf x :=
dasjenige y, für welches $(x,y) \in f$.

Für das "Resultat der Anwendung von f auf x" schreiben wir kurz "Anw(f,x)" ("Anw" ist eine zweistellige Funktionskonstante!) oder üblicherweise "f(x)" bzw. (besonders wenn $x \in \mathbb{N}$ gilt) "f_x".

In obiger Definition haben wir einige Hilfsbegriffe benutzt:

f ist eine Funktion :<==>

$f:M \xrightarrow{\text{partiell}} N$ für gewisse M,N.

Definitionsbereich von f :=

$\{x:$ es gibt ein y, sodaß $(x,y) \in f\}$
(falls f eine Funktion ist).

Beispiele:

Für die im letzten Beispiel definierten Funktionen I,f,p,a gilt:

Anw(f,3) = -3, f(5) = -5,
$I_1 = 2,\ I_2 = 0,\ I_3 = 8,\ I_4 = 0,$
$a_{p(2)} = a_1 =$ MAIR.

Genauso wie man den Begriff der "Anwendung" von Funktion im Rahmen der Mengenlehre fassen kann, kann man auch den Begriff der "Gültigkeit" von Relationen durch eine mengentheoretische Definition wiedergeben:

Definition:

Sei p eine zweistellige Relation. Dann sagt man

p gilt für x und y :<==> $(x,y) \in p$.

Für "p gilt für x und y" schreibt man kurz "p(x,y)" (oder oft "xpy").

Durch diese Schreibkonventionen ist der subtile Unterschied zwischen einer Funktions<u>konstanten</u> und der Objekt<u>konstanten</u>, die ihren Werteverlauf als Menge beschreibt (bzw. zwischen einer Prädikatenkonstanten und der Objektkonstanten, die den Prädikatenumfang beschreibt), optisch nicht mehr erkennbar. Der Laufbereich von Funktions<u>variablen</u> (bzw. Prädikaten<u>variablen</u>) ist aber bei der obigen Fassung des Funktions- (bzw. Prädikatenbegriffs) im Rahmen der Mengenlehre <u>immer</u> eine Menge von Mengen von Paaren, also eine Menge von "Werteverläufen" (bzw. "Prädikat-Extensionen").

Bei dieser Gelegenheit führen wir noch den folgenden, in der Informatik häufig verwendeten

λ-Quantor, der aus einem Term einen Term macht,

ein.

<u>Standardform</u> dieses Quantors (x...eine Variable, s...ein Term, in welchem x nicht frei vorkommt, t...ein Term, in welchem im Normalfall x frei vorkommt):

$(\lambda x \in s)(t)$ (ein "λ-Term")

$(\lambda x \in s)$: In diesem Term kommt x nicht mehr frei, sondern gebunden vor.

$(\lambda x \in s)(t)$ bezeichnet (für jede Belegung der freien Variablen) die "<u>Funktion, die jedem $x \in s$ den Wert t zuordnet</u>" (als Menge von Paaren betrachtet!).

<u>Beispiel:</u>

$(\lambda x \in \mathbf{N}_0)(2x+k)$

$\mathbf{N}_0$: Term ohne freie Variable

$2x+k$: Term mit freien Variablen x,k

$(\lambda x \in \mathbf{N}_0)(2x+k)$: Term mit freier Variabler k

Es gilt:

Falls k=1:

$$\underbrace{(\lambda x \in \mathbf{N}_o)(2x+k)}_{\text{Funktion}}\underbrace{(5)}_{\text{Argument}} = 11.$$

Falls k=3:

$$(\lambda x \in \mathbf{N}_o)(2x+k)(5) = 13.$$

Beachte:

Falls x=1:

$$(\lambda k \in \mathbf{N}_o)(2x+k)(5) = 7.$$

Allgemein gilt:

$$(\lambda x \in s)(t) = \{(x,t) : x \in s\}.$$

Man findet oft die schlampige Sprechweise: "die Funktion 2x+1" anstelle von "$(\lambda x)(2x+1)$" (der Laufbereich von x muß aus dem Kontext bekannt sein). Diese Sprechweise setzt natürlich voraus, daß man bei einer Formulierung wie "die Funktion 2x+k" aus dem Kontext weiß, welche der beiden Variablen x bzw. k quantifiziert werden soll.

Sehr üblich ist auch die Schreibweise

$$f: M \longrightarrow N$$
$$x \longmapsto t$$

anstelle der folgenden Aussage

$$f = \{(x,t): x \in M\} \text{ und für alle } x \in M: f(x) \in N.$$

(f,M,N,t können hier beliebige Terme sein. In t kommt x im Normalfall frei vor).

DIE BESCHREIBUNG DER KONZEPTE "TABELLE", "FOLGE" ETC. IM RAHMEN DER MENGENLEHRE

Mit den nunmehr zur Verfügung stehenden Grundfunktionen und -prädikaten der Mengenlehre kann man alle möglichen "strukturierten" Objekte in beliebigen Realitäten beschreiben, z.B. "Listen", "Folgen", "Tabellen", "Speicher" etc. Die Tabelle G z.B., die den möglichen Investitionen in den verschiedenen Regionen die erwarteten Gewinne zuordnet (vgl. Fallstudie "Dynamisches Programmieren", S.11) kann man als eine Funktion

$$G: \underbrace{\{0,\ldots,M\}}_{\text{Menge der möglichen Investitionen}} \times \underbrace{\{1,\ldots,n\}}_{\text{Menge der Nummern von Regionen}} \longrightarrow \mathbf{R}$$

betrachten. Auch die Begriffe "Umstellungen", "Folgen" von Wörtern, "Strategien" in den Fallstudien kann man durch Funktionen beschreiben (vgl. Beispiele auf S.116). Auch ein "Feld ("array") A im Sinn der Programmiersprachen kann man als Abbildung

$$A: M \times N \longrightarrow Z$$

(M: Menge der möglichen Zeilen-Nummern; N: Menge der möglichen Spalten-Nummern; Z: Menge der Maschinenzahlen (oder sonstige Objekte))

auffassen. Für einige dieser strukturierten Objekte hat man Standardnamen:

<u>Definition:</u>

f ist eine <u>unendliche Folge</u> über M :<==> f: $\mathbf{N} \longrightarrow M$.

f ist eine <u>endliche Folge</u> der Länge n über M :<==>
f: $\mathbf{N}_n \longrightarrow M$.

A ist eine <u>Matrix</u> (oder ein Array) mit m Zeilen und n Spalten über M :<==>
A: $\mathbf{N}_m \times \mathbf{N}_n \longrightarrow M$.

Für das "i-te Glied" f(i) einer Folge f bzw. das Element A(i,k) "in Zeile i und Spalte k" einer Matrix A schreibt man meist abkürzend f_i bzw. $A_{i,k}$. Folgen einer fixen Länge, wie z.B. die Folge $\{(1,a),(2,b),(3,c),(4,d)\}$, schreibt man auch in der Form (a,b,c,d), also wie ein Tupel.

Wenn man eine Definition der Art

f ist eine endliche Folge der Länge n über M :<==> ...

hat, dann könnte man darauf aufbauend eine Reihe anderer Begriffe in natürlicher Weise definieren, z.B.

f ist eine endliche Folge über M :<==>
es gibt ein n, sodaß
f ist eine endliche Folge der Länge n über M,

oder z.B.

f ist eine endliche Folge :<==>
es gibt ein n und ein M, sodaß
f ist eine endliche Folge der Länge n über M,

oder z.B. auch

Länge von f := ein solches n, daß
f eine Folge der Länge n ist.
(falls f eine Folge ist).

Man gibt diese in natürlicher Weise mit einer Definition verbundenen Definitionen nicht jedesmal alle an. (Vgl. auch die Definition des Begriffs "ist Funktion" auf S. 117).

ZUR PROBLEMANALYSE UND ZUM STRUKTURIERTEN ENTWURF VON LÖSUNGSVERFAHREN

DIE SPEZIFIKATION VON PROZEDUREN

In der Fallstudie "Sortieren" haben wir beim Entwurf eines Lösungsverfahrens zuerst ein grobes Verfahren vorgeschlagen, dessen Korrektheit aber bereits auf dieser groben Entwurfsebene bewiesen wurde unter der Voraussetzung, daß die Prozedur "Maximum", die dann auf der nächst feineren Entwurfsstufe entwickelt werden mußte, bestimmten Anforderungen genügt. Die Angabe (Spezifikation) dieser Anforderungen an noch nicht vorhandene Prozeduren ist im Wesentlichen dasselbe wie die exakte Formulierung eines Problems:

Angabe der Eingabebedingung
(Bedingung, die die als Eingabe der Prozedur zulässigen Variablenbelegungen erfüllen muß),

Angabe der Ausgabebedingung
(Bedingung, die die als Ausgabe der Prozedur erzeugten Variablenbelegungen erfüllen muß).

Es kommt nur der zusätzliche Aspekt dazu, daß Variablen auftreten können, deren Belegung durch Exekution der Prozedur geändert werden dürfen (z.B. b in der Prozedur Maximum). Die Eingabebedingung bezieht sich dann auf die ursprünglichen Belegungen dieser Variablen, die Ausgabebedingung aber auf die neuen Belegungen.

Diese Variablen ("Übergangsvariable") muß man explizit angeben. Eine Prozedurspezifikation hat also folgende Gestalt:

Prozedurspezifikation:

Name der Prozedur

Eingabevariable: $x_1, \ldots, x_k$.

Übergangsvariable: $u_1, \ldots, u_l$.

Ausgabevariable: $y_1, \ldots, y_m$.

Eingabebedingung: E (eine Aussage, in welcher nur die Variablen $x_1, \ldots, x_k$, $u_1, \ldots, u_l$ frei vorkommen).

Ausgabebedingung: A (eine Aussage, in welcher nur die Variablen $x_1, \ldots, x_k$, $u_1, \ldots, u_l$, $y_1, \ldots, y_m$ frei vorkommen).

Wegen der Unterscheidung von Eingabe-, Übergangs- und Ausgabevariablen siehe auch S. 69.

Beispiel:
Siehe das Beispiel der Spezifikation der Prozedur "Maximum" auf S. 89.

Bemerkung: Die Spezifikationen "Expliziter Bestimmungsprobleme" (siehe S. 29) sind Spezialfälle der obigen Prozedurspezifikationen.

STRUKTURIERTER ENTWURF VON PROZEDUREN

Mit Hilfe obiger Spezifikationstechnik kann man den Entwurf von Prozeduren systematisch "von oben nach unten" in lauter überschaubaren Einzelschritten durchführen, wobei jeder Schritt für sich als korrekt überprüft werden kann.

Die "Überschaubarkeit eines Schrittes" kann man ähnlich wie auf S. 66 definieren. Um diese Überschaubarkeit zu gewährleisten, läßt man Teilstücke der zu entwerfenden Prozedur zunächst offen, um die "Schachtelungstiefe" nicht zu groß werden zu lassen und spezifiziert lediglich exakt, was diese Teilstücke leisten sollen. Die Korrektheit der in der aktuellen Entwurfsebene erstellten Prozedur wird dann relativ zu diesen Spezifikationen gezeigt.

Der Entwurf der Teilprozeduren, die diese Spezifikationen erfüllen, ist dann ein vollständig entkoppelter Vorgang, der nach derselben Methode weiter zerlegt werden kann.

Diese Art der Zerlegung des Entwurfsprozesses hat den zusätzlichen Vorteil, daß Teilprozeduren später durch andere ersetzt werden können, die vielleicht besser arbeiten, und man nur die Korrektheit dieser Teilprozeduren relativ zu den gleichgebliebenen Spezifikationen überprüfen muß, um auch die Korrektheit der Gesamtprozedur zu gewährleisten.

Beispiel:

Auch folgende Prozedur erfüllt die Spezifikation von "Maximum" auf S. 89:

```
procedure Maximum (b,j):
(global:            n)
Eingabe:            j.
Übergangsvariable:  b.
        (l,m) := (1,b_1)
        for k := 2 to n-j+1 do
            if b_k > m then (l,m) := (k,b_k)
        (b_{n-j+1},b_l) := (b_l,b_{n-j+1})
```

(Grundgedanke: Bestimme das Maximum der Elemente $b_1,...,b_{n-j+1}$ und vertausche es mit dem Element b_{n-j+1}!).

ZUM ENTWURF VON LÖSUNGSVERFAHREN: KORREKTHEITSBEWEISE FÜR PROGRAMME

DAS PROBLEM DER PROGRAMMKORREKTHEIT

Das Problem der Programmkorrektheit ist folgendes allgemeine "Metaproblem":

Gegeben: eine Prozedurspezifikation (Problemspezifikation), ein Programm.

Frage: Erfüllt das Programm die gegebene Spezifikation?

Man nennt dieses Problem auch "Problem der Programmverifikation", "Problem der Algorithmenkorrektheit" o.ä. (vgl. auch S.33).

Genauer ist das Problem der Programmkorrektheit folgendes Problem:

Gegeben:
- Eingabevariable: $x_1,\ldots,x_k$,
- Übergangsvariable: $t_1,\ldots,t_l$,
- Ausgabevariable: $y_1,\ldots,y_m$.
- Eingabebedingung: E.
- Ausgabebedingung: A.

(die fünf Angaben bilden zusammen: eine Prozedurspezifikation)

- Programm: S (ein Programm, in welchem die Variablen $x_1,\ldots,x_k$ als Eingabevariable, die Variablen $t_1,\ldots,t_l$ als Übergangsvariable und die Variablen $y_1,\ldots,y_m$ als Ausgabevariable vorkommen).

Frage: Gilt folgende "Korrektheitsaussage":

"Für alle Belegungen der Eingabe- und Übergangsvariablen, die die Eingabebedingung E erfüllen, liefert die Ausführung des Programms S eine Belegung der (Eingabe-), Übergangs- und Ausgabevariablen, die die Ausgabebedingung A erfüllen".

Diese Korrektheitsaussage schreibt man oft auch so

$\{E\}\ S\ \{A\}$,

wobei man gegebenenfalls noch die Eingabe-, Übergangs- und Ausgabevariablen angeben muß, wenn diese nicht "aus dem Kontext" klar sind. Diese Klammern $\{\ \}$ haben in der Bedeutung mit den Mengenklammern nichts zu tun. Sie können ebenfalls als "Quantoren" betrachtet werden, die aus zwei Aussagen E und A und einem Programm S eine neue Aussage, nämlich die Korrektheitsaussage für S bezüglich E,A, machen.

PARTIELLE UND TOTALE KORREKTHEIT

Da der Fall eintreten kann, daß ein Programm bei gewissen Eingabedaten allenfalls nicht stopt, muß man noch genauer formulieren, was es heißen soll, daß die Ausführung eines Programms eine Variablenbelegung "liefert". Wir wollen das immer so verstehen, daß "das Programm stoppt und die betreffende Belegung liefert". In dieser Formulierung heißt die Korrektheitsaussage

$\{E\}$ S $\{A\}$

auch "Aussage über die totale Korrektheit" des Programms S in Bezug auf E,A.

Mitunter betrachtet man auch nur folgende schwächere "Aussage über die partielle Korrektheit" von S in Bezug auf E,A:

"Für alle Belegungen der Eingabe- und Übergangsvariablen, die die Eingabebedingung E erfüllen und bei denen das Programm S stoppt, erfüllt die Belegung der (Eingabe-), Übergangs- und Ausgabevariablen, die durch Ausführung des Programms S geliefert werden, die Ausgabebedingung A".

Die Aussage über die totale Korrektheit ergibt sich aus der Aussage über die partielle Korrektheit durch den zusätzlichen Beweis der folgenden "Terminationsaussage":

"Für alle Belegungen der Eingabe- und Übergangsvariablen,
die die Eingabebedingung E erfüllen,
stoppt das Programm S."

TESTEN UND BEWEISEN

In der Praxis wird das Problem der Programmspezifikation derzeit fast ausschließlich noch dadurch "gelöst", daß das fertige Programm S für einige bzw. viele spezielle Belegungen der Eingabe- und Übergangsvariablen, für welche die Eingabebedingung E gilt, ausgeführt wird und nachgeprüft wird, ob die erhaltene Belegung die Ausgabebedingung A erfüllt.

Diese Methode ist insofern unbefriedigend, als sie "nur die Anwesenheit von Fehlern, aber nie ihre Abwesenheit zeigen kann" (DIJKSTRA 72, S. 6). Die Fehlerfreiheit eines Programmes kann nur garantiert werden, wenn beim schrittweisen Entwurf des Programms S (siehe S.122) auf jeder Entwurfstufe die Korrektheit des entworfenen Teilprogramms P durch eine lückenlose Überlegung garantiert wird.

Das kann entweder dadurch geschehen, daß man sich beim Entwurf an "korrekte Transformationsregeln" hält, die aus Spezifikationsteilen korrekte Programmteile bzw. aus korrekten Programmteilen bessere, aber äquivalente Programmteile erzeugen. (Diese Methode ist noch nicht so weit entwickelt, daß sie als abgeschlossenes "Werkzeug" dargestellt werden könnte).

Oder man geht so vor, daß man für den auf der betreffenden Entwurfstufe entworfenen Programmteil P die zugehörige totale Korrektheitsaussage beweist. Dabei darf vorausgesetzt werden, daß die noch nicht entworfenen Teilprozeduren, die von P aus ausgerufen werden, korrekt sind, d.h. die Spezifikationen erfüllen, die man zum Beweis der Korrektheit von P braucht. Nach dieser Methode wurde die Korrektheit des Bubble-Sort-Programms, S.86 durchgeführt. Diese Methode wollen wir im folgenden in allgemein anwendbarer Form zusammenstellen.

Die praktische Brauchbarkeit dieser Methode der Korrektheitsbeweise hängt sehr wesentlich von den beiden folgenden Voraussetzungen ab:

1. Sie wird im Zusammenhang mit der Methode des strukturierten Entwurfs benutzt, sodaß sich sowohl das Lösungsverfahren, als auch der Beweis in überschaubare und stark entkoppelte Teile aufspaltet.

2. Sie wird zum Beweis der "logischen" Korrektheit von Programmen einer sehr hohen Sprache (wie der auf S.46 ff. eingeführten Standardsprache) verwendet und nicht zum Beweis der Korrektheit der Implementierungen von bereits als korrekt bewiesenen Verfahren in konkreten Programmiersprachen, wo noch die vielen Details der Übersetzung in die speziell verfügbaren Sprachkonstrukte dazukommen.

Ein systematisches Vorgehen zum Beweis von Programmkorrektheit zerfällt in zwei Teile:

1. Vollständige Zusammenstellung der Behauptungen, die bewiesen werden müssen (Was ist überhaupt zu beweisen?)
2. Beweis dieser Behauptungen.

Mit der Methodik des Beweisens beschäftigen wir uns noch ausführlich in späteren Kapiteln. Wir konzentrieren uns zunächst auf die Beantwortung der Frage, wie man systematisch all die Behauptungen zusammenstellt, aus deren Gültigkeit die Korrektheit des Programms S in bezug auf eine Spezifikation E,A folgt. Ein systematisches Vorgehen dazu ist die folgenden "Methode der induktiven Behauptungen".

DIE METHODE DER INDUKTIVEN BEHAUPTUNGEN

Die Methode der induktiven Behauptungen besteht in folgendem: Man zerlegt parallel mit dem Entwurf eines Programms S, das in bezug auf eine vorgegebene Spezifikation E,A korrekt sein soll, in Abhängigkeit von der syntaktischen Struktur des Programms S

den Korrektheitsbeweis für S in bezug auf E,A
in einige getrennte
Korrektheitsbeweise für Teile $S_1,S_2,...$ von S in bezug auf neu zu formulierende Spezifikationen $E_1,A_1,E_2,A_2,...$

Für jede der wenigen verschiedenen syntaktischen Strukturen, die dabei ein Programm haben kann, gibt es eine Regel, wie diese Beweiszerlegung durchzuführen ist:

Beweiszerlegung für hintereinander ausgeführte Wertzuweisungen:

Um

(1) $\{E\}$ S $\{A\}$

zu beweisen, wo

S eine Folge von Wertzuweisungen ist,

genügt es, die Aussage

(2) E ==> A'

zu beweisen, wobei A' aus der Aussage A dadurch entsteht, daß man die in A vorkommenden Variablen "so ersetzt, wie es durch die Hintereinanderausführung der einzelnen Wertzuweisungen in S bewerkstelligt wird".

Wie diese Ersetzung der Variablen genau ausschaut, zeigen wir an einem Beispiel.

<u>Beispiel:</u>

Zu zeigen ist (vgl. S. 88):

(1) $\{\}$
$(b,n):=(a,L(a))$
$j:=1$
$\{$teilweise sortiert $(b,n,n-j+2)$,
teilweise kleiner $(b,n-j+2)$ (falls $2 \leqq j$),
$j \leqq n,\ n=L(b),\ b \between a\}$.

Die notwendigen Ersetzungen lauten:

$$b \longmapsto a,$$
$$n \longmapsto L(a),$$
$$j \longmapsto 1.$$

Also genügt es gemäß der Regel, folgendes zu beweisen:

(2) teilweise sortiert $(a,L(a),L(a)-1+2)$,
teilweise kleiner $(a,L(a)-1+2)$ (falls $2 \leqq 1$),
$1 \leqq L(a),\ L(a)=L(a),\ a \between a$.

((2) gilt, also gilt auch (1)).

<u>Beispiel:</u>

Zu zeigen sei:

(1) $\{x>y\}$
$(h_1,h_2):=(x+y,x-y)$
$(x,y) \ :=(h_1^2-h_2^2,h_1^2+h_2^2)$
$\{x,y \geqq 0\}$.

Die notwendigen Ersetzungen lauten (substituiere von "rückwärts nach vorne"):

$$x \quad (\longmapsto h_1^2-h_2^2) \longmapsto (x+y)^2-(x-y)^2,$$
$$y \quad (\longmapsto h_1^2+h_2^2) \longmapsto (x+y)^2+(x-y)^2.$$

Also genügt es gemäß der Regel, folgendes zu zeigen:

(2) $x>y \Rightarrow (x+y)^2-(x-y)^2 \geqq 0$ und

$(x+y)^2+(x-y)^2 \geqq 0.$

(Gilt (2)? Mache dazu verschieden Voraussetzungen über den Laufbereich von x,y!).

Der Vorgang, wie man die Variablenersetzung erhält, die durch eine Folge von Wertzuweisungen bewirkt wird, ist also ein vollkommen automatischer Prozeß. Überlege an den Beispielen, daß die Gültigkeit von (2) tatsächlich die Gültigkeit von (1) zur Folge hat.
(Z.B. so: "Wenn man weiß, daß für die ursprüngliche Belegung $\bar{x},\bar{y}$ der Variablen x,y die Aussage $\bar{x} > \bar{y}$ gilt und außerdem (2) weiß, dann weiß man, daß $(\bar{x}+\bar{y})^2-(\bar{x}-\bar{y})^2) \geqq 0$ und $(\bar{x}+\bar{y})^2+(\bar{x}-\bar{y})^2 \geqq 0$. $(\bar{x}+\bar{y})^2-(\bar{x}-\bar{y})^2$ und $(\bar{x}+\bar{y})^2+(\bar{x}-\bar{y})^2$ sind aber gerade die Belegung der Variablen x,y nach Ausführung der Wertzuweisungen. Also gilt an der Stelle nach Ausführung dieser Wertzuweisungen $x,y \geqq 0$."). Mache Dir die Gültigkeit der folgenden Regeln in analoger Weise klar.

<u>Beweiszerlegung für einzelne Prozeduraufrufe</u>:

Um

(1) $\{E'\}$ $P(t_1,\ldots,t_k,u'_1,\ldots,u'_l,y'_1,\ldots y'_m)$ $\{A'\}$

zu beweisen, wo

P eine Prozedurkonstante ist,

$u'_1,\ldots,u'_l,y'_1,\ldots,y'_m$ verschiedene Variable sind,

$t_1,\ldots,t_l$ Terme sind, in denen $u'_1,\ldots,u'_l,y'_1,\ldots,y'_m$ nicht frei vorkommen,

und P wie folgt vereinbart wurde

<u>procedure</u> $P(x_1,\ldots,x_k,u_1,\ldots,u_l,y_1,\ldots y_m)$:
Eingaben: $x_1,\ldots,x_k$.
Übergangsvariable: $u_1,\ldots,u_l$.
Ausgaben: $y_1,\ldots,y_m$.
S.

genügt es,

(2) $\{E\}$ S $\{A\}$

zu beweisen. Hier hängen E und E' sowie A und A' wie folgt zusammen:

E' entsteht aus E
durch Ersetzen der Variablen $x_1,\ldots,x_k$ durch die Terme $t_1,\ldots,t_k$
und
durch Ersetzen der Variablen $u_1,\ldots,u_k$ durch die Variablen
$u_1',\ldots,u_k'$.

A' ensteht aus A durch dieselben Ersetzungen und
durch Ersetzen der Variablen $y_1,\ldots,y_m$ durch die Variablen
$y_1',\ldots,y_m'$.

(Außer $u_1,\ldots u_l, y_1,\ldots,y_m$ können in E und A noch andere Variable vorkommen. Diese werden als "global" betrachtet.)

Beispiel (Vgl. die Fallstudie "Sortieren", S.90):

Zu zeigen ist:

(1) $\{I_1(a,b,n,j),$
$j \leqq n-1\}$
Maximum (b,j)
$\{I_1(a,b,n,j),$
$j \leqq n-1,$
teilweise kleiner (b,n-j+1)$\}$

Gemäß der Regel genügt es zu zeigen (Hier sind keine Ersetzungen notwendig!):

(2) $\{I_1(a,b,n,j),\ j \leqq n-1\}$
<u>for</u> k:=1 <u>to</u> n-j <u>do</u> ...
$\{I_1(a,b,n,j),\ j \leqq n-1,$
teilweise kleiner (b,n-j+1)$\}$.

(Den Beweis, daß (2) gilt, haben wir auf S.92 ff. durchgeführt!)

Beispiel:

Zu zeigen sei:

(1) {teilweise sortiert (c,n,n+1),
$1<n,\ n=L(c),\ c \approx a\}$
Maximum (c,1)

$\{n=L(c),\ c \not\approx a,$
$\text{für alle } 1 \leq i \leq n\text{: } c_i \leq c_n\}.$

Wir wissen aber (2) vom vorhergehenden Beispiel. Also wissen wir gemäß der Zerlegungsregel für Prozeduraufrufe, daß

(1') {teilweise sortiert (c,n,n+1),
teilweise kleiner (c,n+1) (falls 2≤1),
1<n, n=L(c), $c \not\approx a$, 1 ≤ n-1}
Maximum (c,1)
{teilweise sortiert (c,n,n+1),
teilweise kleiner (c,n+1) (falls 2≤1),
1<n, n=L(c), $c \not\approx a$, 1 ≤ n-1,
teilweise kleiner (c,n)}

Aus (1') folgt aber (1) gemäß der folgenden Hilfsregel

<u>Hilfsregel für das Abschwächen von Spezifikationen:</u>

Für beliebige Programme S gilt:

Falls E ==> E',
A' ==> A, und
{E'} S {A'}
dann gilt auch
{E} S {A}.

<u>Beweiszerlegung für Verzweigungsanweisungen</u>

Um

(1) {E} <u>if</u> B <u>then</u> P_1 <u>else</u> P_2 <u>endif</u> {A}

zu beweisen, wo

P_1, P_2 Programme sind und B eine Aussage ist,

genügt es, die folgenden beiden Aussagen zu beweisen:

(2') $\{E \wedge B\}\ P_1\ \{A\}$ und
(2") $\{E \wedge \neg B\}\ P_2\ \{A\}$.

<u>Beispiel:</u> (Vgl. die Fallstudie "Sortieren", S.93)

Zu zeigen ist:

(1) $\{I_2(a,b,n,j,k)\}$

<u>if</u> $b_k \nleqq^* b_{k+1}$ <u>then</u> $(b_k,b_{k+1}):=(b_{k+1},b_k)$

$\{I_2(a,b,n,j,k+1)\}$.

Dazu genügt es aufgrund der Zerlegungsregel für Verzweigungen und der folgenden Hilfsregel zu zeigen:

(2') $\{I_2(a,b,n,j,k),$

$b_k \nleqq^* b_{k+1}\}$

$(b_k,b_{k+1}):=(b_{k+1},b_k)$

$\{I_2(a,b,n,j,k+1)\}$.

(2") $I_2(a,b,n,j,k),$

$b_k \leqq^* b_{k+1}$

==>

$I_2(a,b,n,j,k+1)$.

(Beide diese Aussagen wurden auf S.93 bewiesen).

<u>Hilfsregel für die "leere" Anweisung:</u>

Um

(1) $\{E\}$ $\{A\}$

"leere" Anweisung

zu beweisen, genügt es,

(2) E ==> A

zu beweisen.

Beweiszerlegung für for-Schleifen:

Um

(1) {E}
P
for $x:=t_1$ to t_2 do Q endfor
R
{A}

zu beweisen, wo

P,O,R Programme sind und t_1,t_2 Terme und

die Belegung von x sowie aller Variablen, die in t_2 frei vorkommen, in Q nicht geändert wird,

genügt es, eine Aussage I ("Schleifeninvariante") zu suchen, für die man folgendes beweisen kann:

(2') {E} P {I'}
(I' entsteht aus I durch Ersetzen von x durch t_1),

(2") {I $x \leq t_2$} Q {I"}
(I" entsteht aus I durch Ersetzen von x durch x+1),

(2"') {I"'} R {A}
(I"' entsteht aus I durch Ersetzen von x durch (t_2+1))

(Daß die Belegung einer Variablen in einem Programm nicht geändert wird, ist z.B. garantiert, wenn die betreffende Variable in dem Programm weder auf der linken Seite einer Zuweisung noch als Ausgabe- oder Übergangsparameter in einem Prozeduraufruf vorkommt.)

Beispiel (Vgl. Fallstudie "Sortieren" S.87):

Zu zeigen:

```
(1)  {}
     (b,n):=(a,L(a))
     for j:=1 to n-1 do
           Maximum (b,j)
     {b sortiert, b≈a}.
```

Gemäß der obigen Regel müssen wir eine geeignete Schleifeninvariante suchen. Stelle dazu folgende Frage:

"Welche Bedingung müssen die Belegungen der im Programm vorkommenden Variablen erfüllen jedesmal, wenn das Programm zum Punkt nach der Wertzuweisung an die Laufvariable kommt".

Die Idee für eine geeignete Schleifeninvariante I bekommt man, indem man die Entwurfsidee präzisiert, die zum Einsatz der for-Schleife geführt hat.

In unserem Beispiel betrachte die Zeichnung auf S.87! Das führt zur Schleifeninvariante I_1. Es genügt also jetzt, wenn wir folgendes beweisen können:

(2') {}
(b,n):=(a,L(a))
{I_1(a,b,n,1)}

(d.h. unter Verwendung der Zerlegungsregel für Wertzuweisungen ist nur zu zeigen:
I_1(a,a,L(a),1)).

(2") {I_1(a,b,n,j) $j \leq n-1$}
Maximum(b,j)
{I_1(a,b,n,j+1)}

(2"') {I_1(a,b,n,n)}
{b sortiert, $b \ast a$}.

(d.h. unter Verwendung der Hilfsregel für die "leere" Anweisung ist nur mehr zu zeigen:
I_1(a,b,n,n) ==> (b sortiert, $b \ast a$).)

(Die Beweise dieser drei Behauptungen wurden auf den Seiten 87 ff. durchgeführt.)

Man beginne immer mit dem Beweis von (2"'), denn das entspricht auch dem natürlichen Vorgang zur Gewinnung einer Entwurfsidee (und damit einer Idee für die Schleifeninvariante): "Wenn wir eine for-Schleife als wesentlichen Teil des Programmvorschlags nehmen: Was müßte dann am Ende der for-Schleife gelten, damit man daraus A garantieren kann?".

Beweiszerlegung für <u>while</u>-Schleifen:

Während die bisherigen Anweisungen terminierend waren, sobald die einzelnen Teilprogramme der Anweisungen terminierend waren, kann es bei der <u>while</u>-Schleife passieren, daß sie nicht terminiert, auch wenn die einzelnen Teilprogramme terminieren. Deshalb muß man ein zusätzliches Werkzeug zur Verfügung stellen, mit dem man die Korrektheit einschließlich der Termination garantieren kann. Eine Möglichkeit ist folgende: Man schaut, ob man mit Hilfe der Variablen, die sich in der <u>while</u>-Schleife ändern, einen Term zusammenbauen kann,

> dessen Wert immer eine natürliche Zahl bleibt (ganz gleich, wie oft die Schleife durchlaufen wird), und
> dessen Wert sich aber bei jedem Schleifendurchgang echt erniedrigt.

Wenn man so einen Term angeben kann, ist es klar, daß die <u>while</u>-Schleife nach endlich vielen Schritten verlassen werden muß. (Eine allgemeinere Methode werden wir später angeben.) In Kombination mit dieser Terminationsüberlegung ergibt sich folgende Regel:

Um

(1) {E}
P
<u>while</u> B <u>do</u> Q <u>endwhile</u>
R
{A}

zu beweisen, wo

P,Q,R Programme sind und B eine Aussage ist,

genügt es, eine Aussage I ("<u>Schleifeninvariante</u>") und einen Term t ("<u>Terminationsterm</u>") zu suchen, für die man folgendes beweisen kann:

(2') {E} P {I},

(2") $I \wedge B \implies t \in \mathbf{N}$,

(2"') $\{I \wedge B \wedge t=T\}$ Q $\{I \wedge t<T\}$ (Hier muß T eine neue Variable sein),

(2"") $\{I \wedge \neg B\}$ R {A}.

Überlege genau, warum (2") wichtig ist.

<u>Beispiel:</u> siehe nachfolgendes Beispiel einer gesamten Programmverifikation.

Beweiszerlegung für zusammengesetzte Programme:

Um

(1) $\{E\}$ begin $P_1;\ldots;P_k$ end $\{A\}$

zu beweisen, wo

$P_1,\ldots,P_k$ Programme sind,

genügt es, Zwischenbehauptungen $B_1,\ldots,B_{k-1}$ anzugeben, für die man folgendes beweisen kann:

(2') $\{E\}$ P_1 $\{B_1\}$,

(2") $\{B_1\}$ P_2 $\{B_2\}$,

⋮

$2^{(k)}$ $\{B_{k-1}\}$ P_k $\{B_k\}$.

Die Spezialfälle zusammengesetzter Anweisungen, wo nur Wertzuweisungen und Verzweigungen hintereinander ausgeführt werden,sowie Zusammensetzungen von Anweisungen, unter denen nur eine for- oder while-Schleife vorkommt, werden mit den vorher angegebenen Regeln behandelt bzw. mit der Technik der Zerlegung in Pfade (siehe S.139). Die obige Regel tritt in Aktion, wenn Zusammensetzungen mehrerer Schleifen hintereinander oder Zusammensetzungen von Prozeduraufrufen, Wertzuweisungen und Schleifen hintereinander zu behandeln sind.

BEISPIEL EINER PROGRAMMVERIFIKATION: EUKLID'SCHER ALGORITHMUS.

Wir betrachten folgendes

Problem: Bestimmung des größten gemeinsamten Teilers von zwei natürlichen Zahlen.

Eingaben: m,n.
Ausgabe: z.
Eingabebedingung: $m\neq 0$ oder $n\neq 0$.
Ausgabebedingung: $z = GGT(m,n)$.

(Zur Definition des größten gemeinsamen Teilers GGT(m,n) siehe S.60. Alle Variablen in diesem Beispiel gehen über $\mathbb{N}_0$).

Folgendes mathematische Wissen (das man zuerst an Beispielen beobachtet und dann allgemein beweist) gibt eine

Idee für ein Lösungsverfahren:

(W1) $r \neq 0$ ==> GGT(z,r) = GGT(r,Rest(z,r)).

Das Problem, GGT(z,r) zu bestimmen, kann man also zurückführen auf das "einfachere Problem", GGT(z,Rest(z,r)) zu bestimmen. Inwieweit ist dieses Problem "einfacher"? Antwort: Die Eingaben für das Problem sind "kleiner" geworden, genauer

(W2) $r \neq 0$ ==> Rest(z,r)<r.

Aus (W1) ergibt sich also folgender, noch unpräzise Gedanke:

Führe das Problem durch fortgesetzte Division mit Restbildung auf immer einfachere Probleme zurück (Gedanke für den Einsatz einer <u>for</u>-Schleife, (W1) liefert den Gedanken für die zugehörige Schleifeninvariante).

Wegen (W2) werden die Reste immer kleiner. Das kann höchstens so weit gehen, bis ein Rest 0 wird. (Gedanke für ein Abbruchkriterium und einen Terminationsterm).

Vorschlag für ein Programm ("Euklid'scher Algorithmus), eine Schleifeninvariante und einen Terminationsterm:

```
   (z,r) := (m,n)
(1)
   while r≠0 do
         (z,r) := (r,Rest(z,r)).
```

Schleifeninvariante bei (1):

GGT(z,r) = GGT(m,n),
$z \neq 0$ oder $r \neq 0$.

Terminationsterm:
r.

(Daß man in der Schleifeninvariante auch die Bedingung ($z \neq 0$ oder $r \neq 0$) braucht, wird man wahrscheinlich zunächst nicht bemerken. Die Notwendigkeit solcher "zweitrangiger" Bedingungen entdeckt man meist bei dem Versuch, den Beweis im Detail durchzuführen.)

Um zu beweisen, daß der Euklid'sche Algortihmus korrekt ist (in bezug auf die bei der Problemstellung angegebenen Ein- und Ausgabebedingungen), ist es gemäß der Zerlegungsregel für while-Schleifen ausreichend, wenn man folgende drei Behauptungen zeigt:

(2') $m \neq 0$ oder $n \neq 0$ ==>
$GGT(m,n) = GGT(m,n)$, $m \neq 0$ oder $n \neq 0$.

(Wir haben gleich die Zerlegungsregel für Wertzuweisungen mitverwendet),

(2") $GGT(z,r) = GGT(m,n)$, ($z \neq 0$ oder $r \neq 0$), $r \neq 0$ ==> $r \in \mathbf{N}$,

(2"') $GGT(z,r) = GGT(m,n)$,
$z \neq 0$ oder $r \neq 0$,
$r \neq 0$,
$r = T$

==>

$GGT(r, Rest(z,r)) = GGT(m,n)$,
$r \neq 0$ oder $Rest(z,r) \neq 0$,
$Rest(z,r) < T$

(Zerlegungsregel für Wertzuweisungen gleich mitverwendet!).

(2"") $GGT(z,r) = GGT(m,n)$,
$z \neq 0$ oder $r \neq 0$,
$r = 0$

==>

$z = GGT(m,n)$.

(Hilfsregel für leere Anweisung gleich mitverwendet!).

Wir können uns jetzt mit jedem Beweisproblem für sich beschäftigen: Wir beginnen wieder bei (2"") (vgl. Bemerkungen S.134):

Unter den in (2"") gemachten Voraussetzungen gilt:

$$z \underset{\substack{\uparrow \\ r=0,\, z\neq 0}}{=} GGT(z,r) = GGT(m,n).$$

vgl. S. 60)

Dann beweisen wir (2"'): Das ist eine unmittelbare Folge von (W1) und (W2).

(2') und (2") sind klar.

DIE AUFSPALTUNG VON PROGRAMMEN IN "PFADE"

Um

(1) {E} S {A}

zu beweisen, wo

S ein Programm ist, das nur aus Wertzuweisungen und Verzweigungen besteht,

kann man, anstatt die Zerlegungsregel für Wertzuweisungen und Verzweigungen wiederholt anzuwenden, das Programm S gleich in die verschiedenen möglichen "Pfade" $S_1,\ldots,S_k$ zerlegen und für jeden einzelnen Pfad S_i

(2) $\{E \wedge B_i\}\ S_i\ \{A\}$

beweisen, wobei

B_i die Bedingung an die Variablen ist, "unter welcher der Pfade S_i beschritten wird"

(i=1,...,k). (Die einzelnen Beweise (2) können dann mit der Zerlegungsregel für Wertzuweisungen behandelt werden).Wie man diese Pfade S_i und die Bedingungen B_i erhält, zeigen wir an einem Beispiel.

Beispiel:

```
x := x+1
if x ≤ n
   then x := x+1
        if x ≤ n
        then z := 0
        else z := 1
   else x := x-1
        if x = n
        then z := 2
        else z := 3.
```

Die einzelnen Pfade mit zugehörigen Bedingungen, unter denen sie beschritten werden, lauten:

Bedingung	$x+1 \leqq n$ $x+2 \leqq n$	$x+1 \leqq n$ $x+2 \nleqq n$	$x+1 \nleqq n$ $x=n$	$x+1 \nleqq n$ $x \neq n$
Pfad	x:=x+1 x:=x+1 z:=0	x:=x+1 x:=x+1 z:=1	x:=x+1 x:=x-1 z:=2	x:=x+1 x:=x-1 z:=3

Man kann diese Bedingungen auch in der äquivalenten Form $x \leqq n-2$, $x=n-1$, $x=n$ bzw. $x>n$ geben.

Der Vorgang der Erstellung der Pfade S_i und der Bedingungen B_i ist wieder ein ganz automatischer Prozeß (vgl. S.129).

BEWEISE VON PROGRAMMEN MIT AUFRUFEN VON FUNKTIONSPROZEDUREN

Sei

<u>function</u> $f_1,\ldots,f_m(x_1,\ldots,x_k)$:

Eingaben: $x_1,\ldots,x_k$.
Ausgaben: $y_1,\ldots y_m$.
S.

die Vereinbarung einer Funktionsprozedur (vgl. S.71). Wenn man dann

(2) {E} S {P}

(E enthält die freien Variablen $x_1,\ldots x_k$)
P enthält die freien Variablen $x_1,\ldots,x_k,y_1,\ldots,y_m$)

bewiesen hat, dann kann man in den Verifikationen von Programmen, die die Funktionskonstanten $f_1,\ldots,f_m$ in Termen verwenden, folgende Aussage als gültig voraussetzen:

(1) E ==> P',

wobei P' aus P dadurch entsteht, daß man die Variablen $y_1,\ldots y_m$ durch die Terme $f_1(x_1,\ldots,x_k),\ldots,f_m(x_1,\ldots,x_k)$ ersetzt.

Beispiel:

Die Funktion Rest, die wir im Euklid'schen Algorithmus aufgerufen haben, könnte man zusammen mit der Funktion, die den Quotienten bildet, wie folgt durch ein Programm beschreiben (relativ zur Grundoperation "Subtraktion"):

```
function  Quotient, Rest(x,y):
Eingaben: x,y
Ausgaben: q,r
      (q,r) := (0,x)
      while r≥y do
            (q,r) := (q+1,r-y)
```

(Laufbereich aller Variablen: $\mathbf{N}_0$).

Für den Beweis von (W1) und (W2) benötigt man folgende elementare Eigenschaften der Funktion Quotient und Rest:

(1) $y \neq 0 \implies x = \text{Quotient}(x,y) . y + \text{Rest}(x,y)$,
$\text{Rest}(x,y) < y$.

Um das zu beweisen, müssen wir gemäß obiger Regel folgendes beweisen:

(2)
```
      {y ≠ 0}
      (q,r) := (0,x)
      while r≥y do ...
      {x = q.y+r, r<y}.
```

(2) ist richtig: Verwende die Schleifeninvariante

$x = q.y+r,\ y \neq 0$

und den Terminationsterm

r.

BEMERKUNGEN ZUR METHODE

Was sind die kreativen Schritte bei Anwendung der Methode?

Der kreative Teil an der Methode der induktiven Behauptungen ist

1. die Angabe geeigneter Schleifeninvarianten und Terminationsterme,
2. der Beweis der Invarianten.

Die Zerlegung der Beweise in Teilbeweise ist bei Kenntnis der Schleifeninvarianten (bzw. der "Zwischenbehauptungen" bei zusammengesetzten Anweisungen) ein routinemäßiger Vorgang.

Die Idee der Schleifeninvarianten ist meist im wesentlichen identisch mit der Entwurfsidee, in welcher irgendein mathematisches Wissen über den betrachteten Gegenstandsbereich verwertet wird nach dem Grundsatz:

mathematisches Wissen	⟶	Möglichkeit für die algorithmische Behandlung eines Problems,
mehr mathematisches Wissen	⟶	besserer Algorithmus.

Die Idee für brauchbares mathematisches Wissen bekommt man aus der Betrachtung von Beispielen (in möglichst anschaulicher, angreifbarer, übersichtlicher Form), ebenso die Ideen für einen allgemeinen Beweis eines vermuteten Wissens.

Die lückenlose Durchführung von Beweisen bei vorhandener Beweisidee ist wieder eine Routine, die man lernen kann (siehe spätere Kapitel).

Ursachen für das Mißlingen einer Programmverifikation:

Wenn die allgemeine Verifikation eines Programmes nicht gelingt, kann

das Programm nicht korrekt sein,
die Schleifeninvarianten zu wenig aussagekräftig sein,
der Beweis einen Fehler haben,
das verfügbare mathematische Wissen zu gering sein.

Meist liefert ein mißlungener Korrektheitsbeweis

einen sehr genauen Hinweis auf die notwendigen Programmkorrekturen,
einen Hinweis auf weitere Präzisierungen der Schleifeninvarianten,
auf jeden Fall eine Menge Einsicht in das Problem und seine Lösung (z.B. Hinweise auf bessere Lösungen).

Durchführung von Korrektheitsüberlegungen im Kopf

In den meisten Programmen sind fast alle Teilbeweise, die geführt werden müssen, so einfach, daß man sie "im Kopf" mit einigen Hilfsnotizen machen kann. Da das Zerlegen des gesamten Korrektheitsbeweises in Teilbeweise (die Feststellung dessen, was man alles beweisen muß) ohnedies eine Routinesache ist, die man oft ebenfalls im Kopf machen kann, reduziert sich die Methode der induktiven Behauptungen für einfache Programme auf eine systematische Ordnung der Gedanken, die man beim Entwurf eines Programmes ohnedies in der einen oder anderen (meist jedoch lückenhaften Form) durchführt.

ÜBUNGEN UND ERGÄNZUNGEN:

1. Übung (Standardmodell, Wiederholung von Schulstoff):

Stelle unter Verwendung der Schullehrbücher in übersichtlicher Form die wichtigsten Eigenschaften der "Standardmodelle" **N**, **Z**, **Q**, **R** (verschiedene "Zahlbereiche") zusammen: Zähle für jeden dieser Bereiche die Grundfunktionen und -prädikate und mit deren Hilfe definierte weitere wichtige Funktionen und Prädikate auf und formuliere ihre wichtigsten Eigenschaften. Erkläre die Eigenschaften an Zahlenbeispielen.

Beispiel:

Grundbereich $\mathbf{N}_0$ (natürliche Zahlen einschließlich 0).

Grundfunktionen: $+: \mathbf{N}_0 \times \mathbf{N}_0 \longrightarrow \mathbf{N}_0$ (Addition),

$.: \mathbf{N}_0 \times \mathbf{N}_0 \longrightarrow \mathbf{N}_0$ (Multiplikation).

Grundprädikate: $< \subseteq \mathbf{N}_0 \times \mathbf{N}_0$ (Kleinerbeziehung).

Definitionen von darauf aufbauenden Begriffen:

$x \leq y \;:\Longleftrightarrow\; x<y \vee x=y$

⋮

($>$, $\geq$, Potenzieren, Quotient und Rest bei ganzstelliger Division, Prädikat "teilt", GGT, KGV, Prädikat "prim").

Eigenschaften dieser Funktionen und Prädikate:

$x+y=y+x$ (Kommutativität der Addition),

⋮

$x \leq x$ (Reflexivität von $\leq$),

⋮

$\bigwedge_{\substack{x,y \\ y \neq 0}} \bigvee^{!}_{q,r} (x=q.y+r,\ 0 \leq r<y)$ (eindeutige Existenz von Quotient und Rest)

$x|y, y|z \implies x|z$

⋮

Zur Beschreibung welcher Realitäten sind die Standardmodelle **N** und **Z** bzw. **Q** und **R** geeignet (Beispiele und Erklärung des Unterschieds zwischen "diskret" und "kontinuierlich")? Bei der Zusammenstellung der Eigenschaften von **Q** gib insbesondere die Regeln für das Bruchrechnen an. Gib ein Beispiel einer kontinuierlichen Realität, die sich mit Objekten aus **Q** nicht beschreiben läßt (Hinweis: Diagonale eines Quadrats mit der Seitenlänge 1. Notwendigkeit der Erweiterung des Zahlenbereichs durch die reellen Zahlen). Über **R** betrachte in der obigen Zusammenstellung außer den Grundfunktionen +,-,.,: die Funktionen Absolutbetrag, größtes und kleinstes Ganzes ("floor" und "ceiling"), x-te Wurzel aus y, Exponentialfunktion, Logarithmus zu verschiedenen Basen.

2. Übung (Beschreibung von Realitäten durch Standardmodelle, Wiederholung von Schulstoff):

Stelle unter Verwendung der Schullehrbücher in übersichtlicher Form zusammen, in welcher Weise man geometrische Situationen in der Ebene und im Raum durch Paare und Tripel reeller Zahlen und durch Mengen solcher Paare und Tripel darstellen kann (kartesisches Koordinatensystem, Grundgedanke der analytischen Geometrie). Gib für wichtige geometrische Gebilde (Gerade, Kreise, andere spezielle Kurven, spezielle Gebiete in der Ebene und im Raum) die Mengen, die sie beschreiben. Gib andererseits die Darstellung spezieller Funktionen (lineare Funktionen, Polynomfunktionen, Potenzfunktionen, Wurzelfunktionen, Exponentialfunktion, Logarithmus im kartesischen Koordinatensystem).

3. Übung (das Standardmodell Menge, Wiederholung von Schulstoff):

Stelle in übersichtlicher Form wichtige Eigenschaften der Grundfunktionen und -prädikate der Mengenlehre zusammen, z.B.

$M \subseteq N,\ N \subseteq M \implies M=N,$

$M \times N = \emptyset \iff M=\emptyset \vee M=\emptyset,$

$M \cup N = N \cup M,\quad M \cap N = N \cap M$ (Kommutativgesetze),

$\overline{M \cup N} = \overline{M} \cap \overline{N},\quad \overline{M \cap N} = \overline{M} \cup \overline{N}$ (de Morgan-Gesetze),

usw.

Überprüfe diese Eigenschaften an Beispielen. Fasse die Aussage "$z \in M$" als Beschreibung folgender Situation auf:

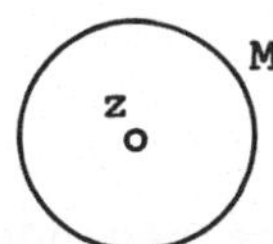

M beschreibt also einen eingefaßten Bereich auf einem Blatt Papier und z einen einzelnen Punkt. "$z \in M$" beschreibt die Tatsache, daß "der Punkt z im Bereich M" liegt. Überlege die Gültigkeit der zusammengestellten Eigenschaften so weit wie möglich für diese Interpretation der Enthaltensbeziehung (Venn-Diagramme).

4. Übung (Routine im Umgang mit den Begriffen der Mengenlehre):

Gegeben sind die Objekte A,a,1,2,+, von denen wir wissen

$A = a,\ a \neq 1,\ A \neq 2,\ 1 \neq 2,\ + \neq 2,\ + \neq 1,\ + \neq a.$

Weiters sei

$M = \{A,1,2\},\ N = \{a,A\},\ P = \{1,2,+\},\ R = \{M,N,P\},\ S = \{\{M,N\},P\}.$

Entscheide, welche der folgenden Aussagen gelten bzw. nicht gelten, bzw. überlege, welches zusätzliche Wissen noch notwendig wäre, um die Gültigkeit der jeweiligen Aussage zu entscheiden:

a) $M \cup N = M,$

b) $M - P = N$

c) $P \cup N \subseteq M$

d) $\bigcap R \subseteq S$

e) $\bigcup R - \{+\} = M,$

f) $\bigcup (R - \{+\}) = M,$

g) $S \subsetneq \mathrm{Pot}(R),$

h) $S - R \subseteq \mathrm{Pot}(\bigcup (R \cup S)).$

Gib die Elemente der folgenden Mengen explizit an:

a) $\mathrm{Pot}(N),$

b) $R \cap \mathrm{Pot}(M),$

c) $S \cap \mathrm{Pot}(M),$

d) $\mathrm{Pot}(S) - \mathrm{Pot}(R),$

e) $\bigcup S - R,$

f) $M \times N - N \times M.$

<u>5. Übung</u> (Routine im Umgang mit den Begriffen der Mengenlehre):

Wir definieren folgende Mengen:

$Q := \{x^2 : x \in \mathbb{N}\}$,

$P := \{x \quad \mathbb{N} : \bigwedge_z (z | x \implies z = 1 \vee z = x)\}$,

$R := \{2x-1 : x \in \mathbb{N}\}$,

$S := \{x^2 : x \in R\}$,

$T_n := \{x \in \mathbb{N} : x | n\}$,

$U := \{(s,t^2) : s \in \mathbb{N}_3, t \in R \cap \mathbb{N}_5\}$.

Entscheide, ob die folgenden Aussagen gelten oder nicht gelten und begründe dies:

a) $S \subseteq R$, b) $P \subseteq R$, c) $Q \cap P = \emptyset$, d) $S = R \cap Q$.

Gib die folgenden Mengen explizit an:

a) $Q \cap T_{360}$, b) $P \cap T_{360}$, c) $(R \times S) \cap U$, d) $U - (T_6 \times P)$.

<u>6. Übung</u> (Wiederholung von Schulstoff):

Stelle unter Verwendung der Schulbücher verschiedene Darstellungsmöglichkeiten für (endliche) Relationen und Funktionen zusammen, z.B. für Relationen $R \subseteq M \times N$.

a)

$z = (x,y) \in R$ entspricht Punkte von N

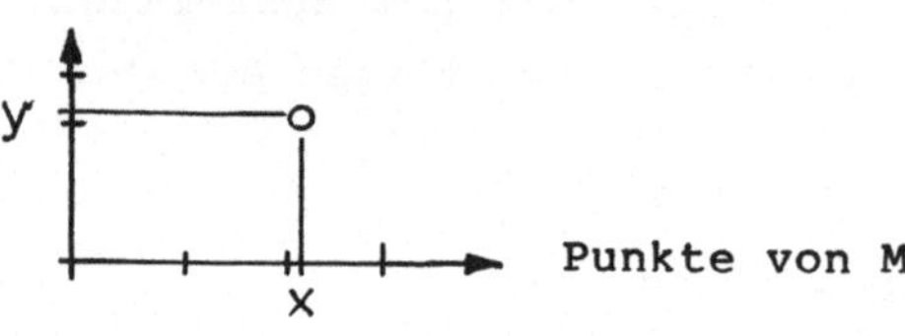

b)

$(x,y) \in R$ entspricht $A(x,y) = 1$

$(x,y) \notin R$ entspricht $A(x,y) = 0$

(A ist eine "<u>boole'sche Matrix</u>", $A: M \times N \longrightarrow \{0,1\}$)

c)

$(x,y) \in R$ entspricht

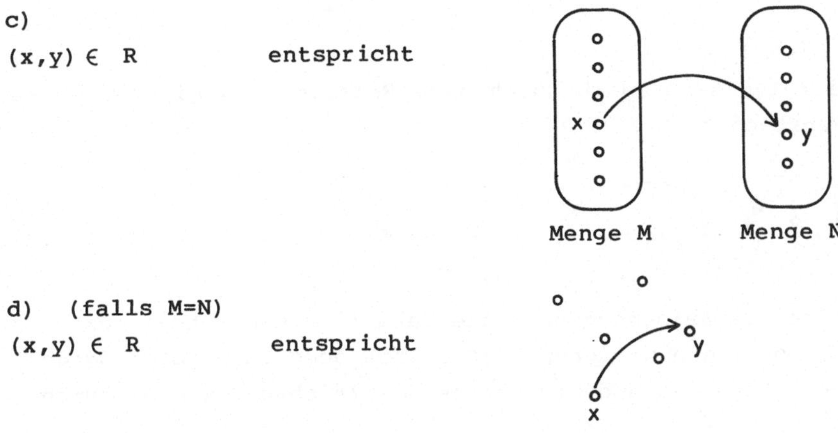

d) (falls M=N)

$(x,y) \in R$ entspricht

x
y
Menge M

Gib Beispiele solcher Darstellungen für Relationen und Funktionen.

Wie spiegelt sich die Eigenschaft, Funktion zu sein, in den einzelnen Darstellungsarten wider?

7. Übung (Routine im Umgang mit den Begriffen der Mengenlehre):

Seien A,B,C,D,E,F voneinander verschiedene Objekte, die keine natürlichen Zahlen sind. Sei außerdem:

$X := \{A,B,D,E\}$,

$Y := \{C,D,F\}$,

$Z := \{1,2,3\}$,

$F := \{(A,1),(B,2),(A,3)\}$,

$R := \{(A,2),(B,2),(E,2),(D,1)\}$,

$S := \{(C,3),(F,2),(D,1)\}$.

Stelle F,R und S graphisch auf mindestens 2 Arten dar.

Welche der folgenden Aussagen gelten und warum:

$F : \{A,B\} \longrightarrow Z$.

$R : X \longrightarrow Z$.

F ist Relation zwischen X und Z.

$F - \{(A,3)\} : X \xrightarrow{\text{part.}} Z$.

8. Übung:

Beschreibe die folgende Graphik durch eine Relation und gib an, ob es sich um eine Funktion handelt:

a)

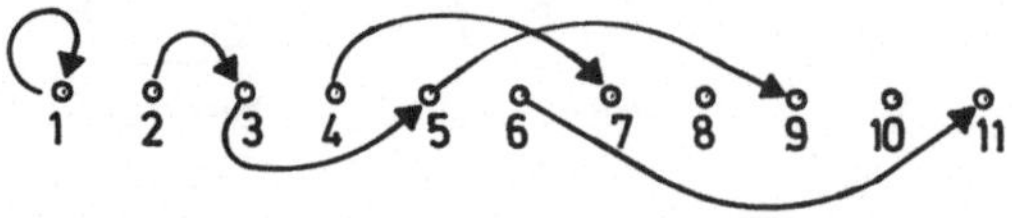

b) Man denke sich die Zeichnung über die Zahl 11 hinaus unbegrenzt fortgesetzt, wobei die weiteren Pfeile nach demselben "Bildungsgesetz" eingesetzt werden und beschreibe die Zeichnung wieder durch eine Relation.

9. Übung (Routine im Umgang mit den Begriffen der Mengenlehre):

Wir definieren folgende Funktionen für $x,y \in \mathbf{N}$:

$$f_y := (\lambda x \in \mathbf{N})(2x+y),$$
$$g_x := (\lambda y \in \mathbf{N})(2x+y),$$
$$h := (\lambda x \in \mathbf{N},\ y \in \mathbf{N})(2x+y).$$

Gib die Funktionen in der Schreibweise $f\colon N \longrightarrow M$ an.
$x \longmapsto t$

Welche der folgenden Aussagen gelten für alle $x,y \in \mathbf{N}$:

$h(x,y) = f_x(y)$, $h(x,y) = f_y(x)$, $h(x,y) = h(y,x)$, $f_x(y) = f_y(x)$, $f_y(x) = g_x(y)$.

(Vor dem Einsetzen allenfalls gebundene Variable umbenennen!).

10. Übung (Beschreibung von Realitäten mit Begriffen der Mengenlehre):

Beschreibe den Begriff des Wortes über einem Alphabet und die Operation des Zusammenhängens ("Konkatenierens") von Wörtern mit Hilfe des Begriffs der Folge (Hinweis: Als Alphabete lassen wir beliebige (endliche) Mengen von Gegenständen zu, die wir in diesem Zusammenhang "Symbole", Zeichen o.ä. nennen. Ein Wort ist dann eine endliche Folge von Zeichen. Seien v und w Wörter über einem bestimmten Alphabet: das durch Konkatenieren aus v und w entstehende Wort c(v,w) ist so, daß es an den

Stellen 1 bis Länge von v die Symbole von v und an den Stellen (Länge von v) + 1 bis (Länge von v + Länge von w) die Symbole von w stehen hat. Definiere auch ein <u>leeres Wort</u> e der Länge 0. Für c(v,w) schreibt man oft auch vw).

Überlege für die so definierten Begriffe, daß

$$c(c(u,v),w) = c(u,c(v,w)),$$
$$c(e,v) = c(v,e) = v.$$

Definiere für beliebige Mengen M die Menge M* aller Wörter über M und definiere für beliebige Wortmengen die Relation "das Wort v kommt <u>lexikographisch</u> vor dem Wort w" (Dazu muß man das Vorhandensein einer linearen Ordnung zwischen den einzelnen Symbolen aus M voraussetzen). Überlege, daß die so definierte Beziehung "kommt lexikographisch vor" alle Eigenschaften einer "linearen Ordnung" hat (vgl. S.101). Analysiere die sprachliche Struktur der angegebenen Definitionen.

<u>11. Übung</u> (Standardmodelle, Wiederholung von Schulstoff):

Aus der Menge **R** der reellen Zahlen kann man wie folgt die Menge der <u>komplexen Zahlen</u> **C** bilden:

$$\mathbf{C} := (\mathbf{R} \times \mathbf{R}),$$

für welche man die folgenden arithmetischen Operationen definiert:

$$(a,b) \oplus (c,d) := (a+c, b+d),$$
$$(a,b) \ominus (c,d) := (a-c, b-d),$$
$$(a,b) \odot (c,d) := (ac-bd, bc+ad),$$
$$(a,b) \oslash (c,d) := \left(\frac{ac+bd}{c^2+d^2}, \frac{bc-ad}{c^2+d^2}\right) \quad (\text{für } (c,d) \neq (0,0)).$$

C zusammen mit den neuen Operationen $\oplus$, $\ominus$, $\odot$, $\oslash$ bildet ein Standardmodell, das für verschiedene Zwecke als Beschreibungsmittel nützlich ist.

Zeige, daß $(a,0) \oplus (b,0) = (a+b,0)$ und analog für $-$, $\cdot$, $:$.
Die Paare (a,0) mit $a \in \mathbf{R}$ bilden also einen <u>Teilbereich von</u> **C**, auf welchem die neuen Operationen $\oplus$ etc. "im wesentlichen" mit den alten Operationen + etc. zusammenfallen ("Isomorphie"). Man schreibt deshalb für $\oplus$ etc. auch einfach wieder + etc. und für (a,0) einfach a.

Zeige, daß in **C** folgendes Problem eine Lösung hat:

gesucht $x \in \mathbf{C}$, sodaß $x^2+1 = 0$.

(Hinweis: Mögliche Lösungen x:= (0,1) bzw. x:= (0,-1). Rechne ausführlich z.B. (0,1).(0,1)+(1,0) = ?, wir definieren i := (0,1), die "imaginäre Einheit").

Zeige, daß (a,b) = (a+b.i).
(Hinweis: Zu zeigen ist (a,b) = (a,0)+(b,0).(o,1). Wegen dieser Gleichung kann man alle komplexen Zahlen in der Gestalt a+b.i erhalten mit $a,b \in \mathbf{R}$.)

Definiere (unter Verwendung der Schulbücher) die Begriffe Realteil, Imaginärteil und Absolutbetrag einer komplexen Zahl und stelle eine Liste von Eigenschaften der arithmetischen Operationen über **C** und des Absolutbetrages zusammen. Überprüfe diese Eigenschaften an Beispielen und zeige sie allgemein. Berechne

$$(3+i).\frac{i}{2}, \quad \frac{(5+3i).(-1+2i)}{(1+2i)}$$

(Hinweis: Verwende die zusammengestellten Rechengesetze und die Eigenschaft: $i^2 = -1$).

12. Übung (Verstehen von Definitionen mit Begriffen der Mengenlehre):

Für Matrizen über **R** (bzw. andere Zahlenbereiche) definiert man die folgenden Operationen (deren Nutzen zur Beschreibung verschiedener "linearer" Realitäten später klar werden wird, vgl. z.B. die Gewinnfunktion auf S. 16).

Seien A,B (m,n)-Matrizen über **R** und $c \in \mathbf{R}$:

$$A+B : \mathbf{N}_m \times N_n \longrightarrow \mathbf{R}$$
$$(i,j) \longrightarrow (A_{i,j} + B_{i,j})$$

(lies: "die Summe von A und B"),

$$c.A : \mathbf{N}_m \times \mathbf{N}_n \longrightarrow \mathbf{R}$$
$$(i,j) \longrightarrow (c.A_{i,j})$$

(lies: "das Produkt des Skalars c mit A").

Seien A eine (m,n)-Matrix und B eine (n,p)-Matrix:

$$A.B : \mathbf{N}_m \times \mathbf{N}_p \longrightarrow \mathbf{R}$$

$$(i,k) \longrightarrow \sum_{j=1}^{n} (A_{i,j}.B_{j,k})$$

(lies: "das <u>Matrix-Produkt</u> von A und B").

Berechne $\begin{pmatrix} 1 & -1 \\ 2 & 1 \\ 0 & 3 \end{pmatrix} . \begin{pmatrix} 8 & 2 & 0 \\ -1 & 1 & 4 \end{pmatrix} + 7. \begin{pmatrix} 1 & -1 & 2 \\ 1 & 1 & 0 \\ 2 & 1 & -1 \end{pmatrix} = ?$

(Eine (m,n)-Matrix A gibt man meist in der Form

$$\begin{pmatrix} A_{11} & A_{12} & \dots & A_{1n} \\ A_{21} & A_{22} & \dots & A_{2n} \\ \vdots & & & \\ A_{m1} & A_{m2} & \dots & A_{mn} \end{pmatrix}$$

an. Für $A_{1,1}$ schreibt man auch A_{11}, solange es keine Mißverständnisse gibt).

Sei A eine (2,2)-Matrix:

$$|A| := A_{11}.A_{22} - A_{12}.A_{21}$$

(lies: "die <u>Determinante</u> von A").

Merkregel: $\begin{vmatrix} A_{11} & A_{12} \\ A_{21} & A_{22} \end{vmatrix}$ (− ↙, ↘ +)

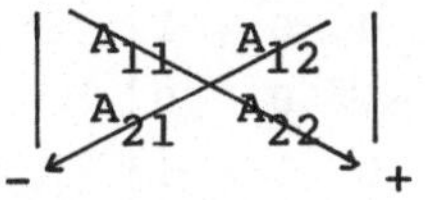

Sei A eine (3,3)-Matrix:

$$|A| := A_{11}.A_{22}.A_{33} + A_{12}.A_{23}.A_{31} + A_{13}.A_{21}.A_{32} - A_{13}.A_{22}.A_{31} - A_{12}.A_{21}.A_{33} - A_{11}.A_{32}.A_{23}$$

Merkregel: $\begin{vmatrix} A_{11} & A_{12} & A_{13} \\ A_{21} & A_{22} & A_{23} \\ A_{31} & A_{32} & A_{33} \end{vmatrix}$ (↘ + ↘ + ↘ +)

$\begin{vmatrix} A_{11} & A_{12} & A_{13} \\ A_{21} & A_{22} & A_{23} \\ A_{31} & A_{32} & A_{33} \end{vmatrix}$ (− ↙ − ↙ − ↙)

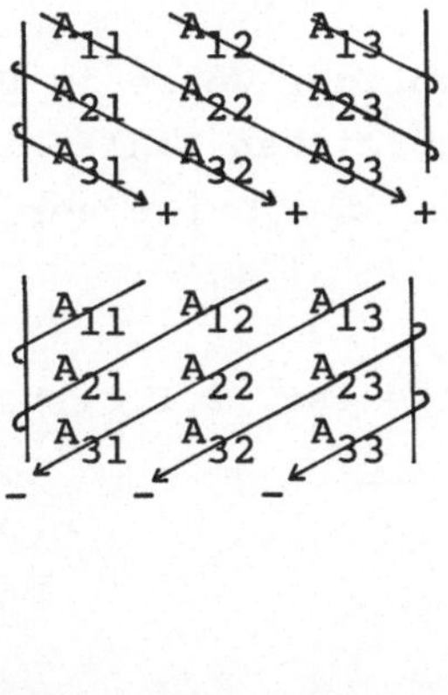

Sei A eine (n,n)-Matrix ($n \geqq 2$):

$$(*) \qquad |A| := \sum_{j=1}^{n} A_{1,j} \cdot K(A,1,j),$$

wobei für $1 \leqq i,j \leqq n$:

$K(A,i,j) := (-1)^{i+j} \cdot |S(A,i,j)|$,

$$S(A,i,j): \mathbf{N}_{n-1} \times \mathbf{N}_{n-1} \longrightarrow \mathbf{R}$$

$$(k,l) \longrightarrow \begin{cases} A_{k,l}, & \text{falls } k<i,\ l<j, \\ A_{k,l+1}, & \text{falls } k<i,\ l \geqq j, \\ A_{k+1,l}, & \text{falls } k \geqq i,\ l<j, \\ A_{k+1,l+1}, & \text{falls } k \geqq i,\ l \geqq j \end{cases}$$

(S(A,i,j) ist die Matrix, die aus A durch "Streichen" der i-ten Zeile und j-ten Spalte entsteht. K(A,i,j) heißt das "<u>algebraische Komplement</u> von $A_{i,k}$").

(Wenn man die Determinante einer (1,1)-Matrix A wie folgt definiert:

$|A_{11}| := A_{11}$ (beachte den Unterschied zum Absolutbetrag!),

dann ist (*) eine "induktive" Definition von A für alle $n \geqq 2$).

Berechne nach obiger Definition

$$|2|, \quad \begin{vmatrix} -3 & 1 \\ -4 & 1 \end{vmatrix}, \quad \begin{vmatrix} 1 & -1 & 0 \\ 0 & 1 & -3 \\ 2 & 1 & -4 \end{vmatrix}, \quad \begin{vmatrix} 1 & 0 & 0 & 1 \\ 2 & -1 & 0 & 0 \\ 1 & 0 & 1 & -1 \\ 2 & 0 & 3 & 0 \end{vmatrix}.$$

<u>13. Übung</u> (Bilden von Definitionen mit dem Begriff der Folge, Wiederholen von Schulstoff):

Jede natürliche Zahl kann in eindeutiger Weise <u>in Primfaktoren zerlegt</u> werden. Man kann deshalb jeder natürlichen Zahl n in eindeutiger Weise die Folge der Exponenten zuordnen, die bei einer Zerlegung von n in Primfaktoren aufscheinen. Z.B.

$84 = 2^2.3^1.5^0.7^1$,

die zugehörige Exponentenfolge ist (2,1,0,1),

Definiere allgemein für $n \leq 2$:

Die Exponentenfolge von n := diejenige Folge : $\mathbf{N}_s \longrightarrow \mathbf{N}_o$,
sodaß ... ,wobei s ...

(Verwende in der Definition die unendliche Folge

$p: \mathbf{N} \longrightarrow \mathbf{N}$

$i \longrightarrow$ i-te Primzahl in aufsteigender Anordnung,

wobei $p_1=2$. Verwende das Produktzeichen).

Stelle GGT(m,n) und KGV(m,n) als Produkt der Gestalt $p_i^{x_i}$ dar, wobei x_i mit Hilfe von E(m) und E(n) ausgedrückt werden sollen ("E(m)" als Abkürzung für "Exponentenfolge von m"). Analysiere die sprachliche Struktur der Definitionen und mache Beispiele für die Anwendung der Definitionen.

14. Übung (Problemanalyse, Bilden von Definitionen mit dem Begriff der Folge, Programmverifikation, Rechnen in verschiedenen Zahlsystemen, Wiederholung von Schulstoff):

Spezifiziere das Problem, für natürliche Zahlen eine Darstellung relativ zu verschiedenen "Basen" zu finden. (Z.B. "Umwandlung" von Dezimaldarstellungen in Binärdarstellungen. Benutze den Begriff der "Folge" zur Spezifikation. Z.B. Vorschlag für eine Problemspezifikation:

Eingabe: z (die darzustellende Zahl),
b ("Basis" des Zahlsystems).
Eingabebedingung: $z \in \mathbf{N}_o$, $b \in \mathbf{N}$, $b \geq 2$.
Ausgabe: a (Ziffernfolge),
l (Wertigkeit der höchsten Stelle).
Ausgabebedingung: $a:\{0,\ldots,l\} \longrightarrow \{0,\ldots,b-1\}$,

$$z = \sum_{i=o}^{l} a_i . b^i .$$

Wo kommt dieses Problem in der praktischen Arbeit des Informatikers vor? Entwickle ein Lösungsverfahren (Verfahren der "sukzessiven Division") aus folgendem Grundgedanken: Z.B 19 hat folgende Darstellung 19

$= 9.2+\underline{1} = (4.2+\underline{1}).2+\underline{1} = \ldots =$

$= ?2^4+?2^3+?2^2+\underline{1}.2^1+\underline{1}.2^o.$

Die beiden letzten unterstrichenen Binärziffern sind bereits nach den ersten zwei Schritten bei der obigen Zerlegung von 19 bekannt. Man erhält sie durch Restbildung bei Division durch 2. Verifiziere das entwickelte Verfahren mit der Methode der induktiven Behauptungen.

(Vorschlag für ein Programm für Eingaben $z \geqq 1$:

```
i:=0
while z≠o do
      (z,a_i) := (Quotient(z,b), Rest(z,b))
      i:=i+1
l:=i-1
```
).

<u>15. Übung</u> (im Stile von Übung 14):

Behandle das Problem, die natürliche Zahl zu finden, die durch eine Ziffernfolge zur Basis b gegeben ist. (D.h. wir suchen bei gegebener Ziffernfolge a die Zahl $z=\Sigma a_i b^i$). Grundgedanke für ein günstiges Verfahren ("<u>Horner-Schema</u>") ist die Beobachtung: $3x^2+2x+1=(3x+2).x+1$).

Bemerkung: Wenn man die Dezimaldarstellung (b=10) einer Zahl in eine Binärdarstellung (b=2) umwandeln will, muß man dann das Verfahren von Übung 14 oder das Verfahren von Übung 15 anwenden? (Hinweis: Analysiere, was als Grundoperationen zur Verfügung steht! Das kann in der jeweiligen Situation ganz verschieden sein: Z.B. bei der Umwandlung von Dezimalzahlen in Binärzahlen beim Einlesen durch den Compiler, oder z.B. beim Umwandeln von Dezimalzahlen in Binärzahlen durch den Operateur bei der Arbeit an der Konsole!).

<u>16. Übung</u> (im Stile von Übung 14):

Behandle das Problem der <u>Addition zweier Zahlen</u> bei gegebener Darstellung der Zahlen <u>zur Basis</u> b. Der Grundgedanke eines Verfahrens ergibt sich aus folgendem Beispiel im Dezimalsystem:

```
  3071
 +9352
 12423
```

1. Schritt: 1+2=3, Übertrag 0.
2. Schritt: (Übertrag 0)+7+5=2, Übertrag 1.
3. Schritt: (Übertrag 1)+0+3=4, Übertrag 0.
4. Schritt: (Übertrag 0)+3+9=2, Übertrag 1
5. Schritt: (Übertrag 1)+0+0=1.

Als vorhandene Grundoperation setzen wir voraus: Das Bilden einer Summenziffer und eines Übertrags aus zwei gegebenen Ziffern und einem Übertrag. (Überlege, warum der Übertrag maximal 1 sein kann!).

<u>17. Übung</u> (im Stile der Übung 14):

Behandle das Problem des <u>Ziehens der Quadratwurzel</u> aus einer natürlichen Zahl (nur Stellen vor dem Komma). Entwickle und verifiziere den aus der Schule bekannten Algorithmus für Zahlen im Dezimalsystem. Inwiefern kann der Algorithmus zur Bestimmung der Quadratwurzel bis zu beliebiger vorgegebener Genauigkeit verwendet werden?

(Vorschlag für eine Problemanalyse:

Eingabe:	a (Ziffernfolge),
	k (Längenparameter).
Eingabebedingung:	$a:\{0,1,\ldots,2k+1\} \longrightarrow \{0,\ldots,9\}$.
Ausgabe:	w (Ziffernfolge).
Ausgabebedingung:	$w:\{0,\ldots,k\} \longrightarrow \{0,\ldots,9\}$,
	$y^2 \leqq x < (y+1)^2$, wobei

$$x = \sum_{i=o}^{2k+1} a_i . 10^i,$$

$$y = \sum_{i=o}^{k} w_i . 10^i.)$$

(Grundgedanke des Verfahrens: Um z.B. y so zu bestimmen, daß $y^2 \leqq 517 < (y+1)^2$, zerlegt man 517 in 5.10^2+17. Man beschäftigt sich zunächst mit dem leichteren ähnlichen Problem, w_1 ($\leqq 9$) so zu bestimmen, daß $w_1^2 \leqq 5 < (w_1+1)^2$. Das geeignete w_1 ist 2.

Es gilt dann

$$517 = 5.10^2+17 =$$
$$= (w_1^2+1).10^2+17 =$$
$$(*) \quad = w_1^2.10^2+117.$$

Gesucht ist jetzt ein w_o ($\leqq q$) mit einem "möglichst kleinen" "Rest" r, sodaß

$$517 = (w_1.10+w_o)^2+r =$$
$$= w_1^2.10^2+2.w_1.10.w_o+w_o^2+r =$$
$$(**) \quad = w_1^2.10^2+(2.10.w_1+w_o).w_o+r.$$

Man sieht durch Vergleich von (*) und (**), daß man Ziffer w_o möglichst groß so wählen muß, daß $(2.10.w_1+w_o).w_o \leqq 117$. Das ist der wesentliche "Schritt" im Algorithmus.

(Vorschlag für eine Formulierung des Algorithmus:

$v := a_{2k+1} . 10 + a_{2k}$

$z := \max_{z \geqq o} z^2 \leqq v$

$d := v - z^2$

$b := z$

$w_k := z$

$i := k$

<u>while</u> i>o <u>do</u>

$i := i-1$

$v := d.100 + a_{2i+1} . 10 + a_{2i}$

$z := \max_{z \geqq o} (2.10.b+z).z \leqq v$

$d := v-(2.10.b+z).z$

$b := b.10+z$

$w_i := z.$

Vergleiche diesen Algorithmus mit dem in Übung 5, S.75 angegebenen Algorithmus und dem folgenden Algorithmus (vergleiche die Problemspezifikation!)

<u>18. Übung</u> (im Stile der Übung 14):

<u>Wurzelziehen</u> bei natürlichen Zahlen: Entwickle einen Algorithmus zur Bestimmung von $[\sqrt{n}]$ für natürliche Zahlen n aus folgender Beobachtung: $1+3+5+...+(2k+1)=(k+1)^2$. (Überprüfe diese Beobachtung an Beispielen, versuche einen allgemeinen Beweis). Um die größte Zahl y mit $y^2 \leqq n$ zu finden, kann man also 1+3+5+... summieren, bis man über n hinauskommt. Verifiziere den entwickelten Algorithmus mit der Methode der induktiven Behauptungen.

Fallstudie: Komplexitätsanalyse

VORGELEGTES PROBLEM: KOMPLEXITÄTSANALYSE EINES SORTIERPROGRAMMS

Das Bubble-Sort-Programm auf S. 98 braucht bei einer Eingabefolge der Länge n insgesamt $\frac{1}{2}$.n.(n-1) Schritte (siehe S.95). Es hat im wesentlichen quadratische Zeitkomplexität. Eine naheliegende Idee zur Verbesserung des Verfahrens ist folgende:

Wenn wir die Prozedur Maximum so gestalten, daß wir uns die Stelle t merken, wo wir beim Vergleich benachbarter Elemente das letzte Mal eine Vertauschung vornehmen mußten, dann können wir bei einem Aufruf von Maximum den rechten sortierten Teil allenfalls gleich um mehr als ein Element verlängern. Insgesamt kommen wir dann allenfalls mit weniger Aufrufen der Prozedur Maximum aus.

Das Ergebnis eines strukturierten Entwurfs nach dieser Idee könnte folgendes Programm sein:

```
procedure  verkürztes Bubble-Sort (a,b):

Eingabe: a ... eine endliche Folge
Ausgabe: b ... eine endliche Folge

          (b,t) := (a,L(a))
   (1)
          while t ≠ 1 do
               schranke := t-1
               t:=1
               for k:= 1 to schranke do
                    if b_k ≰* b_{k+1} then
                         (b_k,b_{k+1}) := (b_{k+1},b_k)
                         t := k
```

(Führe den Entwurf selbst durch oder überlege das Verfahren wenigstens an einem Beispiel. "t=1" ist das Kennzeichen, daß die Folge b "ab der Stelle 1", also insgesamt, sortiert ist. Was wäre eine geeignete Schleifeninvariante an der Stelle (1)? Führe einen Korrektheitsbeweis!)

Die Frage lautet: Wird durch diese Programmänderung das Zeitverhalten des Programms entscheidend verbessert?

PROBLEMANALYSE, MODELLPROBLEM

Die vorgelegte Frage kann, wie jede praktisch auftretende Frage, in verschiedenster Weise verstanden werden: Was ist eine "entscheidende" Verbesserung? Interessieren uns entscheidende Verbesserungen bei einigen speziellen Eingaben, bei allen Eingaben, "im Durchschnitt", etc.? Wenn man z.B. sortierte Eingabefolgen a der Länge n betrachtet, dann ist klar, daß das verkürzte Bubble-Sort-Verfahren nur n Schritte braucht, während das ursprüngliche Verfahren auch hier $\frac{1}{2}\cdot n\cdot(n-1)$ Schritte braucht. Diese Verbesserung könnten wir als "entscheidend" betrachten.

Wenn man die beiden Verfahren aber in Bezug auf ihr Verhalten "bei allen möglichen" Eingabedaten vergleichen möchte, wäre z.B. folgendes "Modell" für die Frage adäquat:

Wir berechnen in Abhängigkeit von Parameter n (Länge der Eingabefolgen) die "durchschnittliche Schrittanzahl", die das neue Programm benötigt, und nehmen diese durchschnittliche Schrittanzahl als Basis für einen Vergleich mit dem ursprünglichen Bubble-Sort-Verfahren. Das Berechnen dieser durchschnittlichen Schrittanzahl ist also das Hauptproblem. Hier ergibt sich die Schwierigkeit, daß es unendlich viele mögliche Eingabefolgen der Länge n gibt, von denen man nicht weiß, "wie oft" jede von ihnen bei der zukünftigen Benutzung des Programms vorkommen wird. Zunächst kann man hier folgendes Wissen ausnutzen: Für zwei Folgen a und a', die in folgendem Sinn "äquivalent" sind, daß

$$a_i \leqq^* a_j \Longleftrightarrow a_i' \leqq^* a_j' \quad (\text{für alle } 1 \leqq i,j \leqq n),$$

benötigt das betrachtete Programm dieselbe Schrittanzahl. (Unter welcher Voraussetzung gilt das?) Durch diese Betrachtung zerfällt die Menge der Folgen der Länge n in endlich viele "Klassen" von untereinander "äquivalenten" Folgen. In jeder Klasse kann man die Folge der Länge n, die genau die Zahlen 1,...,n in so einer Reihenfolge enthält, wie es der Klasse entspricht, als typischen Vertreter ("Repräsentant") herausgreifen. (Solche Folgen der Länge n, die jede der Zahlen 1,...,n genau einmal enthält, nennt man "Permutationen").

Man muß nun sagen, wie häufig bei der zukünftigen Benutzung des Programms die einzelnen Klassen als Eingabefolgen relativ vorkommen. Diese "Häufigkeitsverteilung" hängt ganz von der erwarteten Benutzung ab. (Wie wird diese Verteilung ausschauen, wenn man das Programm z.B. ausschließlich zum Sortieren von Laufzeiten bei einem Schirennen verwendet? Wie wird diese Verteilung dagegen ausschauen, wenn man das Programm zum Sortieren von eingehenden Buchbestellungen in einer Bibliothek verwendet?). Das Ergebnis der Schrittanalyse des Programms wird jedesmal ganz anders sein!

Bei gegebener erwarteter Häufigkeit des Auftretens der einzelnen Klassen kann man die durchschnittliche Schrittzahl dann einfach dadurch ausrechnen, daß man die durchschnittliche Schrittzahl der endlich vielen, die Klassen repräsentierenden Permutationen berechnet.

Wir entscheiden uns hier z.B. dafür, daß wir die durchschnittliche Schrittanzahl unter der Voraussetzung wissen wollen, daß jede Klasse (bzw. jede der möglichen Permutationen) gleich oft als Eingabe vorkommt.

Auf Grund dieser Problemanalyse könnte man vielleicht meinen, daß der zentrale Punkt die Lösung folgenden Bestimmungsproblems sei:

Modellproblem 1:

Eingabe: n.
Ausgabe: z.
Ausgabebedingung: z = D(n).

Definitionen:

$$D(n) := \frac{1}{N} \cdot \sum_{\text{Permutation}(a,n)} S(a),$$

wobei N:=Anzahl der Permutationen der Länge n (=n!).

(Für "D(n)" lies "durchschnittliche Schrittanzahl bei Eingabe der Länge n").

$$\text{Permutation}(a,n) :\Longleftrightarrow a : \mathbf{N}_n \xrightarrow{\text{bijektiv}} \mathbf{N}_n$$

(Lies: "a ist eine Permutation der Länge n").

S(a) := Anzahl der Schritte, die das verkürzte Bubble-Sort-Programm bei der Eingabe a braucht.

Eine Lösung dieses Problems durch Angabe eines Lösungsalgorithmus wäre "im Prinzip" leicht. Die Ausgabebedingung zusammen mit den expliziten Definitionen ist bereits eine Lösung des Problems.

Ein geeigneter Algorithmus wäre in sehr grober Form:

Erzeuge die n! möglichen Permutationen der Länge n,
"miß" für jede solche Permutation a die Schrittanzahl S(a)
(dazu läßt man das verkürzte Bubble-Sort-Programm "unter Kontrolle" eines Schrittzählers laufen),
berechne den Durchschnitt aus den gemessenen Schrittzahlen.

Man sieht, daß das nicht das "eigentliche" Problem ist. Vielmehr geht es darum, daß man einen möglichst übersichtlichen Algorithmus zur Bestimmung der durchschnittlichen Schrittzahl bei gegebener Länge n findet, z.B. in Gestalt eines einfachen Terms der Art
$n.\log n + 3.\ n$ oder ähnliches, sodaß ein Vergleich mit dem Term
$\frac{1}{2}.n.(n-1)$, der das (durchschnittliche) Verhalten des ursprünglichen Bubble-Sort-Programms beschreibt, "leicht" ist.

Das Problem hat also "eigentlich" folgende Struktur:

<u>Modellproblem 2:</u>

Gegeben: (kein freier Parameter).
Gesucht: t,
sodaß t ist ein Term mit einer freien Variablen (n),
t beschreibt die durchschnittliche Schrittanzahl des verkürzten Bubble-Sort-Programms in Abhängigkeit von Parameter n (Länge der Eingabefolgen),
t ist "einfach".

Das Modellproblem 2 ist "eine Schicht höher" als das Problem 1. Wir lösen das zweite Problem, indem wir in einigen Stufen "möglichst übersichtliche" Lösungsverfahren zur Lösung des ersten Problems entwickeln. Freilich kann es sein, daß man eine genügend einfache Gestalt nicht findet. Man muß sich dann allenfalls damit begnügen, daß man eine Term t findet, der die durchschnittliche Schrittanzahl <u>"im Wesentlichen"</u> beschreibt, wobei man dann genau definieren muß, was dieses "im Wesentlichen" heißt.

LÖSUNG DES PROBLEMS

DIE SCHRITTANZAHL IN ABHÄNGIGKEIT VON DEN EXEKUTIONSZAHLEN DER EINZELNEN PROGRAMMTEILE

Wir führen die Bestimmung von S(a) zunächst auf die Bestimmung der Anzahlen, wie oft die einzelnen Anweisungen des Programms bei der Eingabe a ausgeführt werden ("Exekutionszahlen"), zurück und stellen dazu folgende Tabelle auf:

Nr.	Programmteil	Exekutionszahl in Abhängigkeit von a
1	(b,t) := (a,L(a))	1
2	schranke := t-1 t := 1 k := 1	A(a)
3	Abfrage: t=1	A(a)+1
4	Abfrage: $b_k \not\leqq^* b_{k+1}$ k := k+1	C(a)
5	Abfrage: $k \leqq$ schranke	C(a)+A(a)
6	$(b_k, b_{k+1}) := (b_{k+1}, b_k)$ t := k	B(a)

Wenn man den einzelnen Programmteilen "Gewichte" $g_1,\dots,g_6$ gibt, die ausdrücken, wieviele Einzelschritte (wieviel Zeit) der betreffende Programmteil braucht, dann ergibt sich für S(a)

$$
\begin{aligned}
S(a) &:= g_1+g_2.A(a)+g_3.(A(a)+1)+g_4.C(a)+g_5.(C(a)+A(a))+g_6.B(a).\\
&= g_1+g_3+\\
&\quad +(g_2+g_3+g_5).A(a)+\\
&\quad +g_6.B(a)+\\
&\quad +(g_4+g_5).C(a).
\end{aligned}
$$

D.h. S(a) hat die Gestalt

$S(a) = c_1+c_2.A(a)+c_3.B(a)+c_4.C(a)$
mit gewissen Konstanten c_1,c_2,c_3, die von der jeweiligen Implementierung abhängen.

Diese Gestalt ist "einfach". Es bleibt allerdings die Bestimmung der Exekutionszahlen A(a), B(a), C(a) in Abhängigkeit von der Eingabe a. Das ist das nächste Teilproblem, mit dem wir uns beschäftigen müssen.

INVERSIONSTAFELN

Die Anzahl, wie oft im Programm Vertauschungen vorgenommen werden müssen etc., hängt wesentlich davon ab, wie "ungeordnet" die Eingabefolge a ist. Man muß also versuchen, diese Ungeordnetheit durch einen geeigneten präzisen Begriff möglichst explizit zu machen.

Beispiel:

Sei a := (5,8,7,3,6,2,1,4).
a ist nicht sortiert. Es stehen einige Elemente relativ zueinander in der falschen Reihenfolge. Eine Übersicht über diese Fehlstellungen kann man sich z.B. dadurch verschaffen, daß man alle Paare
(i,j) wo i < j, aber $a_i > a_j$
(so ein Paar nennt man "Inversion")
auflistet:
(1,4),(1,6),(1,7),(1,8),(2,3),(2,4),...,(6,7).
Es genügt aber auch, wenn man sich nur die Anzahlen der Fehlstellungen in folgender Form

betrachtetes Element	1	2	3	4	5	6	7	8
Anzahl der größeren Elemente links vom betrachteten Element ("Anzahl der Fehlstellungen")	6	5	3	4	0	2	1	0

oder aber in folgender Form

betrachtete Stelle	1	2	3	4	5	6	7	8
Anzahl der Elemente links von der betrachteten Stelle, die größer sind als das Element an der Stelle ("Anzahl der Fehlstellungen")	0	0	1	3	2	5	6	4

merkt, denn aus jeder dieser beiden Informationen läßt sich die ursprüngliche Permutation eindeutig rekonstruieren (wie?). Die erste Information heißt "die zu a gehörige <u>Inversionstafel</u>", die zweite "der zu a gehörige <u>Linksvektor</u>". Wir definieren allgemein für Permutationen a:

<u>Definition:</u>

$$\begin{aligned} \mathrm{Invt}(a)\colon \mathbf{N}_n &\longrightarrow \mathbf{N}_n \\ j &\longmapsto \text{Anzahl der } 1 \leqq i \leqq n \text{ mit } i < a^{-1}(j) \text{ und } a_i > j. \end{aligned}$$

$$\begin{aligned} \mathrm{Links}(a)\colon \mathbf{N}_n &\longrightarrow \mathbf{N}_n \\ i &\longmapsto \text{Anzahl der } 1 \leqq i < j \text{ mit } a_i > a_j. \end{aligned}$$

(wobei n = Länge von a).

t ist eine Inversionstafel :<==>
t = Invt(a) für eine Permutation a.

Diese Begriffe haben die folgenden Eigenschaften, (die wir später noch brauchen werden)

<u>Lemma:</u>

(IT1) a = a' <==> Invt(a) = Invt(a')
(<==> Links(a) = Links(a')).

(IT2) t ist Inversionstafel <==>
für alle $1 \leqq j \leqq n$: $0 \leqq t_j \leqq n-j$
(wobei n = Länge von t).

(IT3) Für alle $1 \leqq j \leqq n$:

$$\mathrm{Invt}(a)_j = \mathrm{Links}(a)_{a^{-1}(j)},$$
$$\mathrm{Links}(a)_j = \mathrm{Invt}(a)_{a(j)}.$$

BESTIMMUNG DER EXEKUTIONSZAHLEN

Um eine Idee zu bekommen, wie man die Abhängigkeiten A,B,C der Exekutionszahlen der Anweisungen von der Eingabe a beschreiben kann, beobachten wir an einem Beispiel, wie sich die Inversionstafeln und Linksvektoren von b bei Exekution des Algorithmus ändern. Wir halten den Stand nach jedem "Durchgang" (= eine Exekution der <u>for</u>-Schleife) fest:

Eingabe	b	5	8	7	3	6	2	1	(4)
	Invt(b)	6	5	3	4	0	2	1	0
nach 1. Durchgang	b	5	7	3	6	2	1	(4)	8
	Invt(b)	5	4	2	3	0	1	0	0
nach 2. Durchgang	b	5	3	6	2	1	(4)	7	8
	Invt(b)	4	3	1	2	0	0	0	0
nach 3. Durchgang	b	3	5	2	1	(4)	6	7	8
	Invt(b)	3	2	0	1	0	0	0	0
nach 4. Durchgang	b	3	2	1	(4)	5	6	7	8
	Invt(b)	2	1	0	0	0	0	0	0
nach 5. Durchgang	b	2	(1)	3	4	5	6	7	8
	Invt(b)	1	0	0	0	0	0	0	0
nach 6. Durchgang	b	(1)	2	3	4	5	6	7	8
	Invt(b)	0	0	0	0	0	0	0	0
nach 7. Durchgang	b	1	2	3	4	5	6	7	8
	Invt(b)	0	0	0	0	0	0	0	0

Linksvektoren:

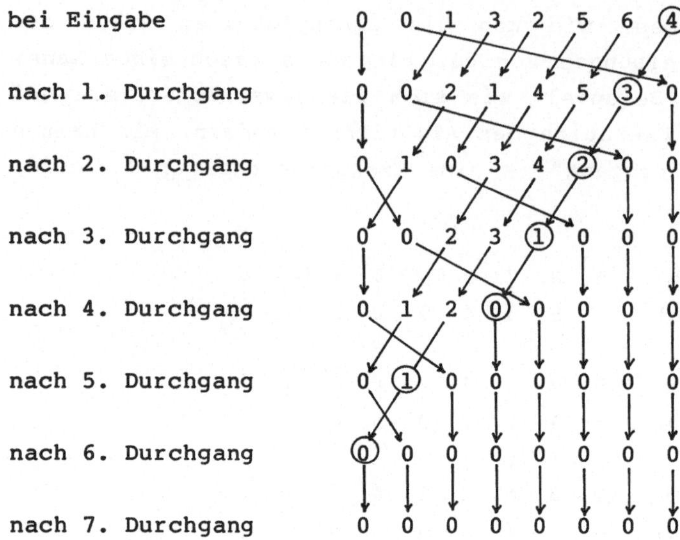

Die eingeringelten Elemente markieren die Stellen, wo im Durchgang das letzte Mal umgestellt wurde. Die Pfeile zeigen die Umspeicherungen, die im Laufe eines Durchgangs vorgenommen wurden. Man beobachtet auch, wie sich die Werte der Anzahlen in den Inversionstafeln und Linksvektoren bei jedem Durchgang in gesetzmäßiger Weise um 1 erniedrigen. Aus diesen Beobachtungen ergibt sich folgende Vermutung:

Lemma:

$$A(a) = 1 + \max_{1 \leqq j \leqq n} \mathrm{Invt}(a)_j,$$

$$B(a) = \sum_{1 \leqq j \leqq n} \mathrm{Invt}(a)_j,$$

$$C(a) = \sum_{1 \leqq k \leqq A(a)} c_k,$$

wobei für $1 \leqq k \leqq A(a)$:

$$c_k := \max\{i : 1 \leqq i \leqq n,\ \mathrm{Links}(a)_i \geqq k-1\} - k$$

und $n := L(a)$.

Daß die angegebenen Darstellungen für beliebige Permutationen a richtig sind, kann man mit der Methode der induktiven Behauptungen beweisen

(Man stellt sich dazu die einzelnen Anweisungen mit zusätzlichen Zählanweisungen der Gestalt T:=T+1 versehen vor und muß dann geeignete Schleifeninvarianten formulieren, die auch den jeweiligen Stand der Zählvariablen T beschreiben.) B(a) gibt gerade die Anzahl der Inversionen in a. Die c_k beschreiben die eingeringelten Positionen (minus 1).

DIE DURCHSCHNITTLICHEN EXEKUTIONSZAHLEN

Es gilt:

$$D(n) = \frac{1}{n!} \cdot \sum_{\text{Permutation}(a,n)} S(a) =$$

$$= \frac{1}{n!} \cdot \sum_{\text{Permutation}(a,n)} (c_1 + c_2 . A(a) + c_3 . B(a) + c_4 . C(a)) =$$

$$= c_1 + c_2 . D_A(n) + c_3 . D_B(n) + c_4 . D_C(n),$$

wobei

$$D_A(n) := \frac{1}{n!} \cdot \sum_{\text{Permutation}(a,n)} A(a),$$

$$D_B(n) := \frac{1}{n!} \cdot \sum_{\text{Permutation}(a,n)} B(a),$$

$$D_C(n) := \frac{1}{n!} \cdot \sum_{\text{Permutation}(a,n)} C(a).$$

Diese "Formeln" (Terme) für die durchschnittlichen Exekutionszahlen zusammen mit den "Darstellungen" (Termen) von A(a), B(a), C(a) ergeben einen "Algorithmus" zur Bestimmung von D(n), der bereits viel besser (schneller und "übersichtlicher") ist als der Algorithmus, der in der Problemstellung 1 versteckt enthalten war.

Man kann nun versuchen, die auftretenden Summen geschickt umzuformen, sodaß sich vielleicht noch "einfachere" Terme ergeben.

DIE BESTIMMUNG VON $D_A(n)$

Einen endlichen Summenwert der Gestalt

$$\sum_{E(a)} f(a),$$

wo E irgendeine Eigenschaft natürlicher Zahlen ist und f eine Funktion von **N** nach **N**, kann man immer auch so berechnen

$$\sum_{1 \leqq k \leqq M} k.P_k \text{ , wobei}$$

$P_k :=$ Anzahl ("<u>Häufigkeit</u>") aller a mit $f(a) = k$,

$$M := \max_{E(a)} f(a).$$

Im Falle von $D_A(n)$ kann man also behaupten

$$D_A(n) = \frac{1}{n!} \sum_{1 \leqq k \leqq n} k.P_{n,k} \text{ , wobei}$$

$P_{n,k} :=$ Anzahl der Permutationen a der Länge n mit $A(a)=k$.

(Überlege, warum $\max\limits_{\text{Permutation}(a,n)} A(a) = n$.)

Diese Umformung bringt natürlich nur einen Nutzen, wenn man die Häufigkeiten $P_{n,k}$ "leichter" einfach darstellen kann als die A(a) selbst.

Oft hilft hier noch folgender Trick ("<u>Teilsummation</u>"):

Man wandelt eine Summe der Gestalt

$$\sum_{1 \leqq k \leqq n} k.d_k$$

um in

$$\sum_{1 \leqq k \leqq n} k.(e_{k+1} - e_k),$$

(geeignete e_k dazu sind

$e_1 :=$ beliebig und

$$e_k := (e_1 + \sum_{1 \leqq i<k} d_i) \text{ für } 2 \leqq k \leqq n+1),$$

versucht, die e_k "in einfacher Form" darzustellen und wendet dann die folgende Formel ("Teilsummenformel") an:

$$\text{(TS)} \quad \sum_{1 \leqq k \leqq n} k.(e_{k+1}-e_k) = (n+1).e_{n+1} - \sum_{1 \leqq k \leqq n+1} e_k.$$

In unserem Fall müssen wir also in der Rolle der e_k die folgenden Größen $Q_{n,k}$ ansetzen:

$Q_{n,1}$:= noch offen,

$$Q_{n,k} := Q_{n,1} + \sum_{1 \leqq i<k} P_{n,i} =$$

$= Q_{n,1}$ + (Anzahl der Permutationen a der Länge n mit A(a) < k)

(für $2 \leqq k \leqq n+1$).

Wir versuchen nun, eine "einfache" Formel für die "Anzahl der Permutationen a (der Länge n) mit A(a) < k" aufzustellen:

Anzahl der Permutationen a mit A(a)<k =

= Anzahl der Permutationen a mit $\max_{1 \leqq i \leqq n} \text{Invt}(a)_i < k-1$ =

= Anz. d. Permutationen a, wo für alle $1 \leqq i \leqq n$: $\text{Invt}(a)_i < k-1$ =

(IT1)
= Anz. d. Inversionstafeln t, wo für alle $1 \leqq i \leqq n$: $t_i < k-1$ =

(IT2)
= Anz. d. Folgen t, wo für alle $1 \leqq i \leqq n$: $0 \leqq t_i \leqq n-i$ und $0 \leqq t_i < k-1$ =

= Anz. d. Folgen t, wo für alle $1 \leqq i \leqq n-k+1$: $0 \leqq t_i < k-1$ und für alle $n-k+1 < i \leqq n$: $0 \leqq t_i \leqq n-i$ =

$$= (k-1)^{n-k+1} . \prod_{n-k+1<i \leqq n} (n-i+1) = (k-1)^{n-k+1}.(k-1)!$$

↑
elementare Kombinatorik (siehe: methodische Analyse dieser Fallstudie)

Wenn wir nun $Q_{n,1}$, das wir noch frei wählen können, so definieren

$$Q_{n,1} := 0,$$

dann gilt für alle $1 \leqq k \leqq n+1$:

(1) $$Q_{n,k} = \text{Anzahl der Permutationen a der Länge n mit } A(a) < k = (k-1)^{n-k+1} . (k-1)!$$

(Hierzu müssen wir $0^m := 0$ definieren für $m \in \mathbf{N}$).

Damit können wir jetzt nach der Methode "Teilsummation" wie folgt fortfahren:

$$D_A(n) = \frac{1}{n!} \sum_{1 \leqq k \leqq n} k . P_{n,k} =$$

$$= \frac{1}{n!} \sum_{1 \leqq k \leqq n} k . (Q_{n,k+1} - Q_{n,k}) =$$

$$\overset{(TS)}{=} \frac{1}{n!} ((n+1) . Q_{n,n+1} - \sum_{1 \leqq k \leqq n+1} Q_{n,k}) =$$

$$\overset{(1)}{=} (n+1) - \frac{1}{n!} \sum_{0 \leqq k \leqq n} (k^{n-k} . k!) .$$

Also

$$D_A(n) = (n+1) - \frac{1}{n!} \sum_{0 \leqq k \leqq n} (k^{n-k} . k!) .$$

DIE BESTIMMUNG VON $D_B(n)$

Zur "Vereinfachung" der Darstellung

(1) $$D_B(n) = \frac{1}{n!} \sum_{\text{Permutation}(a,n)} B(a)$$

verwenden wir folgendes Wissen:

(2) $$B(\text{revers}(a)) = \binom{n}{2} - B(a) .$$

Hier ist

$$\text{revers}(a) : \mathbf{N}_n \longrightarrow \mathbf{N}_n$$
$$i \longmapsto a_{n-i+1}$$

(lies: "die zu a reverse Funktion", d.h. die Permutation a, in umgekehrter Reihenfolge, z.B. revers((2,4,1,3))=(3,1,4,2)).

(2) ist ziemlich leicht einzusehen, wenn man bedenkt, daß B(a) gerade die Anzahl der Inversionen in der Permutation a angibt und diese Anzahl maximal $\binom{n}{2}$ sein kann (nämlich in der Permutation (n,n-1,...,2,1)).

revers ist eine Funktion, die die Menge der Permutationen der Länge n bijektiv auf sich selbst abbildet. Es gilt deshalb

(3) $$\sum_a B(a) = \sum_a B(\text{revers}(a)).$$

(Wir schreiben hier und im folgenden kurz $\sum_a$ für $\sum_{\text{Permutation}(a,n)}$, betrachten also n als globale Variable.) Mit (3) kann man die Formel (1) für $D_B(n)$ wie folgt umformen:

$$D_B(n) = \frac{1}{n!} \sum_a B(a) =$$

$$= \frac{1}{n!} \frac{1}{2} \left(\sum_a B(a) + \sum_a B(a)\right) =$$

$$\overset{(3)}{=} \frac{1}{n!} \frac{1}{2} \left(\sum_a B(a) + \sum_a B(\text{revers}(a))\right) =$$

$$= \frac{1}{n!} \frac{1}{2} \sum_a (B(a) + B(\text{revers}(a))) =$$

$$\overset{(2)}{=} \frac{1}{n!} \frac{1}{2} \sum_a \binom{n}{2} = \frac{1}{n!} \cdot \frac{1}{2} \cdot (n!) \cdot \binom{n}{2} =$$

$$= \frac{1}{2} \cdot \binom{n}{2} .$$

Also

$$D_B(n) = \frac{1}{2} \cdot \binom{n}{2} .$$

DIE BESTIMMUNG VON $D_C(n)$

Um die Formel für die Bestimmung von $D_C(n)$ zu vereinfachen, arbeitet man wieder mit Häufigkeiten und der Methode der Teilsummation. Wir führen hier die Details nicht durch (siehe KNUTH 73). Als Ergebnis erhalten wir

$$D_C(n) = \binom{n+1}{2} - \frac{1}{n!} \sum_{0 \leqq j < k \leqq n} k!.j^{n-k}.$$

VERGLEICH DER SCHRITTZAHLEN DER BEIDEN SORTIERPROGRAMME

Im ursprünglichen Bubble-Sort-Programm wurde der "wesentliche" Schritt

$\underline{\text{if}}\ b_k \not\leqq^* b_{k+1}\ \underline{\text{then}}\ (b_k, b_{k+1}) := (b_{k+1}, b_k)$

bei jeder Eingabepermutation $\binom{n}{2}$mal, also auch durchschnittlich

$$\binom{n}{2}$$

mal durchgeführt. Die durchschnittliche Exekutionszahl $D_B(n)$, die der Anzahl der Durchführung desselben Schrittes beim verkürzten Bubble-Sort entspricht, ist demgegenüber nur

$$\frac{1}{2}\binom{n}{2}.$$

Inwieweit die übrigen Anweisungen im Durchschnitt seltener durchgeführt werden, ist aus den Darstellungen von $D_A(n)$ und $D_C(n)$ noch immer schwer ablesbar, weil die in diesen Darstellungen vorkommenden Summen noch immer nicht "einfach" genug sind. Die Verringerung der wesentlichen Kennzahl $\binom{n}{2}$ auf $\frac{1}{2}\binom{n}{2}$ beschreibt eine praktisch auf jeden Fall willkommene Verbesserung des Algorithmus. Im wesentlichen bleibt aber der Charakter des Verfahrens als quadratisches Verfahren ("x-mal so lange Eingaben, x^2-mal so lange Rechenzeit") bestehen.

NÄHERUNGSWEISES VERHALTEN DER EXEKUTIONSZAHLEN

Da es bei der Beurteilung des durchschnittlichen Komplexitätsverhaltens des Sortierprogramms nur auf eine grobe Übersicht über das Verhalten ankommt, kann man sich fragen, ob man die in der Darstellung von D_A und D_C vorkommenden Summen nicht durch einfachere Terme wenigstens "näherungsweise" darstellen kann. Die Ableitungen solcher Darstellungen braucht meist sehr viele Detailkenntnisse aus der Analysis. Auch in dem hier betrachteten Fall schauen wir dazu in die Literatur.

VERWENDUNG DER LITERATUR

Eine Literatursuche zur näherungsweisen Darstellung von Summen kann z.B. zu folgenden Literaturstellen führen: DE BRUIN 61, KNOPP 64.

Das hier betrachtete spezielle Problem ist in KNUTH 73 gelöst. Dort finden sich folgende Darstellungen:

$$D_A(n) = n - \sqrt{\frac{\pi . n}{2}} + O(1),$$

$$D_C(n) = \frac{1}{2}n^2 - \frac{1}{2}.n.\ln n - \frac{1}{2}.c.n + O(\sqrt{n}),$$

(c := 0,2703627...).

"$+O(\sqrt{n})$" bedeutet: + eine Größe, die sich "im wesentlichen" wie $\sqrt{n}$ verhält (genaue Erklärung siehe bei der methodischen Analyse dieser Fallstudie).

DOKUMENTATION DER LÖSUNG

Problem: Zeitkomplexität des verkürzten Bubble-Sort-Algorithmus.

gesucht: Ein Term, der

die mittlere Zeitkoplexität des folgenden verkürzten Bubble-Sort-Algorithmus beschreibt ...(siehe S. 98).

Voraussetzung:

Für eine gegebene Länge n sind alle Klassen von Eingabefolgen der Länge n gleich häufig.

Eine Klasse von Eingabefolgen besteht dabei aus allen Folgen, die in folgendem Sinne äquivalent sind

a äquivalent mit a' :<==>... (siehe S.159)

Lösung:

Der Algorithmus hat folgende mittlere Zeitkomplexität:

$$D(n) = c_1 + c_2 . D_A(n) + c_3 . D_B(n) + c_4 . D_C(n),$$

wobei

$$D_A(n) = n - \sqrt{\frac{\pi . n}{2}} + O(1),$$

$$D_B(n) = \frac{1}{4}n^2 - \frac{1}{4}n,$$

$$D_C(n) = \frac{1}{2}n^2 - \frac{1}{2}.n.\ln n - \frac{1}{2}(0,2703627...).n + O(\sqrt{n}),$$

$$c_1 = g_1 + g_3,$$

$$c_2 = g_2 + g_3 + g_5,$$

$$c_3 = g_6,$$

$$c_4 = g_4 + g_5,$$

und $g_1, \dots, g_6$ die Ausführungszeiten der folgenden Anweisungen sind:
...siehe S.162.

Literatur:...siehe S.173.

ÜBUNGSARBEIT

Analysiere die minimale, durchschnittliche und maximale Rechenzeit des folgenden Algorithmus zur Bestimmung des Maximums m von n Zahlen a_1, ..., a_n

```
(j,m): = (n,a_n)

k: = n-1
while k ≠ 0 do
      if a_k > m then (j,m): = (k,a_k)
      k: = k-1.
```

Methodische Analyse der Fallstudie

ZUR PROBLEMANALYSE

DENKSCHICHTEN

Es ist sehr häufig so, daß Probleme auf verschiedenen "Denkschichten" (und folglich auch Sprachschichten) auftreten:

In der Fallstudie "Sortieren" z.B. waren

Folgen der Gegenstand der Untersuchung.

Durch systematisches Vorgehen (ein "Verfahren") wurden neue Folgen erzeugt, die sortiert waren.

In der letzen Fallstudie war

das Verfahren selbst Gegenstand der Untersuchung,

wobei wir mit gewissen "Tricks" (Transformationen) gearbeitet haben.

In der nächsten Stufe

könnten solche Transformationen Gegenstand der Untersuchung

sein. Die Arbeit auf verschiedenen "Schichten" ist ein wesentliches Mittel für technologischen Fortschritt.

PROBLEME OHNE EINGABEN

Manche Bestimmungsprobleme sind so, daß sie nicht von einer variablen Eingabe abhängen. Es interessiert nur ein "spezieller" Fall, die Konstruktion eines bestimmten Gegenstandes mit gewünschten Eingaben, nicht ein Verfahren, wie man "allgemein" in Abhängigkeit von einigen flexiblen Vorgaben zum Ziel kommt. Probleme auf "höheren Schichten" haben meist weniger Freiheitsgrade in der Eingabe, siehe z.B. die zweite Formulierung des Problems der Fallstudie, S. 161. Andere typische Beispiele sind z.B. Schachprobleme, Rätsel, die Bestimmung von π auf 1000 Stellen.

Man stellt aber immer wieder fest, daß auch die Lösung solcher "Wegwerfprobleme" (wenn sie einmal gelöst sind, haben sie keinen Reiz mehr, wohl aber können die Lösungen nützlich sein) meist nur gelingt, wenn man bei der Lösung eine "Methode" entwickelt, die dann vielleicht allgemeiner anwendbar ist: Prinzip der Generalisierung als Methode des Problemlösens.

ZUR TECHNIK DES PROBLEMLÖSENS: STANDARDPROBLEME

DIE ROLLE VON STANDARDPROBLEMEN

Wir haben gesehen (S.100), daß es für die Beschreibung von Problemen und Realitäten zur Einsparung von Definitionsarbeit ökonomisch ist, gewisse Modellrealitäten (Gerüste von Begriffen, die miteinander in standardisierter Weise zusammenhängen) als Standardmodelle ein für allemal zu formulieren und dann die vorliegenden Realitäten in den Begriffen dieser Standardmodelle zu beschreiben. Genauso ist es nützlich, im Rahmen dieser Standardmodelle gewisse Standardprobleme zu formulieren und durch allgemeine Verfahren zu lösen: Bei der Analyse und Lösung eines vorgelegten realen Problems kann man sich dann darauf beschränken, die Problemlösung auf eine geeignete Kombination von fertigen Lösungsverfahren für Standardprobleme zurückzuführen.

Die Top-down-Strukturierung des Problemanalyse- und -löseprozesses muß also Hand in Hand gehen mit einer Steuerung von den zur Verfügung stehenden, bekannten Lösungsverfahren für Standardprobleme aus ("Bottom-up").

Beispiele von Standardproblemen sind:

verschiedene Typen von "Gleichungen",
verschiedene Typen von "Minimierungsaufgaben",
verschiedene Typen von "Aufzählungsaufgaben",
verschiedene Typen von "Anzahlbestimmungen" usw.

Der Behandlung der für den Informatiker wichtigen Standardprobleme aus verschiedenen Bereichen der Mathematik ist der zweite Teil der Vorlesung gewidmet.

Lediglich mit den Anzahlbestimmungen werden wir uns hier noch etwas ausführlicher beschäftigen, weil die hierher gehörenden Standardprobleme für die Komplexitätsanalysen von Algorithmen eine wichtige Rolle spielen. Bevor wir das tun, gehen wir noch auf einige zusätzliche Begriffe aus dem Standardmodell "Menge" ein. Außerdem besprechen wir eine spezielle Beweistechnik für den Bereich der natürlichen Zahlen ("Induktionsbeweise") und den Umgang mit dem Σ- und Π-Zeichen in Beweisen.

WEITERE GRUNDBEGRIFFE AUS DER MENGENLEHRE

Auch die folgenden Begriffe setzen wir als aus der Schule bekannt voraus und stellen sie nur in einer Übersicht zusammen:

Definition:

Sei $f: M \longrightarrow N$, $g: N \longrightarrow P$:

$$g \circ f: M \longrightarrow P$$
$$x \longmapsto g(f(x))$$

(Für "$g \circ f$" lies: "die Hintereinanderausführung von f und g". Oft wird auch umgekehrt $f \circ g$ für diese Funktion geschrieben!).

<u>Definition:</u>

Sei $f:M \longrightarrow N$:

f ist <u>injektiv</u> :<==>
für alle $x,y \in M$: $x \neq y \implies f(x) \neq f(y)$.

f ist <u>surjektiv</u> :<==>
für alle $y \in N$ gibt es ein $x \in M$, sodaß $f(x) = y$.

f ist <u>bijektiv</u> :<==>
f ist injektiv und surjektiv.

(Zur sprachlichen Struktur obiger Definitionen: In obiger Definition betrachten wir stillschweigend M und N als "global". Sonst müßten die Definitionen lauten: f ist eine injektive Funktion von M nach N etc.).

Man verwendet auch die Schreibweisen

$$f: M \xrightarrow{\text{injektiv}} N \quad \text{etc.},$$

um zusätzliche Eigenschaften einer Funktion anzudeuten.

Für "injektiv" sagt man auch "eineindeutig".

<u>Definition:</u>

Sei $f:M \longrightarrow N$, $A \subseteq M$, $B \subseteq N$:

$f(A) := \{f(x) : x \in A\}$
(lies: "das <u>Bild</u> von A bei f"),

$f^{-1}(B) := \{x \in M : f(x) \in B\}$
(lies: "das <u>Urbild</u> von B bei f"),

$$C_A^M: M \longrightarrow \{0,1\}$$
$$x \longmapsto \begin{cases} 1, \text{ falls } x \in A \\ 0, \text{ falls } x \in M-A \end{cases}$$

(lies: "die <u>charakteristische Funktion</u> von A (in bezug auf M)").

<u>Definition:</u>

Sei f eine injektive Funktion:

$f^{-1} := \{(y,x) : f(x)=y\}$

(lies: "die zu f <u>inverse</u> Funktion").

Beispiele:

Seien: $f := \{(1,2),(2,2),(3,1)\}$, $g := \{(1,3),(2,1),(3,2)\}$.

Es gilt dann: f und g sind Funktionen,

f ist nicht injektiv,

$f: \mathbf{N} \xrightarrow{\text{part., surj.}} \mathbf{N}_2$,

$f: \mathbf{N}_3 \xrightarrow{\text{surj.}} \mathbf{N}_2$,

$g: \mathbf{N}_3 \xrightarrow{\text{bij.}} \mathbf{N}_3$,

$g: \mathbf{N}_3 \xrightarrow{\text{inj.}} \mathbf{N}_4$,

$g \circ f = \{(1,1),(2,1),(3,3)\}$, $f(\{1,2\}) = \{2\}$,

$f^{-1}(\{1,2\}) = \{1,2,3\}$

$c^{\mathbf{N}_4}_{\{1,4\}}(1) = 1$, $c^{\mathbf{N}_4}_{\{1,4\}}(2) = 0$,

$(g \circ f)(2) = 1 = g(f(2))$, $g^{-1} = \{(1,2),(2,3),(3,1)\}$

$g^{-1}(2) = 3$, $g^{-1}(\{2\}) = \{3\}$

(Beachte: g^{-1} hat hier zwei verschiedene Bedeutungen! Welche?)

ZUR BEWEISTECHNIK: INDUKTIONSBEWEISE

GRUNDGEDANKE UND BEISPIELE

Die Menge **N** der natürlichen Zahlen hat eine sehr wichtige Eigenschaft, die bei Beweisen von Aussagen der Gestalt "für alle $n \in \mathbf{N}$:..." sehr oft verwendet werden kann, nämlich daß sie außer den Nachfolgern der Zahl 1 keine Zahlen enthält, was man auch so umschreiben kann:

$$\left.\begin{array}{l} M \subseteq \mathbf{N}, \\ 1 \in M, \\ \bigwedge_x (x \in M \Longrightarrow x+1 \in M) \end{array}\right\} \Longrightarrow M = \mathbf{N}$$

("Eine Untermenge von **N**, die 1 enthält und mit jeder Zahl auch deren Nachfolger, ist gleich **N**").

Wenn nämlich eine Menge M die hier vorausgesetzte Eigenschaft hat, dann ist

(1) 1 in M.

Es gilt außerdem $1 \in M \Longrightarrow 1+1 \in M$ (setze x := 1), also ist

(2) 2 in M.

Es gilt außerdem $2 \in M \Longrightarrow 2+1 \in M$ (setze x := 2), also ist

(3) 3 in M.

usw.

Die oben formulierte Eigenschaft ("Induktionsaxiom") sagt also aus, daß $\mathbb{N}$ außer den Nachfolgern von 1 keine Elemente enthält. Um also zu beweisen, daß irgendeine Menge M gleich $\mathbb{N}$ ist, kann man auch so vorgehen, daß man

1. beweist, daß $1 \in M$ und

2. beweist, daß $\bigwedge_x (x \in M \implies x+1 \in M)$.

In der Formulierung für Formeln lautet diese Beweistechnik:

<u>Beweis durch "vollständige Induktion"</u> (Induktionsbeweis):

Um zu beweisen, daß

$$\bigwedge_{n \in \mathbb{N}} A \text{ gilt,}$$

wo A irgendeine Aussage mit freier Variable n ist, kann man so vorgehen, daß man

1. beweist, daß $A_n[1]$ gilt und

2. beweist, daß $\bigwedge_{n \in \mathbb{N}} (A \implies A_n[n+1])$ gilt.

(Schreibweise: $A_n[t]$ ... die Aussage, die aus A durch Ersetzen der freien Variablen n durch den Term t entsteht).

<u>Beispiel:</u>

Wir wollen beweisen:
(1) für alle $n \in \mathbb{N}$: $n < 2^n$.

Um ein Gefühl für die Aussage zu bekommen, probieren wir für die ersten natürlichen Zahlen:

$$1 < 2 = 2^1$$
$$2 < 4 = 2^2$$
$$3 < 8 = 2^3$$
$$4 < 16 = 2^4$$
$$\vdots$$

Die Aussage (1) hat also die Struktur $\bigwedge_{n \in \mathbb{N}} A$, wobei A die Aussage "$n<2^n$" ist.

Wir zeigen:
(2) $A_n[1]$, d.h. $1<2^1$

und

(3) $\bigwedge_{n \in \mathbb{N}} (A \Longrightarrow A_n[n+1])$, d.h.

$$\bigwedge_{n \in \mathbb{N}} (n<2^n \Longrightarrow (n+1)<2^{n+1}).$$

Damit ist dann (1) gezeigt.

(2) gilt, denn $1 < 2 = 2^1$.

Wir wählen jetzt ein fixes, aber beliebiges $\bar{n} \in \mathbb{N}$ und nehmen an
(4) $\bar{n} < 2^{\bar{n}}$.

Zu zeigen ist dann
(5) $(\bar{n}+1) < 2^{\bar{n}+1}$.

Nun gilt:
(6) $\bar{n}+1 \underset{(4)}{<} 2^{\bar{n}} + 1 \leqq 2^{\bar{n}} + 2^{\bar{n}} = 2.2^{\bar{n}} = 2^{\bar{n}+1}$.

Die Aussage $1 < 2^1$ heißt "Induktionsanfang", die Annahme (4) heißt "Induktionsannahme", der Beweis, daß aus $\bar{n}<2^n$ die Aussage $\bar{n}+1<2^{n+1}$ folgt, heißt "Induktionsschritt".

Beispiel:

Zu zeigen sei:

(1) $n^3 + 2n$ ist durch 3 teilbar ($n \in \mathbf{N}$).

Induktionsanfang:

(2) $3 \mid 3 = 1^3 + 2.1$

Induktionsannahme ($\bar{n} \in \mathbf{N}$ fix, aber beliebig):

(3) $3 \mid \bar{n}^3 + 2.\bar{n}$

Zu zeigen:

(4) $3 \mid (\bar{n}+1)^3 + 2.(\bar{n}+1)$.

Nun gilt

(5) $(\bar{n}+1)^3 + 2.(\bar{n}+1) = (\bar{n}^3 + 3\bar{n}^2 + 3\bar{n} + 1) + (2.\bar{n} + 2) =$
$= (\bar{n}^3 + 2.\bar{n}) + 3.(\bar{n}^2 + \bar{n} + 1)$.

$\bar{n}^3 + 2.\bar{n}$ ist wegen der Induktionsannahme durch 3 teilbar. Natürlich ist auch $3.(\bar{n}^2 + \bar{n} + 1)$ durch 3 teilbar. Also ist auch $(\bar{n}+1)^3 + 2.(\bar{n}+1)$ durch 3 teilbar, d.h. es gilt (4).

Beispiel:

Zu zeigen sei:

(1) $\sum_{i=1}^{n} i = \frac{(n+1).n}{2}$

(vgl. S.95, Zeitkomplexität des Bubble-Sort).

Wir zeigen (1) durch vollständige Induktion "über n".

Induktionsanfang: Zu zeigen

(1) $\sum_{i=1}^{1} i = \frac{(1+1).1}{2}$

Es ist $\sum_{i=1}^{1} i = 1$ und $\frac{(1+1).1}{2} = 1$, also gilt (1).

Für ein fixes, aber beliebiges $\bar{n} \in \mathbf{N}$ nehmen wir an (Induktionsannahme):

$$(2) \quad \sum_{i=1}^{\bar{n}} i = \frac{(\bar{n}+1).\bar{n}}{2} \quad .$$

Zu zeigen ist dann

$$(3) \quad \sum_{i=1}^{\bar{n}+1} i = \frac{((\bar{n}+1)+1).(\bar{n}+1)}{2} \quad .$$

Es gilt

$$(4) \quad \sum_{i=1}^{\bar{n}+1} i \underset{\substack{\uparrow\\ \text{Bedeutung des}\\ \Sigma\text{-Zeichens}}}{=} \bar{n}+1 + \sum_{i=1}^{\bar{n}} i \underset{\substack{\uparrow\\ \text{Induktions-}\\ \text{annahme}}}{=} \bar{n}+1 + \frac{(\bar{n}+1)\bar{n}}{2} = \frac{2(\bar{n}+1) + (\bar{n}+1).\bar{n}}{2} =$$

$$= \frac{(\bar{n}+1)(2+\bar{n})}{2} = \frac{((\bar{n}+1)+1).(\bar{n}+1)}{2} \quad \text{, q.e.d.}$$

(q.e.d. = "quod erat demonstrandum" = "was zu beweisen war".)

INDUKTIVE DEFINITIONEN

Hand in hand mit dem Beweisprinzip der vollständigen Induktion geht die Möglichkeit der induktiven Definition aufgrund des folgenden Satzes:

> Sei $a \in \mathbf{R}$ und $G : \mathbf{N} \times \mathbf{R} \longrightarrow \mathbf{R}$.
> Dann gibt es genau eine Funktion $f : \mathbf{N} \longrightarrow \mathbf{R}$, die folgende Bedingungen erfüllt:
> $f(1) = a$,
> $\bigwedge_{n \in \mathbf{N}} f(n+1) = G(n,f(n))$.

Eine Funktion f, die durch zwei Bedingungen der obigen Art festgelegt ist, heißt induktiv durch a und G definiert.

Beispiel:

Die Fakultätsfunktion ! (vgl. S. 78) ist durch folgende zwei Bedingungen induktiv definierbar:

$$1! = 1,$$
$$(n+1)! = (n+1).n!.$$

(G ist hier $G(n,z):=(n+1).z$).

VARIANTEN DES INDUKTIONSBEWEISES

Der Beweis durch vollständige Induktion hat viele Varianten, z.B. die folgende

Werteverlaufsinduktion:

Um zu beweisen, daß

$$\bigwedge_{n \in \mathbf{N}} A$$

wo A irgendeine Aussage mit freier Variable n ist, kann man so vorgehen, daß man

$$(*) \quad \bigwedge_{n \in \mathbf{N}} ((\bigwedge_{m<n} A_n[m]) \Longrightarrow A)$$

beweist.

Man könnte diese Beweismethode auf die auf S.180 angegebene Methode zurückführen. Wir begründen sie aus der Anschauung der natürlichen Zahlen wie folgt:

Wenn (*) gilt, muß

$A_n[1]$ gelten

(weil man $A_n[1]$ aus der wahren Aussage $\bigwedge_{m<1} A_n[m]$ folgern kann. Warum ist $\bigwedge_{m<1} A_n[m]$ wahr? Vgl. S.53).

Außerdem muß, wenn $A_n[1]$ gilt, laut (*) auch

$A_n[2]$ gelten.

Außerdem muß, weil jetzt $A_n[1]$ und $A_n[2]$ gilt, laut (*) auch

$A_n[3]$ gelten.

usw.

Andere nützliche Formen des Induktionsbeweises sind:

Beschränkte Induktion:

$$A_i[1] \quad \text{und}$$

$$\bigwedge_{i<n} (A \Longrightarrow A_i[i+1])$$

$$\Longrightarrow$$

$$\bigwedge_{i \leq n} A$$

Induktion mit größerem Startwert:

$$A_i[n] \quad \text{und}$$

$$\bigwedge_{i \geq n} (A \Longrightarrow A_i[i+1])$$

$$\Longrightarrow$$

$$\bigwedge_{i \geq n} A$$

(A ... eine Aussage mit freier Variabler i).

ZUR BEWEISTECHNIK: DER UMGANG MIT DEM Σ- UND Π-ZEICHEN

Aus der Bedeutung des Σ- und Π-Zeichens ergibt sich die Gültigkeit folgender Aussagen, die man als Regeln zur Umformung von Termen benutzen kann, in denen das Σ- oder Π-Zeichen vorkommt.

Der Nutzen solcher Umformungen ist "Vereinfachung" sowohl im Sinne von "überschaubar" machen (vgl. die Fallstudie) als auch im Sinne von "mit weniger Schritten berechenbar". Terme mit Σ- und Π-Zeichen kann man ja - so wie jeden Term - auch als Beschreibung eines Algorithmus auffassen (das Σ- und Π-Zeichen beschreibt gewisse Standardschleifen). Transformationsregeln für Σ- und Π-Terme können auch (so wie alle Termumformungsregeln) als einfachste Transformationsregeln für "Programme" betrachtet werden (vgl. S.126), die allenfalls aus "langsamen" Programmen "schnellere" machen können, vgl. die Tranformationen in der Fallstudie, S.167 ff.

Im folgenden seien A,B Aussagen und s,t Terme mit freien Variablen. Wir deuten die freien Variablen i,j etc, auf die es bei den Summationen und Produktbildungen ankommt, in der Form A(i,j) an und erlauben uns auch die nicht ganz eindeutige Schreibweise A(p(i)) als Abkürzung für

$A_x[p(i)]$ (die Formel, die aus A durch Ersetzen der freien Variablen x durch den Term p(i) entsteht). Aus dem Zusammenhang wird immer klar sein, welches die Variable x ist, die ersetzt werden soll.

<u>Grundregeln für das Σ- und Π-Zeichen</u>

(S1) $\sum_{A(i,j)} t(i,j) = 0$, falls keine i,j mit A(i,j) existieren

$\sum_{A(i,j)} t(i,j) = t(\bar{i},\bar{j}) + \sum_{\substack{A(i,j)\\(i,j)\neq(\bar{i},\bar{j})}} t(i,j)$, falls $A(\bar{i},\bar{j})$.

(P1) $\prod_{A(i,j)} t(i,j) = 1$, falls keine i,j mit A(i,j) existieren,

$\prod_{A(i,j)} t(i,j) = t(\bar{i},\bar{j}) \,.\, \prod_{\substack{A(i,j)\\(i,j)\neq(\bar{i},\bar{j})}} t(i,j)$, falls $A(\bar{i},\bar{j})$.

(S2) $\sum_{A(i)} s(i) \,.\, \sum_{B(j)} t(j) =$

$= \sum_{A(i)} \left(\sum_{B(j)} s(i).t(j) \right) =$

$=: \sum_{A(i)} \sum_{B(j)} s(i).t(j)$ (allgemeines <u>Distributivgesetz</u>).

$\sum_{A(i)} a.t(i) = a. \sum_{A(i)} t(i)$ ("<u>Herausheben</u>" eines konstanten Faktors).

$\sum_{A(i)} a = a.(\text{Anzahl der i mit } A(i))$

(Summe über eine <u>Konstante</u>).

(SP3) $\sum_{A(i)} t(i) = \sum_{A(j)} t(j)$ (<u>Umbenennen</u> gebundener Variabler).

$\sum_{A(i)} t(i) = \sum_{A(p(i))} t(p(i))$,

wobei p irgendeine Funktion ist, die **Z** bijektiv auf **Z** abbildet

(Änderung des Summationsbereiches).

$$\sum_{A(i)} t(i) = \sum_{B(i)} t(i), \quad \text{falls} \bigwedge_i (A(i) \Longleftrightarrow B(i)).$$

(Die Benennung (SP3) soll andeuten, daß die analogen Regeln auch für das $\prod$-Zeichen gelten.)

(SP4) $$\sum_{A(i)} \sum_{B(j)} t(i,j) := \sum_{A(i)} \Big(\sum_{B(j)} t(i,j)\Big) =$$

$$= \sum_{B(j)} \Big(\sum_{A(i)} t(i,j)\Big) =$$

$$= \sum_{A(i) \wedge B(j)} t(i,j),$$

$$\sum_{A(i)} (s(i)+t(i)) = \sum_{A(i)} s(i) + \sum_{A(i)} t(i)$$

(Änderung der Summationsreihenfolge).

(SP5) $$\sum_{A(i)} \sum_{B(i,j)} f(i,j) = \sum_{A(i) \wedge B(i,j)} f(i,j) =$$

$$= \sum_{\bigvee_i A(i) \wedge B(i,j)} \; \sum_{A(i) \wedge B(i,j)} f(i,j),$$

$$\underbrace{\bigvee_i A(i) \wedge B(i,j)}_{\Updownarrow \; C(j)} \qquad \underbrace{A(i) \wedge B(i,j)}_{\Updownarrow \; D(i,j)}$$

$$\sum_{A(i)} \sum_{B(j) \wedge C(i)} f(i,j) = \sum_{A(i)} \sum_{B(j)} f(i,j),$$

$$\text{falls} \bigwedge_i (A(i) \Longrightarrow C(i))$$

(Änderung der Summationsreihenfolge).

(SP6) $\sum_{A(i)} t(i) + \sum_{B(i)} t(i) =$

$$= \sum_{A(i) \vee B(i)} t(i) + \sum_{A(i) \wedge B(i)} t(i)$$

(<u>überlappende</u> Summationsbereiche).

<u>Beispiel:</u>

In der Fallstudie haben wir den Begriff des <u>Durchschnitts</u> einer Zahlenfolge $(x_1,\ldots,x_n)$ verwendet:

(1) $\bar{x} := \frac{1}{n} \cdot \sum_{i=1}^{n} x_i$.

Ein Maß für die "mittlere Abweichung" der einzelnen Werte x_i vom Durchschnitt $\bar{x}$ ist die sogenannte <u>Varianz</u> V(x), die wie folgt definiert ist:

(2) $V(x) := \frac{1}{n} \cdot \sum_{i=1}^{n} (x_i-\bar{x})^2$.

Für die Berechnung von V(x) nach dieser Formel braucht man (n-1) Additionen, n Subtraktionen, n Multiplikationen und 1 Division. Wir formen die Summe mit den obigen Regeln um:

$$\frac{1}{n} \sum_{i=1}^{n} (x_i-\bar{x})^2 = \frac{1}{n} \sum_{i=1}^{n} (x_i^2-2x_i\bar{x}+\bar{x}^2) \overset{(SP4)}{=}$$

$$= \frac{1}{n} \left(\sum_{i=1}^{n} x_i^2 - \sum_{i=1}^{n} 2x_i\bar{x} + \sum_{i=1}^{n} \bar{x}^2 \right) \overset{(S2)}{=}$$

$$= \frac{1}{n} \left(\sum_{i=1}^{n} x_i^2 - 2.\bar{x}. \sum_{i=1}^{n} x_i + n.\bar{x}^2 \right) \overset{(1)}{=}$$

$$= \frac{1}{n} \left(\sum_{i=1}^{n} x_i^2 - 2.\bar{x}.n.\bar{x} + n.\bar{x}^2 \right) =$$

$$= \frac{1}{n}\left(\sum_{i=1}^{n} x_i^2 - n.\bar{x}^2\right) = \frac{1}{n}\sum_{i=1}^{n} x_i^2 - \bar{x}^2.$$

In der letzten Gestalt braucht die Berechnung von V(x) nur mehr (n-1) Additionen, 1 Subtraktion, (n+1) Multiplikationen und 1 Division. Außerdem hat man, falls die x_i ganzzahlig sind, den Vorteil, daß x_i^2 meist leichter zu bilden ist als $(x_i-\bar{x})^2$ und man Σx_i^2 schon bilden kann, bevor man $\bar{x}$ kennt. $\bar{x}$ ist aber erst nach Einlesen aller x_i bekannt! (Statistik-Programme bei Taschenrechnern!)

<u>Beispiel:</u>

"Vereinfache" den Term $\sum\limits_{1\leqq i<j\leqq n} a_i.a_j \quad (n \in \mathbb{N}_o)$.

Woher bekommt man eine Idee für das Vereinfachen? Wir beobachten:
$(a_1+a_2).(a_1+a_2)=a_1.a_1+a_1.a_2+a_2.a_1+a_2.a_2$.
Allgemein gilt:

$$\left(\sum_{1\leqq i\leqq n} a_i\right)^2 = \left(\sum_{1\leqq i\leqq n} a_i\right).\left(\sum_{1\leqq i\leqq n} a_i\right) \overset{(SP3)}{=} \left(\sum_{1\leqq i\leqq n} a_i\right).\left(\sum_{1\leqq j\leqq n} a_j\right) \overset{(SP2)}{=}$$

$$= \sum_{1\leqq i\leqq n}\left(\sum_{1\leqq j\leqq n} a_i.a_j\right) \overset{(SP4)}{=} \sum_{\substack{1\leqq i\leqq n\\ 1\leqq j\leqq n}} a_i.a_j \overset{(SP6)}{=}$$

$$= \sum_{\substack{1\leqq i,j\leqq n\\ i<j}} a_i.a_j + \sum_{\substack{1\leqq i,j\leqq n\\ i=j}} a_i.a_j + \sum_{\substack{1\leqq i,j\leqq n\\ j<i}} a_i.a_j .$$

Nun gilt:

$$\sum_{\substack{1\leqq i,j\leqq n\\ j<i}} a_i.a_j = \sum_{\substack{1\leqq i,j\leqq n\\ j<i}} a_j.a_i \overset{(SP3)}{=} \sum_{\substack{1\leqq h,k\leqq n\\ k<h}} a_k.a_h \overset{(SP3)}{=}$$

↑ Kommutativität der Multiplikation

$$= \sum_{\substack{1 \leqq j, i \leqq n \\ i<j}} a_i \cdot a_j = \sum_{\substack{1 \leqq i, j \leqq n \\ i<j}} a_i \cdot a_j .$$

$$\sum_{\substack{1 \leqq i, j \leqq n \\ i=j}} a_i \cdot a_j = \sum_{\substack{1 \leqq i \leqq n \wedge (1 \leqq j \leqq n, \\ i=j)}} a_i \cdot a_j \overset{(SP5)}{=}$$

$$= \sum_{1 \leqq i \leqq n} \sum_{\substack{1 \leqq j \leqq n \\ i=j}} a_i \cdot a_j \overset{(S2)}{=}$$

(i ist in $\sum_{\substack{1 \leqq j \leqq n \\ i=j}} a_i \cdot a_j$ <u>nicht</u> gebunden!)

$$= \sum_{1 \leqq i \leqq n} (a_i \cdot \sum_{\substack{1 \leqq j \leqq n \\ i=j}} a_j) \underset{(*)}{=} \sum_{1 \leqq i \leqq n} a_i \cdot a_i = \sum_{1 \leqq i \leqq n} a_i^2 .$$

(*) gilt wegen

$$\sum_{\substack{1 \leqq j \leqq n \\ i=j}} a_j \overset{(S1)}{=} a_i + \sum_{\substack{1 \leqq j \leqq n \\ i=j \\ i \neq j}} a_i \overset{(S1)}{=} a_i + 0 = a_i .$$

Also gilt:

$$(\sum_{1 \leqq i \leqq n} a_i)^2 = 2 \cdot \sum_{\substack{1 \leqq i, j \leqq n \\ i<j}} a_i \cdot a_j + \sum_{1 \leqq i \leqq n} a_i^2$$

und damit

$$\sum_{1 \leqq i<j \leqq n} a_i \cdot a_j = \frac{1}{2} ((\sum_{1 \leqq i \leqq n} a_i)^2 - \sum_{1 \leqq i \leqq n} a_i^2) .$$

Viele der obigen Schritte, z.B.(*), wird man natürlich je nach Übung zu einem Schritt zusammenfassen.

ZUR BEURTEILUNG VON ALGORITHMEN: KOMPLEXITÄTSANALYSEN

GÜTEKRITERIEN FÜR ALGORITHMEN

Bei der Beurteilung der Güte von Algorithmen kommt es sehr darauf an, welches Gütekriterium man zur Beurteilung heranzieht. Es gibt zwei Gruppen von solchen Kriterien:

statische Kriterien,
dynamische Kriterien.

Statische Kriterien beziehen sich auf die Gestalt des Algorithmus unabhängig von seiner Exekution. Solche Kriterien sind z.B. Programmlänge, Übersichtlichkeit, Strukturiertheit, leichte Änderbarkeit, Allgemeinheit. Dynamische Kriterien beziehen sich auf Eigenschaften des Algorithmus bei seiner Exekution. Solche Kriterien sind: Rechenzeit, Speicherbedarf, Anzahl der Verwendung gewisser Unterprozeduren, Anzahl der Verwendung gewisser Grundoperationen etc. Die Perfektionierung eines Algorithmus in Bezug auf verschiedene Kriterien ist meist unmöglich. Die Verbesserung der Rechenzeit ("Zeitkomplexität") geht z.B. meist auf Kosten des Speicherbedarfs ("Raumkomplexität") oder der Programmlänge.

ZEITKOMPLEXITÄT

Die Zeitkomplexität von Algorithmen ist das Kriterium, das bei der Analyse von Algorithmen am häufigsten verwendet wird.

Bei gegebenem Algorithmus sind dabei drei Funktionen von Interesse:

die maximale Rechenzeit T_{max},
die durchschnittliche Rechenzeit T_{mittel},
die minimale Rechenzeit T_{min}.

Diese drei Funktionen haben eine oder mehrere natürliche Zahlen als Argument, die die Problemgröße der betrachteten Eingabe beschreibt. Sei $n \in \mathbf{N}$ eine Problemgröße. Dann ist

$T_{max}(n)$, $T_{mittel}(n)$, $T_{min}(n)$

die maximale, durchschnittliche, bzw. minimale Rechenzeit, die der Algorithmus bei allen Eingaben der Problemgröße n hat. Beispiele von Problemgrößen sind: Die Länge der Eingabefolge (vgl. die Fallstudie),

die Zeilenzahl und Spaltenzahl der Eingabematrizen oder das Produkt dieser beiden Größen (bei Matrizenalgorithmen), die Eingaben selbst (bei Algorithmen über natürlichen Zahlen) etc.

Für die Bestimmung von T_{max}, T_{mittel} und T_{min} muß man versuchen, eine Einteilung der Eingaben einer fixen Problemgröße n in <u>endlich viele Klassen</u> zu finden, sodaß zwei Eingaben, die in derselben Klasse liegen, dieselbe Rechenzeit haben. Auf diese Weise sind die für die Berechnung von T_{max}, T_{mittel} und T_{min} notwendigen Maximum-, Summen- und Minimum-Bildungen endlich. Außerdem muß man für eine Analyse der durchschnittlichen Rechenzeit die <u>relativen Häufigkeiten</u> angeben, wie oft die einzelnen Klassen bei der Eingabe auftreten. Diese relativen Häufigkeiten sind verschieden, je nachdem, für welchen Anwendungsbereich der Algorithmus vorgesehen ist. Im Normalfall ist die Aufgabenstellung so, daß alle Klassen der sich als "natürlich" anbietenden Klasseneinteilung gleich häufig auftreten (siehe z.B. die Fallstudie).

Zur Bestimmung von T_{max}, T_{mittel} und T_{min} geht man so vor, daß man eine Tabelle der Exekutionszahlen der einzelnen Anweisungen (Anweisungsblöcke) aufstellt (vgl. Fallstudie): zu jeder Anweisung wird dabei die Funktion angegeben, die angibt, wie oft die Anweisung in Abhängigkeit von der Eingabe (Eingabenklasse) ausgeführt wird. Wenn man anstatt dessen bei jeder Instruktion nur angibt, wie oft sie in Abhängigkeit von der Problemgröße mindestens bzw. höchstens ausgeführt wird, dann ergibt die Addition dieser einzelnen minimalen bzw. maximalen Instruktionszahlen, multipliziert mit den konstanten Rechenzeiten für die einzelnen Anweisungen untere bzw. obere Schranken für Rechenzeiten in Abhängigkeit von der Problemgröße. Meist begnügt man sich mit diesen Schranken, insbesondere auch mit einer <u>oberen Schranke für die Rechenzeit</u>.

Ob es gerechtfertigt ist, daß man die Ausführungszeit einer bestimmten Anweisung als konstant, d.h. unabhängig von der betrachteten Eingabe, annimmt, hängt vom jeweiligen Problem und der gedachten Implementierung der Anweisungen auf einem konkreten Rechner ab. Die Ausführung der Anweisung

$$(b_k, b_{k+1}) := (b_{k+1}, b_k)$$

z. B. braucht eine konstante Zeit unabhängig von b und k, so lange man annimmt, daß eine Implementierung betrachtet wird, wo die einzelnen b_k in jeweils einer Speicherstelle Platz haben und alle b_k wahlfrei zugegriffen werden können (random access). Andernfalls sollte man die Klasseneinteilung der Eingaben verfeinern.

KOMPLEXITÄTSANALYSE UND PROGRAMMVERIFIKATION

Eine übersichtliche Programmstruktur hat auch positiven Einfluß auf die Leichtigkeit, mit welcher man die minimalen und maximalen Exekutionszahlen bestimmt. Im Bedarfsfall kann man auch die Methode der induktiven Behauptungen verwenden, um die minimalen und maximalen Exekutionszahlen mit dem Programm mitzuentwickeln. Dazu

reserviert man für jeden interessierenden Anweisungsblock
eine eigene "Zählvariable" T,
fügt hinter den betreffenden Block die Anweisung T:=T+1,
ergänzt die Eingabebedingung durch die Aussage T=0,
ergänzt die Ausgabebedingung durch die Aussage

$$E_{min}(n) \leqq T \leqq E_{max}(n)$$

und ergänzt die induktiven Behauptungen so, daß der
Korrektheitsbeweis für die ergänzten Ein-/
Ausgabebedingungen möglich ist.

(Hier sind $E_{min}(n)$ und $E_{max}(n)$ die für die betreffende Anweisung vermuteten minimalen und maximalen Exekutionszahlen in Abhängigkeit von der Problemgröße n).

Ähnlich kann es notwendig sein, zur genauen Darstellung von Exekutionszahlen in Abhängigkeit von der Eingabe(klasse) mit der Methode der induktiven Behauptungen zusätzliches Wissen über diese Exekutionszahlen abzuleiten (siehe Fallstudie: Die Bestimmung von A(a), B(a), C(a) durch Beobachten (allgemein: Beweisen) von Gesetzmäßigkeiten bei der Exekution des Algorithmus mit der Eingabe a).

DIE O-NOTATION

Die exakte Beschreibung von T_{min}, T_{mittel}, T_{max} bzw. auch die Angabe unterer und oberer Schranken ist im allgemeinen nicht durch "einfache" Terme möglich. Um aber Algorithmen in Bezug auf ihre Komplexität "mit einem Blick" vergleichen zu können, wäre es angenehm, die charakteristischen Schrittanzahlen in einfacher Gestalt zu haben z.B. als Summe einfacher Terme wie n^2, 2^n, log n, $\sqrt{n}$ etc., deren Verlauf gut bekannt ist und deren Wachstum bei größer werdendem n miteinander gut verglichen werden kann. Man begnügt sich deshalb oft damit, die interessierenden Schrittanzahlen bzw. Schranken "im Wesentlichen richtig", "näherungsweise", "unter Vernachlässigung relativ kleiner Beiträge" anzugeben. Es gibt viele verschiedene Möglichkeiten, den Begriff "im Wesentlichen" exakt zu machen. Eine davon ist die sogenannte O-Notation.

Auch O ist eigentlich ein Quantor, der aus drei Termen eine Aussage macht.

Standardform (n...eine Variable über **N**; s,t,f...Terme, die im Normalfall die Variable n frei enthalten):

$$\underbrace{s = t + O_n(f)}$$

Aussage, in welcher die Variable n nicht mehr frei, sondern gebunden ist (die Angabe der gebundenen Variablen entfällt meistens).

Beispiel:

$$\sqrt[n]{n} = 1 + (\ln n)/n + O(((\ln n)/n)^2)$$

Terme mit freier Variabler n

Aussage ohne freie Variable

(Lies: "$\sqrt[n]{n}$ ist 1+(ln n)/n plus groß O von $((\ln n)/n)^2$")

Diese Aussage steht für:

"Es gibt eine Schranke M, sodaß für alle n:

(1) $\mathrm{abs}(\sqrt[n]{n} - (1+(\ln n)/n)) \leq M.((\ln n)/n)^2$."

D.h. der Unterschied zwischen dem "wahren Wert" $\sqrt[n]{n}$ und dem "Näherungswert" (1+(ln n)/n) ist für alle n kleiner gleich $M.((\ln n)/n)^2$.

$(\ln n)/n^2$ ist also ein Maß dafür, welchen Fehler man begeht, wenn man das wahre Verhalten von $\sqrt[n]{n}$ (das z.B. eine Schrittanzahl eines Algorithmus sein kann) ersetzt durch das Verhalten von $1+(\ln n)/n$.

Man beachte, daß durch die Aussage $\sqrt[n]{n} = 1+(\ln n)/n + O((\ln n)/n)^2$ nicht bekannt ist, für welche Konstante M die Abschätzung (1) für alle n gilt. Man kann also aus dieser Aussage für ein gegebenes n keine Schranke für den Unterschied zwischen $\sqrt[n]{n}$ und $1+(\ln n)/n$ geben.

Beispiel:

Es gilt:

(1) $\sum_{i=o}^{m} a_i n^i = O(n^m)$.

("Polynome sind von der Änderung n^m, wo m der Grad des Polynoms ist")

(Welches ist die durch O gebundene Variable?)

(1) bedeutet:

Es gibt ein M, sodaß für alle n: $\text{abs}(\sum_{i=o}^{m} a_i.n^i) \leqq M.n^m$.

Beweis:

$$\sum_{i=o}^{m} a_i.n^i = \sum_{i=o}^{m} a_i.(n^m/n^{m-i}) = n^m.\sum_{i=o}^{m} (a_i/n^{m-i}).$$

Also

(2) $\text{abs}(\Sigma\, a_i.n^i) \overset{(2)}{\leqq} n^m.\Sigma\, \text{abs}(a_i/n^{m-i}) \overset{(3)}{\leqq} n^m.\Sigma\, \text{abs}(a_i)$.

(Wir lassen hier die "Summationsindizes" weg.) (2) gilt wegen der folgenden Ungleichung (vgl. Übung 1, S.144):

$\text{abs}(x+y) \leqq \text{abs}(x) + \text{abs}(y)$ (für $x,y \in \mathbf{R}$).

(3) gilt, weil $1/n^{m-i} \leqq 1$).

Wenn wir also $M := \sum_{i=o}^{m} \text{abs}(a_i)$ setzen, dann gilt:

Für alle n: $\text{abs}(\sum_{i=o}^{m} a_i n^i) \leqq M.n^m$, q.e.d.

Allgemein ist (für Terme s, t, f, deren freie Variable n wir durch die Schreibweise s(n) etc. andeuten):

$$s(n) = t(n) + O\,(f(n))$$

eine Abkürzung für die Aussage:

es existiert ein $M \in \mathbf{R}$, sodaß für alle $n \in \mathbf{N}$:

$$|s(n) - t(n)| \leqq M.|f(n)|\,.$$

bzw. für die dazu äquivalente Aussage:

es existiert eine $M \in \mathbf{R}$, sodaß für alle $n \in \mathbf{N}$:

$$s(n) \in \{t(n)+x\colon\ |x| \leqq M.|f(n)|\}$$

In analoger Weise sind kompliziertere Bildungen mit O zu verstehen, z.B.:

$$s(n) + O(f(n)) = O(g(n))$$

ist eine Abkürzung für die Aussage:

Für jede Schranke M existiert eine Schranke M', sodaß für alle n:

$$\{s(n)+x\colon |x| \leqq M.|f(n)|\} \subseteq \{y\colon\ y \leqq M'|g(n)|\},$$

(M, M', x,y,... reelle Zahlen, n ... natürliche Zahlen).

<u>Beispiel:</u>

Es gilt: $n^3 + O(n^2) = O(n^3)$,

ausführlich: Für jede Schranke $M \in \mathbf{R}$ existiert eine Schranke $M' \in \mathbf{R}$, sodaß für alle $n \in \mathbf{N}$:

$$\{n^3+x\colon |x| \leqq M.n^2\} \subseteq \{y\colon\ y \leqq M'n^3\}$$

Beweis: Sei $M \in \mathbf{R}$. Dann ist ein geeignetes M' z. B. M+1. Wir müssen dazu für beliebige n und x mit $x \leqq M.n^2$ zeigen:

$$|n^3+x| \leqq M'.n^3.$$

Das gilt, denn

$$|n^3+x| \leqq n^3 + |x| \leqq n^3 + M.n^2 \leqq n^3 + M.n^3 = (1+M).n^3 \quad = M'.n^3.$$

<u>Beispiel:</u>

Es gilt allgemein

$$O(f(n)) + O(f(n)) = O(f(n)),$$

d. h. ausführlich:

Für beliebige Schranken M_1 und M_2 gibt es eine Schranke M, sodaß für alle $n \in \mathbf{N}$:

$$\{x_1+x_2: |x_1| \leqq M_1. f(n) \;, |x_2| \leqq M_2. f(n)\}$$
$$\{x: |x| \leqq M. f(n)\}.$$

Beweis: Für gegebene M_1, M_2 ist ein geeignetes M z. B. M_1+M_2. Wir müssen dazu für beliebiges n und x_1, x_2 mit $|x_1| \leqq M_1. f(n)$, $|x_2| \leqq M_2. f(n)$ zeigen:

$$|x_1+x_2| \leqq M. f(n) \;.$$

das gilt. Übung!

Das "=" zwischen Termen, die den O-Quantor enthalten, ist also nicht das übliche Gleichheitszeichen. Es gelten zwar einige "Rechengesetze" genau so wie für das Gleichheitszeichen, z. B. darf man von

$s(n) = O(f(n))$ und $t(n) = O(g(n))$ auf

$s(n) + t(n) = O(f(n)) + O(g(n))$

schließen. Man darf aber niemals die "Richtung umkehren" (<u>"links steht etwas Genaueres als rechts"!</u>). Z. B. darf man von der richtigen Behauptung

$$n^3 + n^2 = O(n^3)$$

nicht zu

$$O(n^3) = n^3 + n^2$$

übergehen (überlege das anhand der exakten Definitionen).

Einige Regeln zum Umgang mit O:

$f(n) = O(f(n))$,
$c.f(n) = O(f(n))$ (falls in c die Variable n nicht frei vorkommt).
$O(f(n)) + O(f(n)) = O(f(n))$,
$O(O(f(n))) = O(f(n))$,
$O(f(n)) . O(g(n)) = O(f(n).g(n))$,
$O(f(n).g(n)) = f(n).O(g(n))$.

STANDARDPROBLEM DER ELEMENTAREN KOMBINATORIK

DER BEGRIFF DER ANZAHL

Man kann Mengen M nach ihrer "Größe" grob wie folgt einteilen:

Definition:

M ist endlich :<==> es gibt f und n, sodaß $f: \mathbf{N}_n \xrightarrow{\text{bijektiv}} M$ oder $M = \emptyset$.

M ist unendlich :<==> M ist nicht endlich.

M ist abzählbar unendlich :<==> es gibt ein f, sodaß $f: \mathbf{N} \xrightarrow{\text{bijektiv}} M$.

M ist überabzählbar :<==> M ist weder endlich noch abzählbar unendlich.

Definition:

Sei $M \neq \emptyset$ endlich:

$|M|$:= dasjenige n, sodaß $f: \mathbf{N}_n \xrightarrow{\text{bijektiv}} M$ für ein gewisses f.

$|\emptyset| := 0$.

(für " M " lies: "die Mächtigkeit von M").

Wir verwenden auch oft folgenden Quantor, der aus einer Aussage einen Term macht (x...eine Variable mit Laufbereich **N**, A...eine Aussage, in welcher im Normalfall x frei vorkommt):

die Anzahl aller x, sodaß A

Term mit gebundener Variable x

(andere Schreibweise manchmal auch: $\# x : A$).

Es gilt:

Die Anzahl aller x, sodaß A = $|\{x : A\}|$.

Beispiele:

{2,5} ist endlich, denn es gilt:

$$f: \mathbf{N}_2 \xrightarrow{\text{bijektiv}} \{2,5\}$$
$$1 \longmapsto 2$$
$$2 \longmapsto 5 .$$

G:= {x ∈ **N**: x ist gerade} ist abzählbar unendlich, denn es gilt:

$$f: \mathbf{N} \xrightarrow{\text{bijektiv}} \mathbf{G}$$
$$x \longmapsto 2.x.$$

Z und **Q** sind abzählbar.

R und **C** sind überabzählbar.

Pot(**N**) ist überabzählbar (warum?).

$|\{2,5\}| = 2$.

Die Anzahl der Folgen t, wo

für alle $1 \leqq i \leqq n-k+1$: $0 \leqq t_i < k-1$ und

für alle $n-k+1 < i \leqq n$: $0 \leqq t_i \leqq n-i$

Aussage mit freien Variablen t,n,k

Term mit freien Variablen n,k (vgl. Fallstudie).

DIE BINOMIALKOEFFIZIENTEN

Wenn man die Werte der Binomialkoeffizienten$\binom{n}{k}$ (siehe Übung 9, S. 78) wie folgt anordnet ("Pascal-Dreieck"):

$$\begin{array}{ccccccc} & & & \binom{0}{0} & & & \\ & & \binom{1}{0} & & \binom{1}{1} & & \\ & \binom{2}{0} & & \binom{2}{1} & & \binom{2}{2} & \\ \binom{3}{0} & & \binom{3}{1} & & \binom{3}{2} & & \binom{3}{3} \\ \dots & & \dots & & \dots & & \dots \end{array} \quad \text{also} \quad \begin{array}{ccccccccc} & & & & 1 & & & & \\ & & & 1 & & 1 & & & \\ & & 1 & & 2 & & 1 & & \\ & 1 & & 3 & & 3 & & 1 & \\ 1 & & 4 & & 6 & & 4 & & 1, \\ \dots & & \dots & & \dots & & \dots & & \dots \end{array}$$

wird man folgende Gesetzmäßigkeiten vermuten, die man allgemein beweisen kann:

$$\text{(BK)} \quad \binom{n+1}{r+1} = \binom{n}{r} + \binom{n}{r+1} \qquad (\text{für } 0 \leqq r < n),$$

$$\binom{n}{r} = \binom{n}{n-r} \qquad (\text{für } 0 \leqq r \leqq n),$$

$$\binom{n}{0} = \binom{n}{n} = 1.$$

STANDARD-ANZAHLPROBLEME DER ELEMENTAREN KOMBINATORIK

Die folgenden einfachen Anzahlprobleme sind ein häufiger Baustein in verschiedensten komplizierteren Anzahlproblemen, insbesondere bei der Bestimmung von Schrittzahlen von Algorithmen. Es ist nicht nur wichtig, daß man die Lösung dieser elementaren Anzahlprobleme in ihrer exakten Fassung kennt, sondern auch verschiedene Standardinterpretationen und auch den Beweisgedanken der einzelnen Lösungen, damit man diese Standardprobleme in konkreten Anwendungen wiedererkennt.

Definition:

a ist eine Variation ohne Wiederholung von r aus n Elementen :<==>

$$a: \{1,\dots,r\} \xrightarrow{\text{injektiv}} \{1,\dots,n\}.$$

(speziell: a ist eine Permutation von n Elementen:

$$a: \{1,\dots,n\} \xrightarrow{\text{bijektiv}} \{1,\dots,n\}.)$$

a ist eine Variation mit Wiederholung von r aus n Elementen :<==>

$$a: \{1,\dots r\} \longrightarrow \{1,\dots,n\}.$$

a ist eine Kombination ohne Wiederholung von r aus n Elementen :<==>

$$a: \{1,\dots,n\} \longrightarrow \{0,1\} \quad \text{und} \quad \sum_{i=1}^{n} a_i = r.$$

a ist eine Kombination mit Wiederholung von r aus n Elementen :<==>

$$a: \{1,\dots,n\} \longrightarrow \{0,\dots,r\} \quad \text{und} \quad \sum_{i=1}^{n} a_i = r.$$

Satz (Lösung der Standardprobleme der elementaren Kombinatorik):

A_n^r := Anzahl der Variationen ohne Wiederholung von r aus n Elementen =

$$= \prod_{j=n-r+1}^{n} j = \frac{n!}{(n-r)!} \quad (\text{für } 1 \leqq r \leqq n).$$

(Speziell: A_n^n = Anzahl der Permutationen von n Elementen = n!).

B_n^r := Anzahl der Variationen mit Wiederholung von r aus n Elementen =

$$= n^r.$$

C_n^r := Anzahl der Kombinationen ohne Wiederholung von r aus n Elementen =

$$= \binom{n}{r} \quad (\text{für } 0 \leqq r \leqq n).$$

D_n^r := Anzahl der Kombinationen mit Wiederholung von r aus n Elementen =

$$= \binom{n-1+r}{r}.$$

Beweisgedanken:

$A_n^r = \prod_{j=n-r+1}^{n} j$:

Wie können wir z.B. aus den Zahlen 1,...,7 alle möglichen injektiven Folgen

$a = (a_1, a_2, a_3, a_4)$

der Länge 4 zusammenstellen? Eine Möglichkeit dazu ist folgende:

Wahl eines ersten Elements a_1: 7 Möglichkeiten,
Wahl eines zweiten Elements a_2: 6 Möglichkeiten (warum nur 6?),
Wahl eines dritten Elements a_3: 5 Möglichkeiten,
Wahl eines vierten Elements a_4: 4 Möglichkeiten.

Insgesamt: $7.6.5.4 = \prod_{j=7-4+1}^{7} j$ Möglichkeiten.

$B_n^r = n^r$:

Wie können wir z.B. aus den Zahlen 1,...,7 alle möglichen beliebigen Folgen

$a = (a_1, a_2, a_3, a_4)$

der Länge 4 zusammenstellen? Eine Möglichkeit dazu ist folgende:

Wahl eines ersten Elements a_1: 7 Möglichkeiten,
Wahl eines zweiten Elements a_2: 7 Möglichkeiten,
Wahl eines dritten Elements a_3: 7 Möglichkeiten,
Wahl eines vierten Elements a_4: 7 Möglichkeiten.

Insgesamt: $7.7.7.7 = 7^4$ Möglichkeiten.

$C_n^r = \binom{n}{r}$:

Wie können wir z.B. alle (0,1)-Folgen der Länge 7, in denen genau 4 Einser vorkommen, "kombinieren"?

1. Wir kombinieren alle derartigen Folgen, die als erstes Element eine Null haben:

   (0,0,0,1,1,1,1)
   (0,0,1,0,1,1,1)
   ⋮
   (0,1,1,1,1,0,0)

   Solche Folgen gibt es so viele, wie es (0,1)-Folgen der Länge 6 mit genau 4 Einser gibt, also C_6^4 viele.

2. Wir kombinieren alle derartigen Folgen, die als erstes Element eine Eins haben:

(1,0,0,0,1,1,1)
(1,0,0,1,0,1,1)
⋮
(1,1,1,1,0,0,0)

Solche Folgen gibt es so viele, wie es (0,1)-Folgen der Länge 6 mit genau 3 Einser gibt, also C_6^3 viele.

Also gilt:

$$C_7^4 = C_6^4 + C_6^3,$$

Allgemein gilt:

$$C_{n+1}^{r+1} = C_n^{r+1} + C_n^r$$

und natürlich auch:

$$C_n^0 = C_n^n = 1 \quad \text{(warum?)}.$$

Die Anzahlen C_n^r und die Binomialkoeffizienten $\binom{n}{r}$ genügen also derselben rekursiven Beziehung, durch welche diese Größen eindeutig bestimmt sind. Also gilt:

$$C_n^r = \binom{n}{r}.$$

$D_n^r = \binom{n-1+r}{r}$:

Wir codieren die Kombinationen mit Wiederholung von r aus n Elementen durch geeignete Kombinationen ohne Wiederholung von r aus (n-1)+r Elementen so, daß sich diese Kombinationen bijektiv entsprechen. Dann sind ihre Anzahlen gleich, d.h. es gilt

$$D_n^r = C_{n+r-1}^r = \binom{n-1+r}{r}.$$

Wir zeigen diese Kodierung an zwei Beispielen:

Die Kombination mit Wiederholung

(0,3,0,1,0,0,0)

von 4 aus 7 Elementen wird kodiert durch folgende Kombination ohne Wiederholung von 4 aus (7-1)+4 Elementen:

Nullen als Trennzeichen (entsprechen den 6 Beistrichen in der obigen Folge)

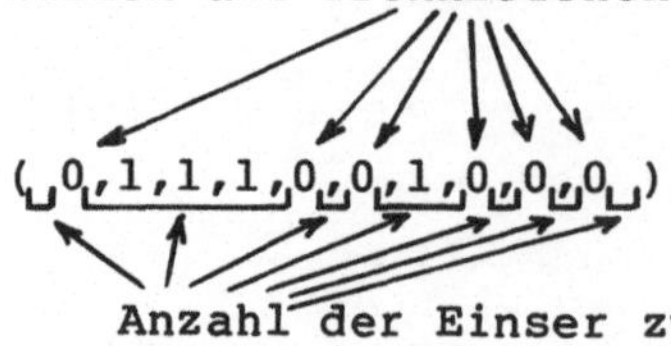

(␣0,1,1,1,0,0,1,0,0,0␣)

Anzahl der Einser zwischen den Trennzeichen codiert die einzelnen Folgenelemente 0,3,0,1,0,0,0 der obigen Folge.

Bei dieser Kodierung wird auch jede Kombination ohne Wiederholung von 4 aus (7-1)+4 getroffen, z.B. ist die Kombination ohne Wiederholung

(1,0,1,1,0,0,1,0,0,0)

Code der folgenden Kombination mit Wiederholung von 4 aus 7 Elementen:

(1,2,0,1,0,0,0).

VERSCHIEDENE FORMULIERUNGEN DER STANDARDANZAHLPROBLEME

1a. Auf wieviele Arten kann man

r unterscheidbare Gegenstände in n Schachteln legen, wobei in jeder Schachtel nur ein Gegenstand liegen darf?

Mathematisches Modell:

Wir denken uns die Gegenstände mit den Nummern 1,...,r und die Schachteln mit den Nummern 1,...,n numeriert.

Modell einer Anordnung der beschriebenen Art:

$(a_1,\ldots,a_i,\ldots,a_r)$

↑ Nummer der Schachtel, in welcher der Gegenstand i liegt.

Zusätzliche Bedingung: $a_i \neq a_j$ falls $i \neq j$

(weil nicht zwei verschiedene Gegenstände i und j in derselben Schachtel liegen dürfen).

Die Anzahl dieser Anordnung ist deshalb $A_n^r = \prod_{j=n-r+1}^{n} j$.

1b. Auf wieviele Arten kann man

r Kugeln geordnet aus einer Urne mit n Kugeln ziehen, wobei man die gezogenen Kugeln nicht zurücklegen darf.

Mathematisches Modell:

Wir denken uns die Kugeln mit den Nummern 1,...,n und
die Züge mit den Nummern 1,...,r numeriert.

Modell einer Ziehung:

$(a_1,\ldots,a_i,\ldots,a_r)$
↑
Nummer der Kugel, die beim i-ten Zug gezogen wird.

Zusätzliche Bedingung: $a_i \neq a_j$ falls $i \neq j$
(weil beim i-ten Zug die Kugel a_j nicht mehr in der Urne ist, falls $i>j$).

Die Anzahl dieser Ziehungen ist deshalb $A_n^r = \prod_{j=n-r+1}^{n} j$.

2a. Auf wieviele Arten kann man

r unterscheidbare Gegenstände in n Schachteln legen, wobei in einer Schachtel auch mehrere Gegenstände liegen dürfen?

Mathematisches Modell: genauso wie bei 1a., nur daß die zusätzliche Bedingung wegfällt.

Die Anzahl dieser Anordnungen ist deshalb $B_n^r = n^r$.

2b. Auf wieviele Arten kann man

r Kugeln geordnet aus einer Urne mit n Kugeln ziehen, wobei man die gezogenen Kugeln zurücklegen darf?

Mathematisches Modell: genauso wie bei 1b., nur daß die zusätzliche Bedingung wegfällt.

Die Anzahl dieser Anordnungen ist deshalb $B_n^r = n^r$.

3a. Auf wieviele Arten kann man

r nicht unterscheidbare Gegenstände in n Schachteln legen, wobei in einer Schachtel nur ein Gegenstand liegen darf?

Mathematisches Modell:

Wir denken uns die Schachteln mit den Nummern 1,...,n numeriert.

Modell einer Anordnung:

$(a_1,\ldots,a_i,\ldots,a_n)$

a_i =1 bzw. 0, je nachdem ob in der i-ten Schachtel ein Gegenstand liegt oder nicht.

Zusätzliche Bedingung: $\sum_{i=1}^{n} a_i = r$

(weil die Anzahl der Schachteln, in welcher ein Gegenstand liegt, gleich r sein muß).

Die Anzahl dieser Anordnung ist deshalb $C_n^r = \binom{n}{r}$.

3b. Auf wieviele Arten kann man

r Kugeln ohne Berücksichtigung der Zugreihenfolge aus einer Urne mit n Kugeln ziehen,
wobei man die gezogenen Kugeln nicht zurücklegen darf?

Mathematisches Modell:

Wir denken uns die Kugeln mit den Nummern 1,...,n versehen.

Modell einer Ziehung:

$(a_1,\ldots,a_i,\ldots,a_n)$

a_i =1 bzw. 0, je nachdem ob die Kugel i gezogen wurde oder nicht.

Zusätzliche Bedingung: $\sum_{i=1}^{n} a_i = r$

(Anzahl der gezogenen Kugeln = r).

Die Anzahl der möglichen Ziehungen ist deshalb $C_n^r = \binom{n}{r}$.

3c. Es gilt auch:

Anzahl der $f:\{1,...,r\} \xrightarrow{\text{streng monoton}} \{1,...,n\} = C_n^r$.

Definition:

Sei $f:M \longrightarrow N$ und M,N R:

$f:M \xrightarrow{\text{streng monoton}} N$:<==>

für alle $x < y$: $f(x) < f(y)$.

$f:M \xrightarrow{\text{schwach monoton}} N$:<==>

für alle $x < y$: $f(x) \leqq f(y)$.)

Zu jeder streng monotonen Funktion $f:\{1,...,r\} \longrightarrow \{1,...,n\}$ bilden wir folgende Folge:

$(a_1,...,a_i,...,a_n)$

a_i = 1 bzw 0 je nachdem, ob der Wert i durch f getroffen wird oder nicht.

Zusätzliche Bedingung: $\sum_{i=1}^{n} a_i = r$

Diese Zuordnung zwischen streng monotonen Folgen und (0,1)-Folgen mit Zusatzbedingung ist bijektiv. Daher gibt es genau so viele streng monotone Funktionen von $\{1,...,r\}$ nach $\{1,...,n\}$ wie (0,1)-Folgen der Länge n mit r Einsen, d.h. $C_n^r = \binom{n}{r}$ viele.

(Diese Betrachtungsweise gibt auch einen anderen Beweisgedanken für die Bestimmung von C_n^r: Unter allen injektiven Funktionen von z.B. $\{1,...,4\}$ nach $\{1,...,7\}$ mit einem fixen Wertebereich, z.B. $\{2,3,4,6\}$, gibt es genau eine streng monotone. Insgesamt gibt es 4! solche injektiven Funktionen mit demselben Wertebereich $\{2,3,4,6\}$. Die Anzahl der injektiven Funktionen ist also um 4! größer als die Anzahl der streng monotonen Funktionen von $\{1,...,4\}$ nach $\{1,...,7\}$. Also:

$$C_n^r = \frac{A_n^r}{r!} = \frac{n!}{(n-r)!r!} = \binom{n}{r}.)$$

4a. Auf wieviele Arten kann man

r nicht unterscheidbare Gegenstände in n Schachteln legen,

wobei in einer Schachtel <u>auch mehrere</u> Gegenstände liegen dürfen?

Mathematisches Problem:
Wir denken uns die Schachteln mit den Nummern 1,...,n numeriert.
Modell einer Anordnung:

$(a_1,\dots,a_i,\dots,a_n)$
↑
Anzahl der Gegenstände in der Schachtel i

Zusatzbedingung: $\sum_{i=1}^{n} a_i = r$

(weil die Anzahl der Gegenstände insgesamt r ist).

Die Anzahl dieser Anordnungen ist deshalb gleich

$D_n^r = \binom{n-1+r}{r}$.

4b. Auf wieviele Arten kann man
r Kugeln <u>ohne Berücksichtigung der Zugreihenfolge</u> aus einer Urne mit n Kugeln ziehen,
wobei man die gezogenen Kugeln nach jedem Zug <u>zurücklegt</u>.

Mathematisches Modell:
Wir denken uns die Kugeln mit den Nummern 1,...,n numeriert.
Modell einer Ziehung:

$(a_1,\dots,a_i,\dots,a_n)$
↑
Anzahl, wie oft die Kugel i gezogen wurde.

Zusätzliche Bedingung: $\sum_{i=1}^{n} a_i = r$

(weil man insgesamt r Kugeln zieht).

Die Anzahl dieser Ziehungen ist deshalb gleich $D_n^r = \binom{n-1+r}{r}$.

4c. Es gilt auch:
Anzahl der $f:\{1,\dots,r\} \xrightarrow{\text{schwach monoton}} \{1,\dots,n\} = D_n^r$.

Zu jeder schwach monotonen Funktion $f:\{1,\dots,r\} \longrightarrow \{1,\dots,n\}$ bilden wir folgende Folge

$(a_1,\dots,a_i,\dots,a_n)$
↑
Anzahl, wie oft i durch f getroffen wird.

Zusätzliche Bedingung: $\sum_{i=1}^{n} a_i = r$.

Diese Zuordnung zwischen schwach monotonen Funktionen und Folgen mit Zusatzbedingung ist bijektiv. Daher gibt es genau so viele schwach monotone Funktionen von $\{1,...,r\}$ nach $\{1,...,n\}$ wie Folgen a der Länge n mit Zusatzbedingung, d.h. $D_n^r = \binom{n-1+r}{r}$ viele.

<u>Beispiel:</u>

Wieviel mögliche Tips gibt es für das Erraten der Besetzung der ersten drei Plätze bei einem Lauf von acht Läufern?

Modell eines Tips: (a_1,a_2,a_3) $(a_i \in \{1,...,8\},\ a_i \neq a_j)$.

Antwort: $A_8^3 = 8.7.6 = 336$ solche Tips möglich.

<u>Beispiel:</u>

Wieviele natürliche Zahlen können durch <u>Dualzahlen</u> mit 8 Stellen dargestellt werden?

Modell einer Dualzahl: $(a_1,...,a_8)$ $(a_i \in \{0,1\})$.

Antwort: $B_2^8 = 2^8 = 256$ solche Dualzahlen möglich.

<u>Beispiel:</u>

Wieviele <u>Untermengen</u> einer Menge M mit n Elementen gibt es?

Modell einer Untermenge von M:

$(a_1,...,a_i,...,a_n)$

$\uparrow$

= 1 bzw. 0, je nachdem, ob i-tes Element von M in der Untermenge liegt oder nicht.

Antwort: $B_2^n = 2^n$ Untermengen möglich.

(Kurz: $|Pot(M)| = 2^{|M|}$ für endliche Mengen M).

Beispiel:

Wieviele Möglichkeiten gibt es für das Erraten derjenigen drei Läufer, die einen der drei ersten Plätze in einem Lauf mit 8 Läufern einnehmen werden?

Modell eines Tips:

$(a_1, \ldots, a_i, \ldots, a_8)$

↑ = 1 bzw. 0, je nachdem der Läufer i unter den ersten drei sein wird oder nicht

Zusatzbedingung: $\sum_{i=1}^{n} a_i = 3.$

Antwort: $C_8^3 = \binom{8}{3} = \frac{8.7.6}{3.2.1} = 56$ solche Tips möglich.

Beispiel:

Wieviele verschiedene Würfe kann man mit drei Würfeln machen?

Modell eines Wurfs:

$(a_1, a_2, a_3, a_4, a_5, a_6)$

↑ Anzahl, wie oft die Augenzahl 3 im Wurf vorkommt ($0 \leqq a_i \leqq 3$).

Zusätzliche Bedingung: $\sum_{i=1}^{6} a_i = 3.$

Antwort: $D_6^3 = \binom{6-1+3}{3} = \binom{8}{3} = \frac{8.7.6}{3.2.1} = 56$ Würfe möglich.

ÜBUNGEN UND ERGÄNZUNGEN:

1. Übung (Sprachschichten):

(1) f heißt Polynomfunktion (über **R**) genau dann, wenn

$$f = (\lambda x \in \mathbf{R}).(\sum_{i=0}^{n} a_i.x^i)$$

für eine Folge $a = \{0,\ldots,n\} \longrightarrow \mathbf{R}$ (Folge der Koeffizienten).

(2) Für jeden Term t, der nur aus den Funktionskonstanten + und ., Konstanten für reelle Zahlen und einer Variablen z besteht ("arithmetische Terme"), ist die Funktion h, die definiert ist durch

$$h := (\lambda z \in \mathbf{R})\ t$$

eine Polynomfunktion.

Betrachte z. B. den Term $y.(y.y+2)$. Die Funktion $g = (\lambda y \in \mathbf{R})(y.(y.y+2))$ ist eine Polynomfunktion, denn es gilt für alle $y \in \mathbf{R}$:

$$y.(y.y+2) = y^3+2 = \sum_{i=0}^{3} b_i.y^i, \text{ wenn wir}$$
$$b_0=2,\ b_1=b_2=0,\ b_3=1$$

wählen, d. h. es gilt: $g = (\lambda y \in \mathbf{R})(\sum_{i=0}^{3} b_i.y^i)$.

Nach Definition (1) ist g also eine Polynomfunktion.

In analoger Weise kann man zu jedem arithmetischen Term t mit einer freien Variable z "durch Vereinfachen" einen Term der Gestalt $\sum_{i=0}^{n} c_i.z^i$ finden (c_i Konstante für reelle Zahlen), der "dieselbe Funktion beschreibt". D. h. es gilt (2).

Beachte nun, daß die "Aussage" (2) in einer Sprachschicht formuliert ist, "die um eins höher ist" als die Sprachschicht, in welcher (1) formuliert ist: in (1) werden Terme und Aussagen verwendet, um etwas über reelle Zahlen und Funktionen über reelle Zahlen auszudrücken, in (2) wird über Terme und Aussagen etwas ausgesagt. (Vgl. die Diskussion auf S.112; Vgl. auch Übung 14, S. 81). Wenn man (2) in derselben Sprachschichte formulieren will wie (1), muß man den Begriff der arithmetischen Terme und der speziellen arithmetischen Terme der Gestalt wie y^3+2 (die man Polynom nennt; Unterschied: Polynome und Polynomfunktionen!) auf derselben Sprachschicht wie die reelle Zahlen einführen, indem man die arithmetischen Terme und Polynome z.B. als spezielle Wörter über einem geeigneten Alphabet Σ einführt (vgl. Übung 10 auf S.148).

Gib z. B. eine Definition der Menge aller arithmetischen Terme und aller Polynome durch eine BNF - Grammatik (siehe Vorlesung "Einführung in die Informatik") (Syntax der arithmetischen Terme). Analysiere und spezifiziere das Problem, zu einem arithmetischen Term das "äquivalente" Polynom zu konstruieren. (Versuche einen Algorithmus für dieses Problem anzugeben.) Definiere eine Funktion A ("Anwendung")

$$A : (\text{Menge der arithmetischen Terme}) \times \mathbf{R} \longrightarrow \mathbf{R},$$

die zu jedem Term und jeder Belegung der Variablen die durch den Term bezeichnete reelle Zahl liefert (Semantik der arithmetischen Terme).

(Hinweis: Beginne z. B. so:

$$A(t,x) = A(t_1,x)+A(t_2,x), \text{ wenn } t = (t_1+t_2).$$

(t_1+t_2) ist ein Wort über Σ! (,+,) sind Zeichen aus dem Alphabet Σ.)

Nachdem die wesentliche Information über ein Polynom in den "Koeffizienten" enthalten ist, definiert man auf derselben Sprachebene wie (1) auch oft einfach so:

(3) a heißt <u>Polynom</u> (über $\mathbb{R}$) genau dann, wenn

$$a: \{0,\ldots,n\} \longrightarrow \mathbb{R} \text{ (für ein } n \in \mathbb{N}_o).$$

Die Funktion A ("Anwendung") kann dann für Polynome einfach so definiert werden:

$$A(a,x) := \sum_{i=0}^{n} a_i . x^i,$$

(wobei n so, daß $a: \{0,\ldots,n\} \longrightarrow \mathbb{R}$).
Definiere eine Funktion, die jedem Polynom "die durch das Polynom beschriebene Polynomfunktion" zuordnet. Definiere den Grad eines Polynoms bzw. einer Polynomfunktion (verwende die Schullehrbücher. Was ist die Schwierigkeit?)

<u>2. Übung</u> (Standardprobleme, Wiederholung von Schulstoff):

Versuche eine Klassifikation der in den Schullehrbüchern vorkommenden Standardprobleme.

<u>3. Übung</u> (Routine im Umgang mit den Begriffen der Mengenlehre, Wiederholung von Schulstoff):

Gib Beispiele von injektiven, surjektiven, bijektiven Funktionen über endlichen Bereichen, über den verschiedenen Zahlbereichen, über dem Bereich der Wörter über einem Alphabet und über anderen Bereichen sowie für die Begriffe "Bild", "Urbild", "inverse Funktion". Wie spiegeln sich die Eigenschaften "injektiv" etc. in den verschiedenen Darstellungen einer Funktion wieder (vgl. Übung 6, S.146)?

<u>4. Übung</u> (Routine im Beweisen mit Induktion):

Man übe an den folgenden Beispielen das Erkennen der Aussage A und der freien Variablen, über die ein Induktionsbeweis geführt werden soll, und das Anschreiben des Induktionsanfangs, der Induktionsannahme und der im Induktionsschritt zu zeigenden Behauptung nach dem folgenden Muster:

Zu zeigen: (1) $2^i < i!$ für $i \geqq 4$.

(1) hat die Struktur: $\bigwedge_{\substack{i \in \mathbf{N} \\ i \geqq 4}} \underbrace{2^i < i!}_{A,\ \text{freie Variable } i}$.

Wir verwenden "Induktion mit größerem Startwert" (S.185).

Induktionsanfang: zu zeigen $2^4 < 4!$

Wir wählen $\bar{i}$ fix, aber beliebig und machen die folgende Induktionsannahme $2^{\bar{i}} < \bar{i}!$

Zu zeigen ist dann: $2^{\bar{i}+1} < (\bar{i}+1)!$

Führe dann die Induktionsbeweise durch. Mache zuerst für die zu zeigenden Behauptungen an genügend vielen Beispielen einen "Korrektheitstest". Übe jetzt weiter an folgenden Behauptungen:

(2) $(a+b)^n = \sum_{i=0}^{n} \binom{n}{i} a^i b^{n-i}$ $(a,b \in \mathbf{R},\ n \in \mathbf{N}_0)$,

(der <u>"Binominalsatz"</u>).

(3) $\binom{n+1}{r+1} = \binom{n}{r} + \binom{n}{r+1}$ $(n \in \mathbf{N}_0,\ 0 \leqq r < n)$, vgl. S. 78)

(4) In allen gemäß der folgenden BNF-Grammatik ableitbaren Wörtern ist die Anzahl der linken und der rechten Klammern gleich groß:

<Ausdruck>::= x | y | z | (<Ausdruck>+<Ausdruck>) |
(<Ausdruck>.<Ausdruck>) .

(5) $3x-6 < \frac{x(x-1)}{4}$ gilt für $x \geqq 11$ $(x \in \mathbf{N})$.

(6) $\sum_{j=1}^{m} j^2 = \frac{m(m+1).(2m+1)}{6}$.

5. Übung (Induktionsbeweise):

Wo liegt der Fehler im Beweis des folgenden "Satzes":
In einer endlichen Folge sind alle Elemente gleich.

Beweis: Der Satz gilt sicher für einelementige Folgen.

Sei nun F eine fixe, aber beliebige Folge mit $|F| = n+1$, d. h. $F = (a_1,\dots,a_{n+1})$ für gewisse $a_1,\dots,a_{n+1}$. Betrachte nun die beiden Folgen

$$F_1 = (a_1,\dots,a_n) \quad \text{und} \quad F_2 = (a_2,\dots,a_{n+1}).$$

Es gilt offensichtlich: $|F_1| = |F_2| = n$. Wegen der Induktionsannahme gilt dann: $a_1 = a_2 = \dots = a_n$ und $a_2 = \dots = a_n = a_{n+1}$, also $a_1 = a_2 = \dots = a_n = a_{n+1}$, q.e.d.

6. Übung (Varianten des Induktionsbeweises):

Definition: eine zweistellige Relation > auf einer Menge M heißt Noethersch genau dann, wenn es keine unendliche Folge x über M gibt, sodaß

$$x_1 > x_2 > x_3 > x_4 \dots$$

(d. h., wenn es keine "unendlich absteigende Ketten" bezüglich > gibt).

Definition: Sei > eine Noethersche Induktion über M und $x \in M$.
$N(x) := \{y: x > x_1 > \dots > x_n = y$ für gewisse $x_1,\dots, x_n \in M, n \in \mathbb{N}\}$
(lies: "die Menge der Nachfolger von x").

Satz (Noethersche Induktion):

Sei $>$ eine Noethersche Relation über M und $U \subseteq M$. Dann gilt: Falls für alle $x \in M$ aus $N(x) \subseteq U$ auch $x \in U$ folgt, dann ist $U = M$.

Überlege, daß folgende Relationen Noethersch sind und mache Beispiele von absteigenden Ketten: Die gewöhnliche Größer-Relation auf **N** (warum nicht auf **Z**?); Relation "v ist Oberwort von w" über einer Wortmenge M* (wie kann man diese Relation exakt definieren?); die Relation "x ist Vielfaches von y" über **N**; die Relation "A ist Obermenge von B" über Pot(M), wo M eine endliche Menge ist; die Relation "v kommt lexikographisch hinter w" auf einer Wortmenge M*.

Überlege die Gültigkeit des Satzes wie folgt: Wenn U nicht gleich M wäre, dann gäbe es ein y_1 in M, das nicht in U wäre. Dann gäbe es ein y_2 in N(x), das nicht in U wäre, d. h. eine Kette

$$y_1 > x_1 > \ldots > x_n = y_2.$$

Weil nun $y_2 \notin U$, gibt es ein ... (fahre fort und konstruiere so eine unendliche absteigende Kette in M entgegen der Voraussetzung, daß $>$ Noethersch ist.)

Beweise mit Noether'scher Induktion folgenden Satz:
In den durch folgende BNF-Grammatik erzeugten Wörtern (arithmetische Terme in Polnischer Notation) ist die Anzahl der Funktionssymbole +,. immer um eins kleiner als die Anzahl der Variablen x,y,z:

<Term>:: = x | y | z | + <Term><Term> | .<Term><Term>

Noethersche Relationen sind auch für eine Verallgemeinerung der Zerlegungsregel für die Korrektheitsbeweise von while-Schleifen nützlich: anstatt **N** mit der normalen Größer-Beziehnung kann man in der Regel auf S.135 jede beliebige Menge M, auf der eine Noethersche Relation $>$ definiert ist, verwenden.

7. Übung (Der Umgang mit dem Σ-Zeichen)

a) Bringe $\sum_{k=0}^{n} ax^k$ auf eine einfache Gestalt

(vgl. die Schullehrbücher: "geometrische Reihe"). Beweise zur Übung die erhaltene Formel auch durch Induktion über n (wenn man bereits eine Vermutung für eine "einfachere" Darstellung hat, kann man mit Induktion arbeiten - "Entscheidung über die Äquivalenz von zwei Termen"; wenn man aber noch keine Vermutung hat, muß man mit "Umformungen der Art (S1) ff. arbeiten - "Berechnung eines einfacheren äquivalenten Termes").

b) Bringe ähnlich wie auf den S. 189 die folgende Summe auf eine einfachere Gestalt:

$$\sum_{1 \leqq i \leqq j \leqq n} a_i . a_j .$$

Leite dieselbe einfache Gestalt dadurch her, daß du die Darstellung von

$$\sum_{1 \leqq i < j \leqq n} a_i . a_j$$ auf S. 190 verwendest.

c) Beweise nur durch Anwenden der Regeln (S1) ff., daß

$$\sum_{\substack{A(j,i) \\ i=j}} f(i,j) = \sum_{A(i,i)} f(i,i) \text{ ist.}$$

Überlege die Gültigkeit dieser Formel auch durch Erklären der Bedeutung der beiden Terme mit umgangssprachlichen Mitteln.

8. Übung (Komplexitätsanalysen)

Gib für die in den Übungen S.153 ff. entwickelten Programme Abschätzungen für die minimalen und maximalen Rechenzeiten.

9. Übung (Komplexitätsanalyse und Programmverifikation)

Versuche, für die in der Fallstudie auf S. 166 angegebenen Exekutionszahlen A(a), B(a), C(a) einen Beweis mit Hilfe der Methode der induktiven Behauptungen, vgl. S. 193.

<u>10. Übung</u> (O-Notation)

a) Von zwei Funktionen f und g sei bekannt, daß

$$f(n) = \ln n + c + O(1/n),$$
$$g(n) = n + O(\sqrt{n}).$$

Was kann man über das Verhalten der durch $f(n).g(n)$ beschriebenen Funktionen aussagen?

b) Es gilt: $\sqrt[n]{n} = 1 + (\ln/n) + O((\ln n/n)^2)$.
Was kann man über das Verhalten von $n.\sqrt[n]{n}$ aussagen?

c) Beweise, daß für kein m:

$$e^n = O(x^m).$$

(Beweistechniken: Siehe nächste Kapitel).

d) Beschreibe die auf S. 198 gegebenen Regeln ausführlich durch Aussagen in der Art wie auf S. 197 angegeben.

<u>11. Übung</u> (elementare Kombinatorik)

a) Wieviele Wörter mit einer Länge bis zu 5 Buchstaben kann man aus einem Alphabet mit 26 Buchstaben bilden?

b) Wieviele verschiedene Blätter gibt es bei einem Pokerspiel mit 52 Karten?

c) Auf wieviele Arten kann man 6 Bücher in ein Regal einordnen?

d) Wieviele verschiedene Tototips gibt es?

e) Wieviele verschiedene Lotto-Ziehungen gibt es, wenn 6 von 49 Zahlen gezogen werden (wobei es auf die Reihenfolge nicht ankommt)?

f) Auf wieviele Arten kann man 6 nicht unterscheidbare Kugeln in 10 Schachteln legen, wobei in einer Schachtel nur eine Kugel liegen darf?

g) Wieviele Potenzprodukte der Gestalt $x_1^{i_1}.x_2^{i_2}.x_3^{i_3}.x_4^{i_4}$ gibt es bei einer "Entwicklung" von $(x_1+x_2+x_3+x_4)^7$ in der Gestalt $\Sigma\ a_{i_1 i_2 i_3 i_4} x_1^{i_1} x_2^{i_2} x_3^{i_3} x_4^{i_4}$?

h) Wieviele monotone Funktionen von $\mathbf{N}_8$ nach $\mathbf{N}_{16}$ gibt es?

i) Wieviele bijektive Funktionen von $\mathbf{N}_6$ nach $\mathbf{N}_6$ gibt es?

j) Berechne die Anzahl der Möglichkeiten, bei einem Pokerspiel mit 20 Karten (Kartenwerte: Zehn, Bub, Dame, König, As), die folgenden Bilder zu erhalten:

fünf verschiedene Werte ("Straße"),
ein Zwilling,
zwei Zwillinge,
ein Drilling,
ein Drilling und ein Zwilling ("Full hand"),
vier gleiche Werte ("Poker").

Die Summe der Möglichkeiten dieser 6 Bilder muß die Gesamtzahl der möglichen Bilder geben. Warum?

12. Übung (Binominalkoeffizienten, Induktionsbeweis, Umgang mit dem Σ-Zeichen)

a) Berechne die Werte im Pascal-Dreieck bis n=7.

b) Beweise folgende Formeln für Binominalkoeffizienten (überprüfe sie zuerst an Beispielen):

$$\sum_{0 \leqq r \leqq n} \binom{n}{r} = 2^n, \qquad \sum_{0 \leqq r \leqq n} (-1)^r \binom{n}{r} = 0 \quad (\text{für } n \geqslant 0),$$

$$\sum_{0 \leqq r \leqq n} \binom{r}{m} = \binom{n+1}{m+1},$$

$$\sum_{0 \leqq r \leqq n} \binom{m+r}{m} = \binom{m+n+1}{m+1},$$

$$\sum_{0 \leqq r \leqq n} \binom{m+r}{r} = \binom{m+n+1}{n}$$

$(m \in \mathbb{N}_0)$.

(Mit diesen Formeln können Summen über Binominalkoeffizienten, bei denen die Laufvariable an verschiedenen Stellen in den Binominalkoeffizienten vorkommen kann, vereinfacht werden.)

c) Gib eine einfache Darstellung von $\sum_{0 \leqq r \leqq n} r^2$.

(Hinweis: $r^2 = 2.\binom{r}{2} + \binom{r}{1}$. Verwende jetzt die Formeln aus b).

<u>13. Übung</u> (Stirlingzahlen, Induktion, Umgang mit dem Σ-Zeichen):

In der letzte Übung haben wir gesehen, daß es nützlich sein kann, die Potenzen x^n durch $\binom{x}{0}, \binom{x}{1}, \ldots, \binom{x}{n}$ ausdrücken zu können (und umgekehrt).

Es gilt:

(1) $\binom{x}{n} = \frac{1}{n!} \sum_{0 \leqq r \leqq n} (-1)^{n-r} \begin{bmatrix} n \\ r \end{bmatrix} x^r,$

(2) $x^n = \sum_{0 \leqq r \leqq n} r! \left\{ {n \atop r} \right\} \binom{x}{r}.$

Die Zahlen $\begin{bmatrix} n \\ r \end{bmatrix}$ bzw. $\left\{ {n \atop r} \right\}$ heißen <u>Stirlingzahlen</u> erster bzw. zweiter Art. Diese Zahlen sind durch folgende rekursiven Beziehungen definiert (vgl. die rekursive Beziehung für $\binom{n}{r}$):

$$\begin{bmatrix} n \\ 1 \end{bmatrix} = (n-1)!, \quad \begin{bmatrix} n \\ n \end{bmatrix} = 1, \quad \left\{ {n \atop 1} \right\} = 1, \quad \left\{ {n \atop n} \right\} = 1,$$

$$\begin{bmatrix} n+1 \\ r+1 \end{bmatrix} = \begin{bmatrix} n \\ r \end{bmatrix} + n.\begin{bmatrix} n \\ r+1 \end{bmatrix} \quad (0 \leqq r < n),$$

$$\left\{ {n+1 \atop r+1} \right\} = \left\{ {n \atop r} \right\} + (r+1).\left\{ {n \atop r+1} \right\} \quad (0 \leqq r < n).$$

Berechne nach den angegebenen rekursiven Formeln alle Stirlingzahlen erster und zweiter Art bis n = 7. Ordne sie in einem dreieckigen Schema (Stirling-Dreieck) ähnlich dem Pascal-Dreieck an.

Überprüfe die Gültigkeit von (1) und (2) für n = 1, 2 und 3. Versuche einen allgemeinen Beweis von (1) und (2) durch Induktion über n und "Koeffizientenvergleich" (Verwende den Satz:

$$\bigwedge_x \left(\sum_{i=0}^{n} a_i x^i = \sum_{i=0}^{n} b_i x^i \right) \Longrightarrow \bigwedge_{0 \leq i \leq n} a_i = b_i).$$

14. Übung (Stirlingzahlen und elementare Kombinatorik)

Eine Unterteilung einer Menge in paarweise "disjunkte" (d. h. durchschnittsfremde), nicht-leere Untermengen nennt man Partition der Menge M, z. B. ist {{1,2},{3,4,6},{5}} eine Partition von $\mathbf{N}_6$. Stelle alle Partionen von $\mathbf{N}_1$, $\mathbf{N}_2$, $\mathbf{N}_3$ und $\mathbf{N}_4$ her. Wie kann man sämtliche Partitionen von $\mathbf{N}_{n+1}$, die aus (r+1) Untermengen bestehen, aus den Partitionen von $\mathbf{N}_n$, die aus r bzw. r+1 Untermengen bestehen, erhalten? (Hinweis: Gib zu den Partitionen von $\mathbf{N}_n$, die aus r Untermengen bestehen, noch das Singleton {n+1} dazu. Gib zu den Partitionen von $\mathbf{N}_n$, die aus (r+1) Untermengen bestehen, bei jeweils einer der Untermengen noch das Element n+1 dazu. Übe diesen Vorgang für n=1,...,4).
Leite daraus folgende Rekursionsformel für die Anzahl E_n^r der Partitionen von $\mathbf{N}_n$, die aus r Untermengen bestehen, ab:

$$E_{n+1}^{r+1} = E_n^r + (r+1).E_n^{r+1}.$$

Wie kann man E_n^r unter Verwendung der Stirling-Zahlen ausdrücken?

15. Übung (Mächtigkeit von Mengen und Kombinatorik):

Formuliere das folgende "Schubfach-Prinzip" als Satz über injektive und surjektive Funktionen zwischen endlichen Mengen.

> Wenn man m(>n) Gegenstände auf n Schubfächer verteilt, dann ist in mindestens einem Fach mehr als ein Gegenstand.

<u>16. Übung</u> (Mächtigkeit von Mengen und Kombinatorik)

Wieviele von 100 Kunden verlangen an einem Würstelstand sämtliche der drei möglichen Zutaten: "Senf", "Ketchup", "Zwiebel", wenn man folgendes weiß: 7 verwenden keine Zutaten, 58 verwenden Senf, 58 verwenden Ketchup, 47 verwenden Zwiebel, 29 verwenden Ketchup und Senf, 30 verwenden Senf und Zwiebel und 25 verwenden Ketchup und Zwiebel. (Hinweis: Mache dazu eine Zeichnung - Venn-Diagramm - der drei Mengen A_1, A_2 bzw. A_3 der Kunden, die Senf, Ketchup bzw. Zwiebel verwenden und überlege dann folgende Beziehungen:

(1) $$|A_1 \cup A_2| = |A_1| + |A_2| - |A_1 \cap A_2|,$$

(2) $$\begin{aligned} |A_1 \cup A_2 \cup A_3| = {} & |A_1| + |A_2| + |A_3| - \\ & - |A_1 \cap A_2| - |A_1 \cap A_3| - |A_2 \cap A_3| + \\ & + |A_1 \cap A_2 \cap A_3|. \end{aligned}$$

Beweise die Gültigkeit von (1) für beliebige endliche Mengen A_1, A_2, ebenso die Gültigkeit von (2). Zum Beweis von (2) verwende (1)! Verallgemeinere die Formel (2) auf beliebig viele endliche Mengen $A_1,\ldots,A_n$. (Hinweis:

(3) $$\begin{aligned} & |A_1 \cup \ldots \cup A_n| = \\ & = |A_1| + \ldots + |A_n| - \\ & - |A_1 \cap A_2| - |A_1 \cap A_3| - \ldots - |A_{n-1} \cap A_n| + \\ & + |A_1 \cap A_2 \cap A_3| + \ldots + |A_{n-2} \cap A_{n-1} \cap A_n| - \\ & \vdots \\ & (-1)^{n-1} |A_1 \cap \ldots \cap A_n|. \end{aligned}$$

(Prinzip der <u>Einschließung und Ausschließung</u>).

Gib eine Formulierung der allgemeinen Formel (3) ohne Verwendung von Punkten ... (Hinweis: Verwende die Quantoren $\bigcup$ und $\bigcap$ in der Art wie auf S. 111 angegeben. Verwende Folgen von Indizes, nämlich streng monotone Folgen! Gib einen Beweis von (3) durch Induktion über n. Beweisidee: von n auf (n+1) schließe so wie von (2) auf (3)!).

<u>17. Übung</u> (Elementare Kombinatorik, Problemspezifikation, Programmverifikation):

Oft ist es notwendig, "alle möglichen" Objekte eines bestimmten Typs zu generieren (siehe z. B. in der Fallstudie "Dynamisches Programmieren", S. 13). Gib eine exakte Definition des Problems, alle $\binom{n}{r}$ vielen "Kombinationen" ohne Wiederholung von r aus n Elementen zu generieren. Jede dieser Kombinationen sollen bei dieser Aufzählung genau einmal erscheinen! Strukturiere das Programm wie folgt:

```
a: = Anfangskombination (n,r)
while ¬ Abbruchskriterium (n,r) do
      a: = Nächste Kombination (a,n,r).
```

Überlege eine Variante des Programms, wo die Kombinationen in "lexikographischer Ordnung" erscheinen und eine andere, wo die Kombinationen so erzeugt werden, daß zwei aufeinander folgende Kombinationen sich möglichst wenig voneinander unterscheiden (wieso kann das wünschenswert sein?). Gib Korrektheitsbeweise für die Programme.

Fallstudie: Ein Nimmspiel

DAS PROBLEM

Zwei Personen spielen miteinander, indem sie von einem Haufen von Streichhölzern abwechselnd nach folgender Regel Hölzer wegnehmen:

> Der erste nimmt eine beliebige Anzahl i von Hölzern weg, jedoch nicht alle.
>
> Der zweite darf vom verbleibenden Rest wieder eine beliebige Anzahl i' von Hölzern wegnehmen, die jedoch kleiner oder gleich der "Schranke" 2i sein muß.
>
> Der erste darf nun wieder eine beliebige Anzahl i" von Hölzern wegnehmen, die jedoch kleiner oder gleich der Schranke 2i' sein muß, usw.
>
> Wer bei seinem Zug alle verbliebenen Hölzer wegnehmen kann, (weil die Anzahl der verbliebenen Hölzer kleiner oder gleich der durch den letzten Zug des Partners bestimmten Schranke ist), hat gewonnen.

Man soll ein Computer-Programm schreiben, das in der Lage ist, als Partner mit einem Menschen zu spielen und das sicher gewinnt, wenn das bei einer gegebenen Ausgangssituation überhaupt möglich ist.

PROBLEMANALYSE

ERARBEITUNG DER BESTIMMUNGSSTÜCKE DES PROBLEMS

Art des Problems

Das Computer-Programm muß in der Lage sein, für eine vorliegende "Spielsituation" (wenn möglich) einen Gewinnzug zu bestimmen. Der wesentliche Teil des Problems ist also ein Bestimmungsproblem. Die Steuerung des Dialogs zwischen Computer und Mensch wollen wir hier nicht als Problem betrachten.

Ausgabegrößen

Gesucht ist ein "Zug", d.h. eine Anzahl i von Hölzern, die man wegnimmt.

Ausgabebedingung:

Der Zug i soll bei der vorliegenden Spielsituation s erlaubt sein und bei der vorliegenden Spielsituation s zum Gewinn führen. Man sieht also auch:

Die Eingabegröße

ist s, eine Spielsituation. Wodurch ist eine solche Spielsituation vollständig charakterisiert?

1. Durch die Anzahl n der Hölzer, die noch vorhanden sind.
2. Durch die Schranke m für die Anzahl der Hölzer, die man maximal wegnehmen darf.

Eingabebedingung:

Die Zahlen n,m können beliebige natürliche Zahlen sein.

Weitere Analyse der Ausgabebedingung:

Der Zug i ist bei der durch (n und) m charakterisierten Spielsituation erlaubt genau dann, wenn $i \leq m$.

Der Zug i ist bei der durch n (und m) charakterisierten Spielsituation ein Gewinnzug genau dann, wenn

entweder $i = n$

oder $i < n$,
aber keiner der dann für den Gegner erlaubten Züge 1,2,...,2i führt bei der durch n-i (und 2i) charakterisierten Spielsituation zum Gewinn.

Wir schreiben kurz G(n,i) für "Der Zug i führt bei Vorliegen von n Hölzern zum Gewinn". Dann können wir das Ergebnis der Problemanalyse wie folgt zusammenfassen:

ERGEBNIS DER PROBLEMANALYSE

Bestimmungsproblem: Nimmspiel.

Eingaben: n,m.

Ausgabe: i.

Ausgabebedingung: $i \leqq m$ und G(n,i)
(falls so ein i existiert, sonst i=1).

Eigenschaften der verwendeten Begriffe:

(No) G(n,i) :<==>
i = n oder
i < n und nicht existiert ein $j \leqq 2i$
mit G(n-i,j).

Variablenvereinbarung: Alle Variablen gehen über die natürlichen Zahlen.

ERSTER LÖSUNGSVORSCHLAG

Die Problemspezifikation als Lösungsverfahren

Die Problemspezifikation kann bereits als ein Verfahren zur Berechnung von i bei gegebenem n,m betrachtet werden:

> Man probiert für i:=1,...,m, ob G(n,i).
>
> Falls man ein solches i findet, gibt man es als Antwort aus, sonst setzt man i:=1.

Um festzustellen, ob G(n,i) gilt, schaut man

> ob i=n oder
>
> ob i<n und für alle $j \leqq 2i$ ¬G(n-i,j) gilt.

Tritt einer dieser beiden Fälle ein, so gilt G(n,i), sonst gilt G(n,i) nicht.

Das Verfahren ist "rekursiv", weil man zur Feststellung, ob G(n,i) gilt, wissen muß, ob G(n-i,j) für die j mit $1 \leqq j \leqq 2i$ gilt. Das Verfahren bricht aber ab, weil n-i<n. Das Problem, den Wahrheitswert von G(n,i) festzustellen, wird also auf endlich viele "kleinere" Probleme zurückgeführt. Die dabei auftretenden möglichen kleinsten Probleme G(1,j) sind aber ohne Rekurs auf andere Probleme lösbar.

Beispiel:

```
G(4,1)
      <==>
1=4  oder
1<4  und (¬G(3,1),¬G(3,2))
      <==>
¬G(3,1),¬G(3,2).

G(3,1)
      <==>
1=3  oder
1<3  und (¬G(2,1),¬G(2,2))
      <==>
```

¬G(2,1),¬G(2,2).

Es gilt aber G(2,2). Also gilt ¬G(3,1).

G(3,2)

$\Longleftrightarrow$

2=3 oder

2<3 und (¬G(1,1),¬G(1,2),¬G(1,3),¬G(1,4))

$\Longleftrightarrow$

¬G(1,1),...,¬G(1,4).

Es gilt aber G(1,1), also gilt ¬G(3,2).

Wegen ¬G(3,1) und ¬G(3,2) gilt also G(4,1).

<u>Transformation des rekursiven Lösungsverfahrens in ein iteratives:</u>

In den meisten höheren Programmiersprachen kann man rekursive Programme formulieren. Sie werden im Rechner nach einem bestimmten gleichbleibenden Schema (Stackmechanismus) exekutiert (siehe Vorlesung "Einführung in die Informatik"). Spezielle Typen von rekursiven Programmen können aber auch durch bestimmte Transformationsregeln vor ihrer Exekution in nicht-rekursive ("iterative") Programme umgewandelt werden. Z.B. ist die Rekursion, die zur Beschreibung des Prädikates G verwendet wurde, vom Typ "primitive Rekursion" (speziell "Werteverlaufsrekursion", vgl. auch "induktive Definitionen", S.183), wo ein Problem mit Parameter n auf endlich viele Probleme mit Parametern m<n zurückgeführt wird. Solche Rekursionen kann man auch "von unten beginnend" berechnen. In unserem Fall könnte man der Reihe nach

G(1,1)	G(2,1)	G(3,1)	...	G(n,1)
	G(2,2)	G(3,2)	...	G(n,2)
		G(3,3)		⋮
				G(n,i)
				⋮
				G(n,n)

bestimmen, bis man beim interessierenden Argumentpaar (n,i) ist.

Beispiel:

Wir zeigen die Tabelle der G(n,i) bis n=13:

i \ n	1	2	3	4	5	6	7	8	9	10	11	12	13	...
1	1	0	0	1	0	1	0	0	1	0	0	1	0	
2		1	0	0	0	0	1	0	0	1	0	0	0	
3			1	0	0	0	0	0	0	0	1	0	0	
4				1	0	0	0	0	0	0	0	0	0	
5					1	0	0	0	0	0	0	0	0	
6						1	0	0	0	0	0	0	0	
7							1	0	0	0	0	0	0	
8								1	0	0	0	0	0	
9									1	0	0	0	0	
10										1	0	0	0	
11											1	0	0	
12												1	0	
13													1	

Hier haben wir in der i-ten Zeile und n-ten Spalte den Wert 1 bzw. 0 eingetragen, je nachdem, ob G(n,i) bzw. $\neg$ G(n,i) gilt. Die Nullen in den Feldern, wo n<i, haben wir dabei nicht eingetragen.

Komplexität des Verfahrens

Um die Tabelle der Werte G(n,i) bis zum Parameterwert n hin nach dem obigen Verfahren auszurechnen, braucht man grob gesprochen, mindestens $\frac{(n+1).n}{2} = O(n^2)$ Schritte, wobei ein "Schritt" aus dem Nachschauen in der Tabelle und einfachen Abfragen wie i=n, i<n besteht (Warum?). Eine obere Schranke für die Schrittzahl ist $O(n^3)$ (Warum?). Dabei ist auch beträchtlicher, nämlich $O(n^2)$ Speicherplatz notwendig. Durch verschiedene Variationen im Verfahren kann man die Komplexität zwischen Rechenzeit und Speicherplatz hin und her verlagern. Das Verfahren, das sich direkt aus der Spezifikation ergibt, bleibt aber aufwendig.

ZWEITER LÖSUNGSVORSCHLAG

MEHR WISSEN ÜBER DIE BETEILIGTEN BEGRIFFE

Prinzip

Gemäß der grundlegenden Regel

mehr mathematisches Wissen ⟶ bessere Algorithmen

müssen wir versuchen, über die in der Problemstellung vorkommenden Begriffe, insbesondere das für die Aufgabe wesentliche Prädikat G "mehr Wissen" zu bekommen, d.h. irgendwelche "Gesetzmäßigkeiten" zu entdecken, die außer (No) noch gelten.

Beobachtung von Beispielen

Wir betrachten die Tabelle der G(n,i), die wir mit dem obigen schlechten Verfahren berechnet haben. Hier fällt zunächst auf, daß in manchen Spalten n nur im Feld, wo i=n, ein Einser steht. Das ist für n=1,2,3,5,8,13 der Fall. Vielleicht fällt auch auf, daß für diese Spaltennummern gilt:

$$1+2 = 3,\ 2+3 = 5,\ 3+5 = 8,\ 5+8 = 13.$$

Weiters bemerkt man vielleicht (insbesondere wenn man noch bis n=21 weiterrechnet), daß die Werte im dreieckigen Bereich nach einer dieser ausgezeichneten Spalten im wesentlichen genau die Werte am Beginn sind.

Diese letzte Beobachtung stimmt aber nicht genau, denn im eingeringelten Bereich unterscheiden sich die Werte.

Außerdem wird man beim Handrechnen sehr bald merken, daß man bei gegebenem n für genügend große i immer $\neg$G(n,i) hat, denn G(n-i,n-i) gilt ja immer und n-i liegt innerhalb der Schranke 2i (d.h. $n-i \leq 2i$), wenn $n \leq 3i$, also $\frac{n}{3} \leq i$.

Aufstellen von Vermutungen

Die Beobachtungen an den Beispielen können zur Vermutung führen, daß die an den Beispielen beobachteten Gesetzmäßigkeiten allgemein gelten. In unserem Beispiel vermuten wir z.B.

Lemma:

(N1) Für $\frac{n}{3} \leqq i < n$ gilt: $\neg G(n,i)$.

(N2) Für $i = n$ gilt: $G(n,i)$.

(N3) Für $n < i$ gilt: $\neg G(n,i)$.

(N4) Für beliebige k gilt:

(N41) Falls $i \neq F_k$: $\neg G(F_k,i)$,
falls $i = F_k$: $G(F_k,i)$.

(N42) Für $F_k < n \leqq F_{k+1}$
und $i < \frac{n}{3}$ gilt: $G(n,i) \Longleftrightarrow G(n-F_k,i)$.

(In einer übersichtlichen Graphik kann man (N1) bis (N4) wie folgt zusammenfassen:

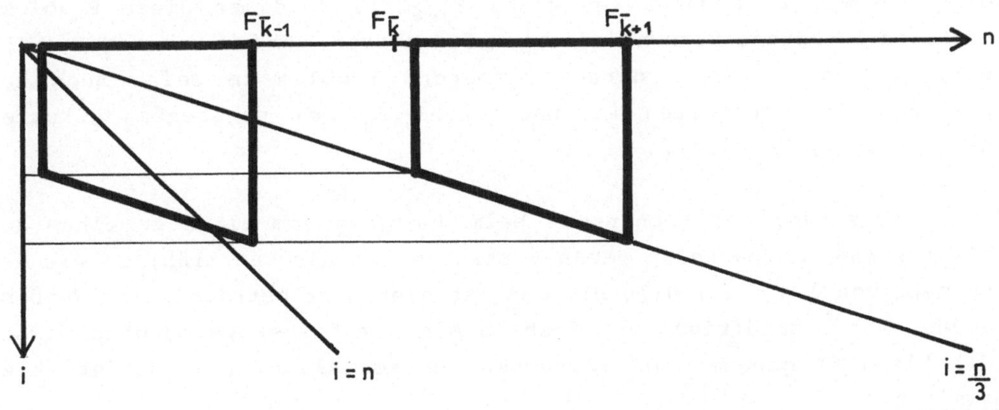

(N5) $\neg G(n,i) \Longrightarrow \neg G(n+1,i+1)$

(d.h. wenn in einem Feld (n,i) eine Null steht, dann auch in jedem Feld in der Diagonale nach rechts unten von (n,i) aus.)

Hier sind $F_1, F_2, F_3, \ldots$ die Nummern der "ausgezeichneten" Spalten 1,2,3,5,8,13,..., für welche wir folgende Gesetzmäßigkeiten vermuten

(F1) $F_1 = 1,$
$F_2 = 2,$
$F_{n+2} = F_{n+1} + F_n.$

(Die durch diese induktive Definition bestimmten Zahlen $F_1, F_2, \ldots$ heißen auch die Fibonacci-Zahlen).

Reflexion über die Nützlichkeit des vermuteten Wissens

Bevor wir daran gehen, die vermuteten Gesetzmäßigkeiten zu beweisen, überlegen wir uns, ob uns das vermutete Wissen überhaupt einen Nutzen zur schnelleren Problemlösung bringen wird. Die wesentliche Einsicht ist (N42). Diese Beziehung zeigt nämlich, daß man das Problem, den Wahrheitswert von G(n,i) zu bestimmen, auf das Problem, den Wahrheitswert von $G(n-F_k,i)$ zu bestimmen, zurückführen kann, wobei F_k die größte Fibonacci-Zahl unterhalb von n ist. Nachdem die Fibonacci-Zahlen F_k ungefähr so wie 2^k wachsen (es gilt: $F_{2k} \geq 2^k$), wird man diese Problemreduktion höchstens O(ln n) oft anwenden müssen, um bei einem mit (N1), (N2), (N3) oder (N41) "direkt lösbaren" Problem zu sein. Auch das Berechnen der geeigneten Fibonacci-Zahl F_k bei gegebenem n kostet unfähr O(ln n) Schritte.

Die Verbesserung der Rechenzeit beim Übergang vom alten zu einem auf (N1) bis (N4) aufbauenden neuen Verfahren ist also ungefähr so wie der Übergang von $O(n^2)$ auf O(ln n). Das ist eine sehr beträchtliche Verbesserung. Wir beschäftigen uns deshalb mit dem bisher vermuteten Wissen (N1) bis (N5) genauer und versuchen, dessen allgemeine Gültigkeit zu beweisen.

BEWEIS DER VERMUTUNGEN

(N1), (N2), (N3) und (N5) sind einfach zu beweisen. Schwierig ist nur (N4). (N5) wird beim Beweis von (N4) verwendet.

Beweis von (N2) und (N3)

Direkt aus der definierenden Eigenschaft (N_o) von G.

Beweis von (N1)

Seien n und i beliebig so, daß $\frac{n}{3} \leqq i < n$. Dann gilt $n \leqq 3i$ und damit auch

(1) $n-i \leqq 2i$.

Außerdem gilt wegen (N2) auch

(2) $G(n-i,n-i)$.

Wegen (1) und (2) gilt dann:

(3) Es existiert ein $j \leqq 2i$ mit $G(n-i,j)$

(n-i "ist ein Beispiel für so ein j"!)

Weil wegen der Voraussetzung $i<n$ auch $i \neq n$ gilt, gilt aufgrund der Definition (N_o) $\neg G(n,i)$.

Beweis von (N5)

Seien n,i beliebig und gelte $\neg G(n,i)$. Dann gilt aufgrund der Definition von G

(1) $i \neq n$ und

(2) $n \leqq i$ oder

$$\bigvee_{j \leqq 2i} G(n-i,j).$$

Im Fall $n \leqq i$ gilt wegen (1) $n<i$, also auch $n+1<i+1$ und damit -wieder wegen der Definition von G - auch $\neg G(n+1,i+1)$.

Wir betrachten nun den Fall, wo ($i<n$ und) $G(n-i,j_o)$ für ein $j_o \leqq 2i$. In diesem Fall ist $G((n+1)-(i+1),j_o)$, weil $(n+1)-(i+1)=n-i$. Außerdem gilt natürlich $j_o \leqq 2(i+1)$, weil $j_o \leqq 2i$. Also gilt:

Es existiert ein $j \leqq 2(i+1)$ mit $G((n+1)-(i+1),j_o)$ (j_o "ist ein Beispiel für so ein j"!).

Weil wegen $i<n$ auch $i+1 \neq n+1$ gilt, gilt aufgrund der Definition (N_o) insgesamt $\neg G(n+1,i+1)$.

Beweis von (N4)

Wir führen einen induktiven Beweis über k (Werteverlaufsinduktion).

(N41) und (N42) gilt zunächst für k=1 und k=2, wie man durch Ausrechnen sofort sieht.

Sei nun $\bar{k} \geqq 2$ fix, aber beliebig und gelte (N41) und (N42) für alle $k \leqq \bar{k}$ (Induktionsvoraussetzung). Wir nehmen ein beliebiges i und zeigen:

(1) Falls $i \neq F_{\bar{k}+1}$: $\neg\, G(F_{\bar{k}+1}, i)$,

falls $i = F_{\bar{k}+1}$: $G(F_{\bar{k}+1}, i)$.

(2) Für $F_{\bar{k}+1} < n \leqq F_{\bar{k}+2}$

und $i < \frac{n}{3}$ gilt: $G(n,i) \iff G(n-F_{\bar{k}+1}, i)$.

Beweis von (1)

Bei (1) ist der Fall $i = F_{\bar{k}+1}$ wegen (N2) erledigt. Im Fall $i \neq F_{\bar{k}+1}$ gibt es die Unterfälle

$i < \frac{F_{\bar{k}+1}}{3}$, $\frac{F_{\bar{k}+1}}{3} \leqq i < F_{\bar{k}+1}$, $F_{\bar{k}+1} < i$.

Die letzten beiden Fälle sind mit (N1) und (N3) erledigt.

Im Fall $i < \frac{F_{\bar{k}+1}}{3}$ holen wir uns Beweisideen aus folgender Zeichnung:

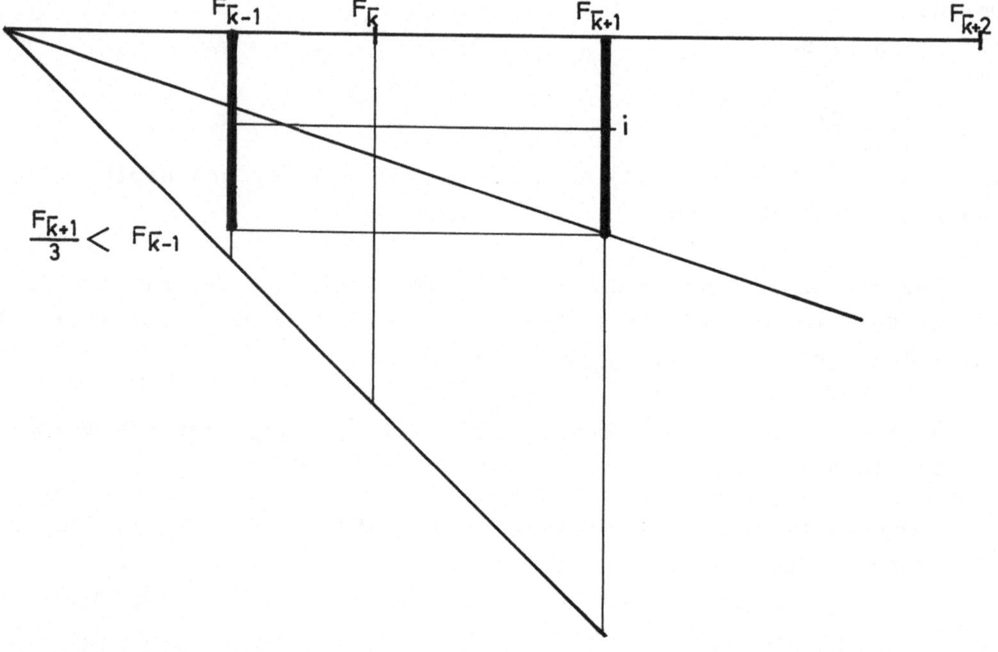

1. Beweisidee: Der Werteverlauf von G bei den zwei dick ausgezogenen Strecken ist wegen (N42) in der Induktionsvoraussetzung gleich.

2. Beweisidee: $\frac{F_{\bar{k}+1}}{3}$ ist kleines als $F_{\bar{k}-1}$ (die dick ausgezogene Strecke bei $F_{\bar{k}-1}$ liegt oberhalb der Diagonale).

3. Beweisidee: Bei $F_{\bar{k}-1}$ stehen wegen (N41) in der Induktionsvoraussetzung oberhalb der Diagonale lauter Nullen.

Folgerung: Der Wert von G bei $F_{\bar{k}+1}$ und i ist 0.

Ausführung der ersten Idee: Es gilt

(B1) $G(F_{\bar{k}+1}, i) \Longleftrightarrow G(F_{\bar{k}-1}, i)$.

(Beweis: Aufgrund von $i < \frac{F_{\bar{k}+1}}{3}$ und (N42) in der Induktionsvoraussetzung gilt
$G(F_{\bar{k}+1}, i) \Longleftrightarrow G(F_{\bar{k}+1}-F_{\bar{k}}, i)$.
Außerdem gilt aufgrund der Definition der Fibonacci-Zahlen
$F_{\bar{k}+1} - F_{\bar{k}} = F_{\bar{k}-1}$. Also gilt (B1).)

Ausführung der zweiten Idee: Es gilt

(B2) $\frac{F_{\bar{k}+1}}{3} < F_{\bar{k}-1}$

(Beweis: Im Falle $\bar{k}=2$ kann man (B2) direkt nachrechnen. Im Falle $\bar{k} \geqq 3$ gilt aufgrund der Definition der Fibonacci-Zahlen:
$F_{\bar{k}+1} = F_{\bar{k}} + F_{\bar{k}-1} = (F_{\bar{k}-1} + F_{\bar{k}-2}) + F_{\bar{k}-1} < 3.F_{\bar{k}-1}$).

Ausführung der dritten Idee: Es gilt

(B3) $\neg G(F_{\bar{k}-1}, i)$.

(Beweis: Wegen $i < \frac{F_{\bar{k}+1}}{3} \overset{(B2)}{<} F_{\bar{k}-1}$ gilt
$i \leqq F_{\bar{k}-1}$ und deshalb wegen (N41) in der Induktionsvoraussetzung
$\neg G(F_{\bar{k}-1}, i)$.)

Ausführung der Folgerung: Wegen (B1) und (B3) gilt
$\neg G(F_{\bar{k}+1}, i)$.

Beweis von (2):

Beim Beweis von (2) gibt es einen zentralen Punkt. Wir machen dazu eine Graphik (vgl. auch die Tabelle auf S.229):

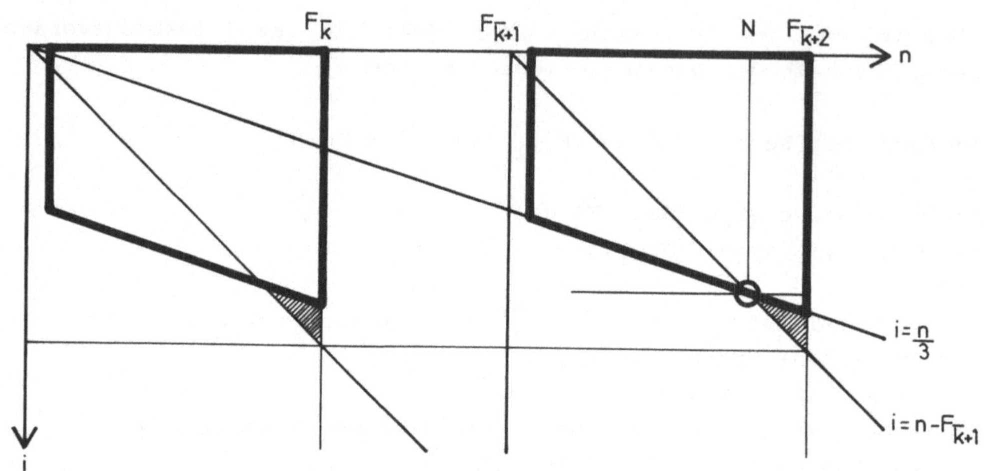

Man muß nämlich den Fall $n \leqq N$ und $N<n$ unterscheiden, wobei N in etwa die Stelle ist, wo sich "die Gerade $i=\frac{n}{3}$" und "die Gerade $i=n-F_{\overline{k}+1}$" schneiden. Denn zwischen $F_{\overline{k}+1}+1$ und N wiederholen sich die Werte, die bereits zwischen 1 und $(N-F_{\overline{k}+1})$ aufgetreten sind und die man im Beweis braucht, genau, während in den schraffierten Bereichen Unterschiede auftreten können, von denen man im Beweis extra zeigen muß, daß sie keinen Schaden stiften. Im Detail gehen wir wie folgt vor:

Sei N die größte unter den Zahlen n, die folgende Bedingungen erfüllen:

$F_{\overline{k}+1} < n \leqq F_{\overline{k}+2}$,

$$n - F_{\overline{k}+1} < \frac{n}{3}.$$

(Solche Zahlen n gibt es, z.B. ist $F_{\overline{k}+1}+1$ so eine Zahl).

(Wir bemerken, daß dann auch für <u>alle</u> n mit $F_{\overline{k}+1}<n\leqq N$:

(*) $\quad n - F_{\overline{k}+1} < \frac{n}{3}$,

weil für $n\leqq N$ gilt:

$$\frac{2n}{3} \leqq \frac{2N}{3} < F_{\overline{k}+1}.$$

Selbstverständlich ist wegen der Maximalität von N auch für <u>alle</u> n mit $N<n\leqq F_{\bar{k}+2}$:

(**) $n - F_{\bar{k}+1} \geqq \frac{n}{3}$.)

Wir zerlegen nun (2) in die folgenden zwei Teilbehauptungen, die wir getrennt beweisen:

(2a) Für $F_{\bar{k}+1} < n \leqq N$ und $i < \frac{n}{3}$ gilt:

$$G(n,i) \iff G(n-F_{\bar{k}+1},i).$$

(2b) Für $N < n \leqq F_{\bar{k}+2}$ und $i < \frac{n}{3}$ gilt:

$$G(n,i) \iff G(n-F_{\bar{k}+1},i).$$

<u>Beweis von (2a)</u> (durch Induktion über n):

<u>Induktionsanfang</u> $n = F_{\bar{k}+1}+1$, <u>Fall</u> i=1:

Es gilt

$G(F_{\bar{k}+1}+1,1)$

(weil aufgrund des bereits aus (1) bekannten Wertverlaufs bei $F_{\bar{k}+1}$ weder $G(F_{\bar{k}+1},1)$ noch $G(F_{\bar{k}+1},2)$ gilt.)

Und es gilt

$$G(\underbrace{F_{\bar{k}+1} + 1 - F_{\bar{k}+1}}_{1}, 1).$$

Induktionsanfang $n = F_{\bar{k}+1}+1$, <u>Fall</u> $1 < i < \frac{F_{\bar{k}+1}+1}{3}$:

Es gilt:

$\neg G(F_{\bar{k}+1}+1,i)$

(aufgrund von (N5), weil $\neg G(F_{\bar{k}+1},i-1)$. Letzteres gilt aufgrund von (1) und der Tatsache, daß $i-1 < \frac{F_{\bar{k}+1}+1}{3} - 1 < F_{\bar{k}+1}$.)

Und es gilt:

$\neg G(F_{\bar{k}+1} + 1 - F_{\bar{k}+1,i})$ (wegen (N3)).

Sei nun $\bar{n}$ eine fixe, aber beliebige Zahl, für welche $F_{\bar{k}+1}<\bar{n}<N$ und außerdem folgende Induktionsvoraussetzung gilt:

Für alle n mit $F_{\bar{k}+1}<n\leq\bar{n}$ und alle $i<\frac{n}{3}$:

$G(n,i) \Longleftrightarrow G(n-F_{\bar{k}+1},i)$.

Wir zeigen (Induktionsschritt):

(2a') Für $i < \frac{\bar{n}+1}{3}$ gilt:

$G(\bar{n}+1,i) \Longleftrightarrow G(\bar{n}+1 - F_{\bar{k}+1},i)$.

Aus der Graphik auf S.236 entnehmen wir, daß i hier drei verschiedene Lagen einnehmen kann, die wir getrennt behandeln, wobei man die Beweisideen in etwa ebenfalls aus der Graphik bekommt.

Wir betrachten zuerst den Fall $(\bar{n}+1) - F_{\bar{k}+1} < i < \frac{\bar{n}+1}{3}$:

Es gilt in diesem Fall:

$\neg G(\bar{n}+1,i)$.
(Aufgrund von (N5), weil $G(F_{\bar{k}+1},i-(\bar{n}+1-F_{\bar{k}+1}))$.
Letzteres gilt aufgrund von (1) und der Tatsache, daß
$i-(\bar{n}+1-F_{\bar{k}+1}) = F_{\bar{k}+1}+(i-\bar{n}-1)<F_{\bar{k}+1}$.)

Und es gilt:
$\neg G(\bar{n}+1-F_{\bar{k}+1},i)$.
(Wegen (N3).)

Dann betrachten wir den Fall $i = (\bar{n}+1) - F_{\bar{k}+1}$.

Es gilt in diesem Fall:
$G(\bar{n}+1,i)$.
(Es gilt $i<\bar{n}+1$. Außerdem existiert kein $j\leq 2i$ mit
$G(\bar{n}+1-i,j)$, und zwar wegen (1) und

weil $2i < F_{\bar{k}+1}$. Letzteres gilt, weil

$i = (\bar{n}+1) - F_{\bar{k}+1} < \frac{\bar{n}+1}{3}$ (Verwende (*) und $\bar{n}+1 \leqq N$),

also auch $3i < \bar{n} + 1$, und damit auch

$2i < (\bar{n}+1) - i = (\bar{n}+1) - ((\bar{n}+1) - F_{\bar{k}+1}) = F_{\bar{k}+1}$.)

Und es gilt:

$$G(\underbrace{(\bar{n}+1) - F_{\bar{k}+1}}_{i}, i)$$ (Wegen (N2).)

Wir betrachten schließlich den <u>Fall</u>: $i < (\bar{n}+1) - F_{\bar{k}+1}$.

Hier gilt:

$$G(\bar{n}+1, i)$$

$\Updownarrow$ (Wegen der Definition von G und weil $i < \bar{n}+1$)

$$\neg \bigvee_{j \leqq 2i} G(\bar{n}+1-i, j)$$

(Weil für $\frac{\bar{n}+1-i}{3} \leqq j \leqq 2i$ immer $\neg G(\bar{n}+1-i, j)$ gilt: Verwende (N1) und die Tatsache, daß $2i < \bar{n}+1-i$. Letzeres gilt aufgrund derselben Überlegung wie beim Fall $i = (\bar{n}+1) - F_{\bar{k}+1}$.)

$\Updownarrow$

$$\neg \bigvee_{\substack{j \leqq 2i \\ j < \frac{\bar{n}+1-i}{3}}} G(\bar{n}+1-i, j)$$

(Wegen der Induktionsvoraussetzung für $\bar{n}$ und der Tatsache, daß $F_{\bar{k}+1} < \bar{n}+1-i \leqq \bar{n}$.)

$\Updownarrow$

$$\neg \bigvee_{\substack{j \leqq 2i \\ j < \frac{\bar{n}+1-i}{3}}} G((\bar{n}+1-i) - F_{\bar{k}+1}, j)$$

(Weil für $j \geqq \frac{\bar{n}+1-i}{3}$ immer

$\neg G((\bar{n}+1-j) - F_{\bar{k}+1},j)$ gilt: Verwende (N3) und die Tatsache, daß wegen (*)

$\Updownarrow$ $\frac{\bar{n}+1-i}{3} > (\bar{n}+1-i) - F_{\bar{k}+1}$.)

$$\neg \bigvee_{j \leqq 2i} G((\bar{n}+1 - F_{\bar{k}+1}) - i,j)$$

$\Updownarrow$ (Wegen der Definition von G und weil $i < \bar{n}+1-F_{\bar{k}+1}$.)

$$G(\bar{n}+1 - F_{\bar{k}+1},i).$$

Damit ist (2a') und somit auch (2a) gezeigt.

Beweis von (2b) (durch Induktion über n):

Übung (siehe BUCHBERGER 80).

EIN ALGORITHMUS, DER AUF DEM NEUEN WISSEN AUFBAUT

Entwicklung des Algorithmus

Die Eigenschaften (N1) bis (N4) ergeben zusammen wieder die wesentlichen Teile eines rekursiven Algorithmus zur Berechnung von G(n,i). Wir entwickeln daraus einen iterativen Algorithmus zur Lösung des Problems "Nimmspiel" aufgrund folgender Überlegungen für gegebene n,m:

Im Falle $n \leqq m$ kann man wegen (N3) mit i:=n gewinnen.

Im Falle $\frac{n}{3} \leqq m < n$ muß man wegen (N1) ein gewinnbringendes i auf jeden Fall unterhalb der neuen Schranke $m' := \lceil \frac{n}{3} \rceil - 1$ suchen.

Im Falle $m < \frac{n}{3}$ wird man wegen (N41) anstreben, die unmittelbar unterhalb von n liegende Fibonacci-Zahl K_n zu erreichen.

Wenn man selbst bereits auf einer Fibonacci-Zahl steht (d.h. wenn $n=K_n$), dann hat man verloren, falls der Gegner richtig spielt. In diesem Fall setze i:=1.

Wenn aber $K_n<n$ und der Zug $i:=n-K_n$, der zur Fibonacci-Zahl K_n führt, erlaubt ist (d.h. $n-K_n \leq m$ gilt), dann wird man diesen Zug ausführen und damit den Gegner zum Verlust führen.

Wenn schließlich $K_n<n$ und $m<n-K_n$, dann kann man gemäß (N42) das Problem reduzieren auf das Problem mit neuem Parameter $n := n-K_n$.

<u>Der Algorithmus</u>

Es wird also folgender Algorithmus nahegelegt, den man dann noch im Detail (unter Verwendung von (N1) bis (N4) verifizieren muß):

```
procedure Nimmspiel-Zug(n,m,i):

Eingaben: n,m.
Ausgabe:  i.

(1)
(N,M) := (n,m)
if N≤M
   then i := N
   else
       if N/3 ≤ M then M := ⌈N/3⌉-1
       (2)
       while K_N < N ∧ M < N-K_N do
            N := N-K_N
            if N/3 ≤ M then M := ⌈N/3⌉-1
      (3)
       if N = K_N then i := 1
                  else i := N-K_N
(4)
```

Wir versehen den Algorithmus an den Stellen ① bis ④ mit induktiven Behauptungen, wobei wir uns darauf beschränken, die partielle Korrektheit für den Fall, daß ein gewinnbringender Zug existiert, zu beweisen. (Der Algorithmus terminiert, weil in der <u>while</u>-Schleife N immer kleiner wird. Der Algorithmus bringt also auch in dem Fall, wo keine gewinnbringende Strategie existiert, ein Resultat. Man überlegt sich leicht, daß in diesem Fall das Resultat immer 1 ist). Gemäß der Problemdefinition im 1. Abschnitt lauten die Behauptungen bei ① und ④

①: $\bigvee_{j \leqq m} G(n,j)$,

④: $i \leqq m$, $G(n,i)$.

An der wesentlichen Stelle ② sollen die möglichen Gewinnzüge für das gerade vorliegende N und das ursprüngliche n gleich sein. Außerdem braucht man einige Hilfstatsachen:

②: $\bigvee_{j \leqq M} G(N,j)$,

$\bigwedge_{j \leqq M} (G(N,j) \Longleftrightarrow G(n,j))$,

$M < \frac{N}{3}$, $M \leqq m$.

Bei ③ behaupten wir:

③: ② $\wedge$ $(N \leqq K_N \vee N-K_N \leqq M)$.

<u>Verifikation des Algorithmus</u>

Übung (Bei gegebenem Algorithmus, gegebenen induktiven Behauptungen und bei vorliegendem Grundwissen (N1) bis (N4) ist die Verifikation im großen und ganzen eine Routine-Sache. Die Verifikation ist im wesentlichen eine Kontrolle, daß die Übersetzung der durch (N1) bis (N4) nahegelegten rekursiven Lösung des Problems in ein iteratives Verfahren korrekt durchgeführt wurde).

LITERATUR ZU DEM PROBLEM

Eine so detaillierte Beschäftigung mit einem Problem wie wir sie auf den vorangegangenen Seiten angestellt haben, kann Anlaß zu einer vielseitigen Literatursuche zu dem Thema sein. Man könnte suchen unter den Themen

"Spiele", insbesondere "Nimmspiele" (Zu diesem Gebiet findet man sehr viel unter "Graphentheorie", insbesondere unter "Kerne von Graphen".),

"Umwandlung von Rekursionen in Iterationen",

"Fibonacci-Zahlen", "Differenzengleichungen".

Einige Literaturstellen, die man dabei finden kann, sind z.B.: TINHOFER 76, DÖRFLER/MÜHLBACHER 73 (Graphen), MANNA 74 (Rekursionen), WOROBJEW (Fibonacci-Zahlen), GOLDBERG 68 (Differenzengleichungen).

(Eine Darstellung und Verifikation des obigen Algorithmus für dieses spezielle Nimmspiel ist den Autoren aus der Literatur allerdings nicht bekannt. Die grundlegende Beobachtung der Relevanz der Fibonacci-Zahlen - ohne Beweis - verdanken wir Herrn Prof. Rechenberg und Herrn Wegner. Das Problem findet sich in RECHENBERG 75).

DOKUMENTATION DES ALGORITHMUS

Das für die Dokumentation des Algorithmus notwendige Material findet sich auf den vorangehenden Seiten. Wir stellen es aus Platzgründen nicht noch einmal zusammen.

ÜBUNGSARBEIT:

Führe den Beweis der Vermutungen (N1) bis (N5) in der Fallstudie zu Ende, d. h. behandle ausführlich den Fall (2b) auf S.240. (Hinweis: Führe einen Beweis durch Induktion über n. Betrachte zuerst n := N+1. Dann stelle die Induktionsvoraussetzung für ein fixes $\bar{n}$ mit $N < \bar{n} < F_{k+2}$ auf und zeige die Behauptung für $\bar{n}+1$. Hier unterscheide die Fälle $\bar{n}+1-i \leq N$ und $N < \bar{n}+1-i$. Der erste Fall geht ähnlich wie die Betrachtung des Wertes n: = N+1. Für den zweiten Fall braucht man die Tatsache, daß für $i < \frac{n}{3}$ auch $2i < \frac{n+1-i}{3}$ gilt. Dazu braucht man die folgende Beziehung für Fibonacci-Zahlen:

$$F_{k+1} \leqq \frac{7}{4} F_k - \frac{1}{6} \quad (k \geqq 2).$$

Mache vor einem ausführlichen Beweis eine Skizze, in der du dir graphisch überlegst, warum $2i < \frac{\bar{n}+1-i}{3}$ gilt.) Führe aufbauend auf (N1) bis (N4) den Korrektheitsbeweis für den angegebenen Algorithmus mit der Methode der induktiven Behauptungen durch. Gib eine möglichst gute obere Schranke für die Schrittanzahl des Algorithmus. Dokumentiere deine Arbeit.

Methodische Analyse der Fallstudie

ZUR PROBLEMANALYSE: EXPLIZITE ENTSCHEIDUNGSPROBLEME

Der Unterschied zwischen Bestimmungs- und Entscheidungsproblemen

Bei Bestimmungsproblemen (und expliziten Prozedurspezifikationen) besteht das Problem in der Angabe eines Verfahrens, wie man

> zu gegebenen Gegenständen, die eine gewisse Bedingung (Eingabebedingung) erfüllen,
>
> gewisse andere Gegenstände konstruiert, die gewünschte Eigenschaften (Ausgabebedingungen) haben.

Bei Entscheidungsproblemen besteht das Problem in der Angabe eines Verfahrens, wie man

> von gegebenen Gegenständen, die eine gewisse Bedingung (Eingabebedingung) erfüllen,
>
> feststellt, ob sie miteinander in einer fraglichen Beziehung stehen oder nicht.

<u>Beispiel:</u>

In der Fallstudie besteht ein Unterproblem darin, von

> gegebene Zahlen n und i
>
> festzustellen, ob der Zug i bei vorliegenden n Hölzern ein Gewinnzug ist oder nicht.

Bestimmungsstücke expliziter Entscheidungsprobleme:

Explizite Entscheidungsprobleme sind durch folgende Angaben charakterisiert

Eingabevariable: $x_1,\ldots,x_n$.

Eingabebedingung: E (eine Aussage, in welcher nur die Variablen $x_1,\ldots,x_n$ frei vorkommen).

fragliche Eigenschaft: P (eine Aussage, in welcher nur die Variablen $x_1,\ldots,x_n$ frei vorkommen).

Grundoperationen: Eine Liste von Grundoperationen, -prädikaten und -prozeduren, die in einem Lösungsverfahren verwendet werden dürfen.

Die Lösung eines expliziten Entscheidungsproblems besteht in der Angabe eines Algorithmus A, der

für beliebige $x_1,\ldots,x_n$, die die Eingabebedingung E erfüllen,

die Ausgabe "JA" liefert, falls $x_1,\ldots,x_n$ die fragliche Eigenschaft P erfüllen und

die Ausgabe "NEIN" liefert, falls $x_1,\ldots,x_n$ die fragliche Eigenschaft P nicht erfüllen.

Zusammenhang zwischen Bestimmungs- und Entscheidungsproblemen:

Entscheidungsprobleme können auch als spezielle Bestimmungsprobleme betrachtet werden, indem man ein Entscheidungsproblem wie folgt formuliert:

Eingabevariable: $x_1,\ldots,x_n$.

Eingabebedingung: E.

Ausgabevariable: y.

Ausgabebedingung: y = "JA", falls P

y = "NEIN", falls $\neg$P

eine Aussage mit freien Variablen $x_1,\ldots,x_n,y$

Alles, was über Analyse, Formulierung, Lösung und Dokumentation von expliziten Bestimmungsproblemen gesagt wurde, gilt also unverändert auch für explizite Entscheidungsprobleme.

Entscheidungsprobleme ohne Variableneingabe

Genauso wie bei Bestimmungsproblemen (vgl. S. 176) kann es auch bei Entscheidungsproblemen vorkommen, daß nur eine einzelne Entscheidung, die nicht von Eingabeparametern abhängt, interessiert, z.B.

Frage: Gibt es unendlich viele Primzahlen?

Der Beweis oder die Widerlegung von (mathematischen) Aussagen ohne freie Variable ist also bei dieser Betrachtungsweise immer ein solches parameterloses Entscheidungsproblem. Durch Auflösen der Quantoren-Struktur wird die Lösung solcher Probleme meist aber auf eine Reihe von Bestimmungs- und Entscheidungsproblemen mit Parametern zurückgeführt, z.B. ist eine mögliche Formulierung des obigen Problems

Für alle n gibt es ein p, sodaß
p > n und p eine Primzahl ist.

Dieser Satz ist bewiesen (dieses parameterlose Entscheidungsproblem ist positiv entschieden), wenn man folgendes Bestimmungsproblem lösen kann

Eingabe: n
Ausgabe: p
Ausgabebedingung: p > n, p Primzahl.

ZUR PROBLEMANALYSE: IMPLIZITE PROBLEME, DATENTYPEN

DIE ROLLE VON DATENTYPEN IM PROBLEMLÖSUNGSPROZESS

In der schrittweisen Verfeinerung von Problembeschreibungen und Lösungsverfahren (S.66,122) hat man Funktionen, Prädikate und Prozeduren durch explizite Definitionen in mehreren Stufen auf Grundfunktionen, -prädikate und -prozeduren zurückgeführt, die man als "vorhanden" (z.B. als Grundoperationen eines Rechners, als Unterprogramme, als bekannte Rechenverfahren vorhanden) voraussetzt.

Von den Grundfunktionen, -prädikaten und -prozeduren setzt man voraus, daß sie korrekt sind in dem Sinn, daß sie ihre "Spezifikation" erfüllen. Diese Spezifikationen können wieder explizite Problembeschreibungen sein, sie können aber auch <u>implizite Problembeschreibungen</u> sein in dem Sinn, daß

> nicht nur der Zusammenhang zwischen Ein- und zugehörigen Ausgabegrößen, sondern allgemeiner der Zusammenhang zwischen den Werten der beteiligten Funktionen, Prädikate, Prozeduren bei verschiedenen Eingaben angegeben wird.

Der stufenweise Korrektheitsbeweis von Verfahren erfolgt immer relativ dazu, daß die auf der jeweiligen Stufe als Grundoperationen vorausgesetzten Operationen ihre explizite oder implizite Spezifikationen erfüllen. Auf der nächsten Entwurfstufe sind dann die auf der höheren Stufe als Grundoperationen vorausgesetzten Operationen so zu implementieren, daß die vorausgesetzten Spezifikationen erfüllt sind.

Einen Satz von Operationskonstanten (Funktions-, Prädikaten-, Prozedurkonstanten) zusammen mit (impliziten) Spezifikationen ihres gegenseitigen Zusammenspiels nennt man auch <u>(abstrakten) Datentyp</u>.

<u>Beispiel:</u>

Für das Sortierverfahren und seinen Korrektheitsbeweis auf S.86 wurden folgende Operationen als vorhanden vorausgesetzt:

Prädikat $\leqq^*$ (x,y):
    x,y ..... "Schlüssel".

Funktion schreiben (a,i,x): (kurz: s(a,i,x)).
    a .... "Speicher" (Folgen, eindimensionale Felder),
    i .... "Adressen" (Stellen, Plätze) (**N**)
    x .... "Schlüssel",
    Werte ... "Speicher".

Funktion lesen (a,i): (kurz: a_i)
    a .... "Speicher",
    i .... "Adresse" (**N**)
    Werte ... "Schlüssel".

Funktion Länge (a): (kurz: $|a|$)
a .... "Speicher",
Werte ... "Längen" ($\mathbb{N}$).

Funktion +(i,j):
i,j ..... "Adressen" ($\mathbb{N}$).
Werte ... "Adressen" ($\mathbb{N}$).

Vorausgesetzte Eigenschaften ("Axiome"):

Axiome einer linearen Ordnung:

$x \leqq^* x,$

$x \leqq^* y \leqq^* x \implies x = y,$

$x \leqq^* y \leqq^* z \implies x \leqq^* z,$

$x \leqq^* y \vee y \leqq^* x.$

Speicheraxiome:

$s(a,i,x)_i = x,$

$s(a,i,x)_j = a_j$, falls $i \neq j$,

$|s(a,i,x)| = |a|$, falls $i \leqq |a|$.

Arithmetische Axiome:

$i + j = j + i$ etc.

Im Korrektheitsbeweis für das Sortierverfahren hat man nur von oben angeführten Eigenschaften Gebrauch gemacht (vgl. auch Übung 7, S.297). Das angegebene Sortierverfahren ist deshalb für alle Bereiche von "Schlüsseln", "Adressen" und "Folgen (von Schlüsseln)" und darauf definierten Operationen korrekt, die die obigen Eigenschaften erfüllen. Oft legt man gewisse Bereiche, die zu einem Datentyp gehören, fest (hier z.B. $\mathbb{N}$), andere läßt man offen.

Beispiel:

Auch die Beschreibung von G in der letzten Fallstudie ist implizit, denn G wird nicht durch eine explizite Definition auf andere Grundbegriffe zurückgeführt, sondern es wird nur spezifiziert, wie die Wahrheitswerte von G (mit anderen Werten und) untereinander zusammenhängen:

Prädikat G(n,i):

n,i ... natürliche Zahlen

Funktion +(i,j):

i,j ... natürliche Zahlen

Funktionen ., -, Prädikat < etc.

Eigenschaften:

G(n,i) <==> i = n oder

(i < n und

für kein $j \leq 2i$: G(n-i,j)).

DIE CHARAKTERISIERUNG VON IMPLIZITEN PROBLEMBESCHREIBUNGEN (DATENTYPEN)

Implizite Probleme (abstrakte Datentypen) werden durch folgende Angaben charakterisiert:

1. Konstante:

$f_1,\ldots,f_l,\ p_1,\ldots,p_m,\ P_1,\ldots,P_n$
(Funktions-, Prädikaten-, Prozedurkonstante).

Zu jeder Konstanten Angabe der Laufbereiche der einzelnen Eingabe- Ausgabe- und Übergangsparameter.

2. Axiome:

$A_1,\ldots,A_t$
(Aussagen, die nur die Konstanten $f_1,\ldots,P_n$ enthalten).

<u>Die Lösung eines impliziten Problems</u> besteht darin, daß man explizite Definitionen für

$f_1,\ldots,f_l,\ p_1,\ldots,p_m,\ P_1,\ldots,P_n$

findet, in deren rechter Seite diese Konstanten nicht mehr vorkommen, sondern nur mehr solche Konstanten, die man für die Problemlösung wieder als Grundoperationen voraussetzt, und zwar von der Art, daß $A_1,\ldots A_t$ beweisbar werden (eine solche Lösung nennt man auch "<u>Realisierung des abstrakten Datentyps</u>" mit Hilfe der als vorhanden vorausgesetzten Grundoperationen).

Beispiel:

Realisierung von $\leqq^*$ aus dem Sortierbeispiel:

$x \leqq^* y :\Longleftrightarrow x \leqq y$,

(x,y ... natürliche Zahlen,
$\leqq$ ..... übliche Ordnungsgeziehung zwischen natürlichen Zahlen)

Es ist bekannt, daß für diese Realisierung die Axiome einer linearen Ordnung gelten.

Beispiel:

Andere Realisierung von $\leqq^*$ aus dem Sortierbeispiel:

$x \leqq^* y :\Longleftrightarrow$

(es existiert ein $k \leqq \min(|x|, |y|)$, sodaß:

für alle $1 \leqq i < k$: $x_i = y_i$ und
x_k kommt vor y_k)

oder

($|x| \leqslant |y|$ und
für alle $1 \leqq i \leqq |x|$: $x_i = y_i$)

(x,y ... Wörter über dem deutschen Alphabet, vgl. Übung 10, S.148.

Als vorhandene Grundoperationen setzen wir voraus:

$|x|$, x_i für endliche Folgen, vgl. S. 119,
$\leqq$ ... übliche Ordnungsbeziehung bei natürlichen Zahlen,
"kommt vor" ... zweistelliges Prädikat zwischen deutschen Buchstaben).

Man überprüft leicht, daß für die so definierte Beziehung $\leqq^*$ die Axiome einer linearen Ordung gelten.

Beispiel:

Realisierung von "schreiben", "lesen" und "Länge":

$s(a,i,x) := (a - \{(i,a_i)\}) \cup \{(i,x)\}$,

$a_i := a(i)$,

$|a|$:= dasjenige n, für welches a: $\mathbf{N}_n \longrightarrow \mathbf{N}$.

(a ... endliche Folgen von natürlichen Zahlen,
i ... natürliche Zahlen,
x ... natürliche Zahlen.

Als vorhandene Grundoperationen setzen wir voraus: die Operationen der Mengenlehre $-$, $\cup$, () etc.).

Man überprüft leicht, daß für die so definierten Operationen die Speicheraxiome gelten.

Beispiel:

Realisierung von "schreiben", "lesen" und "Länge":

$$s(a,i,x) := \Big(\prod_{\substack{j=1 \\ j \neq i}}^{l(a)} p_j^{\exp(a,j)} \Big) . p_i^{x},$$

$$a_i := \exp(a,i),$$

$$|a| := l(a) := \text{das kleinste } n \in \mathbf{N}_o, \text{ sodaß } a = \prod_{j=1}^{n} p_j^{\exp(a,j)}.$$

Hier sei

p_i := die i-te Primzahl, wobei $p_1 := 2$,

$\exp(a,i)$:= der Exponent bei p_i in einer Primzahlzerlegung von a.

(Als Grundoperationen setzen wir hier die arithmetischen Operationen +, ., <, "teilt", "ist Primzahl" voraus).

Man überprüft wieder leicht, daß die so definierten Operationen die Speicheraxiome erfüllen.

ZUR TECHNIK DES PROBLEMLÖSENS: BEWEISE

DIE ROLLE DES BEWEISENS IM PROBLEMLÖSUNGSVORGANG

Das Beweisen spielt als Werkzeug im mathematischen Problemlösungsvorgang an zentralen Stellen eine Rolle:

zur Ableitung von neuem Wissen über die betrachteten Begriffe (und damit zur Beschleunigung von Algorithmen siehe S.230),

zum Beweis der Korrektheit von vorgeschlagenen Lösungsverfahren für ein Problem (vgl. S. 86),

zur Kontrolle von gespeichertem Wissen in der Literatur,

zur Überprüfung, ob vorliegende Daten als Eingabe für ein Verfahren zulässig sind (ob das Verfahren auf diese Daten anwendbar ist) usw.

Beweisen als Arbeitsmethode ist das wesentliche Kriterium für <u>mathematisches</u> Problemlösen. Beweisen ist nämlich nichts anderes als Arbeiten in (sprachlichen) Modellen ohne Rückgriff auf die beschriebene Realität, d.h. ohne zusätzliche Beobachtungen in der beschriebenen Realität während des Beweisvorganges. (Beweisen, Schließen ist <u>abstrakt</u>, vgl. S. 2). Wohl aber ist es nützlich und wesentlich für die Erlangung von Ideen für Beweise (<u>Heuristik</u>), an kritischen Stellen eines Beweises immer wieder möglichst anschauliche Beispiele aus der beschriebenen Realität (den beschriebenen Realitäten) zu betrachten.

Der praktische Nutzen der Methode des Beweisens liegt unter anderem darin, daß mit dieser Methode auch Aussagen als gültig (oder ungültig) erkannt werden können, die mit der Methode des direkten Erfahrens (in der betrachteten Realität) nur schwierig oder überhaupt nicht verifiziert oder falsifiziert werden können.

Z.B. gehören dazu alle Ausagen der Gestalt "Für alle $x \in M$: ...", wo M eine "sehr große" oder unendliche Menge ist (z.B. die Aussage: "Für alle Eingabefolgen a liefert der Bubble-Sort-Algorithmus von S. 98 eine sortierte Version b von a".) Freilich muß man über die zugrundeliegenden Mengen schon einiges Grundwissen (auch solches der Gestalt "für alle $x \in M$: ...") zur Verfügung haben, damit man weitere interessante Aussagen ableiten kann (z.B. die Eigenschaften einer linearen Ordnung, etc., siehe S. 122).

Mehr Wissen über die betrachtete Realität in Form von gültigen Aussagen kann oft die Lösung von Problemen in den betrachteten Realitäten stark vereinfachen, da man die Lösung von Problemen oft durch sehr einfache "Schlüsse" (im Extremfall durch kurzes "Rechnen" = Ersetzen und Einsetzen) aus den bewiesenen gültigen Aussagen ("Formeln") erhalten kann (vgl. die Fallstudie "Nimmspiel").

Im Idealfall kann man

aus bekannten Tatsachen über die in einer Problembeschreibung vorkommenden Grundbegriffe

schrittweise solche Tatsachen ableiten, die die Problemlösung für konkrete Angaben zu einem reinen Rechenprozeß (ohne Kreativität) machen ("Programmsynthese").

Im Normalfall wird man

nach Zusammenstellung des bekannten Wissens über die in einer Problembeschreibung vorkommenen Grundbegriffe (und Ableitung von einigem zusätzlichen Wissen durch Schließen)

ein Lösungsverfahren ("Programm", "Algorithmus") in einem kreativen Akt vorschlagen und die Korrektheit des Verfahrens dann durch Verwendung des zur Verfügung stehenden Wissens über die in Problemspezifikation und Algorithmus vorkommenden Grundbegriffe begründen ("Programmverifikation" im weitesten Sinn).

Zwischen Programmsynthese und Programmverifikation besteht also ein schleifender Übergang. Je mehr Sorgfalt in eine Programmsynthese gesteckt wird, umso weniger Aufwand wird die Programmverifikation benötigen. In jedem Fall spielt die Technik des Begründens ("Beweisens") von Aussagen eine zentrale Rolle.

Da das Beweisen für den mathematischen Problemlösungsprozeß von so zentraler Wichtigkeit ist, kann man durch Erlernen der Technik des Beweisens als Handwerkzeug die Problemlösepotenz entscheidend verbessern. Was wir beim Spezialfall der Korrektheitsbeweise von Algorithmen bereits gesagt haben, gilt auch allgemein: Beweisen zerfällt in 2 Teile:

a) Systematisches Zusammenstellen von dem, was zu beweisen ist, und dem, was man weiß (Zerlegung eines Beweisproblems in Unterprobleme und Zusammenstellen des vorhandenen Grundwissens).

b) Beweis der zunächst nicht mehr zerlegbaren Beweisprobleme.

Das systematische Zerlegen von Beweisen kann man als Technik erlernen. Das Erzeugen von Ideen für zunächst nicht mehr zerlegbare Beweisprobleme kann man (noch) nicht effizient automatisieren (automatisches Beweisen ist aber ein Forschungsgebiet, das in stürmischer Entwicklung ist). Jedoch kann man auch dafür Hilfsmittel einüben und auf jeden Fall hilft auch für die Beweis-Heuristik die routinemäßige Beherrschung der Beweistechnik. Wir beschäftigen uns in diesem Abschnitt deshalb hauptsächlich mit der Zusammenstellung der Technik des Beweisens.

GRUNDLINIEN DER BEWEISTECHNIK

Stufenweises Vorgehen

Genauso wie bei der

Problemanalyse und -beschreibung,
beim Entwurf und der Dokumentation von Lösungsverfahren,

ist auch

bei der Beweisfindung und der Beweispräsentation

der Gedanke der übersichtlichen Strukturierung und des stufenweisen Vorgehens von zentraler Wichtigkeit.

Grundsituation beim Beweisen

Die Grundsituation bei einer Beweisaufgabe ist folgende:

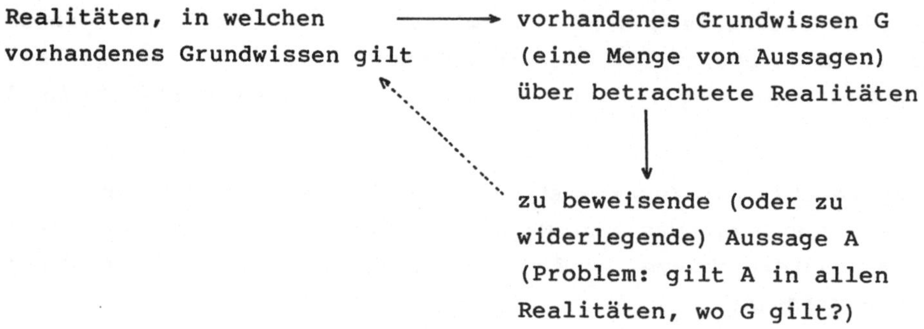

Realitäten, in welchen vorhandenes Grundwissen gilt → vorhandenes Grundwissen G (eine Menge von Aussagen) über betrachtete Realitäten

↓

zu beweisende (oder zu widerlegende) Aussage A (Problem: gilt A in allen Realitäten, wo G gilt?)

Man hat also ein Grundwissen G und eine Aussage A und fragt sich, ob "A aus G folgt" (im Sinn: "A gilt in allen Realitäten, in welchen G gilt"). Ein Beweis, daß "A aus G folgt", besteht nun nicht in einer Beobachtung der Wahrheit oder Falschheit von A in allen durch G beschriebenen Realitäten, sondern in der Angabe von Einzelschritten, deren jeder von Aussagen (Prämissen) zu daraus folgenden neuen Aussagen (Konklusionen) führt, wobei jeder Einzelschritt nachvollziehbar (kontrollierbar, einsichtig, allgemein als korrekt bekannt) ist und das Ergebnis des letzten Schrittes die Aussage A ist. (Freilich ist die Frage, wie groß ein Beweisschritt sein darf, um noch "nachvollziehbar" zu sein, zunächst sehr subjektiv, vgl. dazu die späteren Bemerkungen).

Kombination von Top-down- und Bottom-up-Schritten

In der Praxis kombiniert man bei Beweisen

Top-down-Schritte mit

Bottom-up-Schritten.

Als Top-down-Schritte bezeichnen wir dabei solche, die ein Beweisproblem in Teilprobleme zerlegen, nach dem Muster:

Wir wollen zeigen, daß A aus G folgt.
Es genügt dazu zu zeigen, daß
A_1 aus G_1, A_2 aus G_2, ...
folgt.

Beispiel:

Wir wollen zeigen, daß $(B_1 \wedge B_2)$ aus G folgt.
Es genügt dazu zu zeigen, daß
B_1 aus G folgt und
B_2 aus G folgt.

Als <u>Bottom-up-Schritt</u> bezeichnen wir einen Schritt, der aus dem an einer bestimmten Beweisstelle vorhandenen Grundwissen "auf Vorrat" neues Wisen erschließt, auf das man allenfalls zurückgreifen kann.

Beispiel:

Es gelten die Behauptungen $\neg$ A und A $\vee$ B.
Dann gilt auch B.

Durch Kombination von Bottom-up- und Top-down-Schritten wird die anfängliche "Lücke" zwischen Grundwissen G und zu beweisender Aussage A schrittweise verkleinert, bis man im positiven Fall alle durch Top-down-Schritte erzeugten Teilbeweisprobleme durch Bottom-up-Schritte abdecken kann:

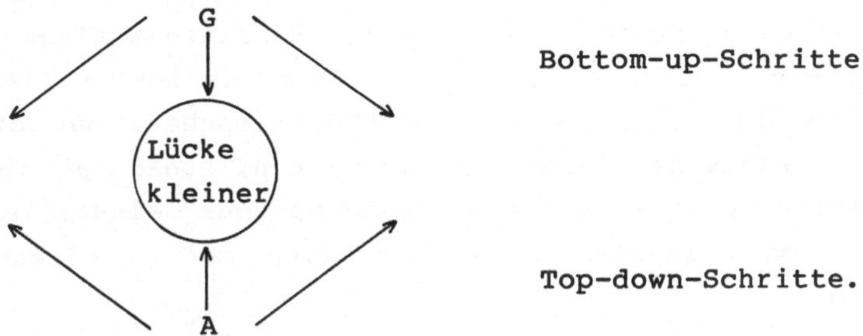

Die Beweisfindung ist meist ein iterativer Vorgang, weil man meist nicht sofort jene Kombination von Bottom-up- und Top-down-Schritten findet, die die "Lücke" schließen.

Die Präsentation von Beweisen, die Größe von Beweisschritten

Bei der Präsentation von fertigen Beweisen spielen mehrere Faktoren eine Rolle:

> Dokumentation der Beweisfindung,
> Überschaubarkeit der einzelnen Beweisteile,
> Größe der einzelnen Beweisschritte.

Ob man die Dokumentation der Beweisfindung (allenfalls unter Einschluß möglicher "Irrwege") in die Beweisdokumentation aufnimmt, hängt hauptsächlich davon ab, ob man die Beweisdokumentation zu dem Zwecke vornimmt, um "Verständnis" für den Beweis bei einem menschlichen Leser zu erwecken oder lediglich, um die Überlegungen kontrollierbar zu machen.

Auf jeden Fall soll der Beweis aber in lauter überschaubare Blöcke mit Unterblöcken analog zu Programmstrukturen gegliedert werden (vgl. S.122). Die Syntax bzw. die verwendete Beweistechnik der zu beweisenden Formeln gibt meist eine natürliche Steuerung für die Blockstruktur.

Was als ein Beweisschritt zugemutet werden kann, hängt wesentlich vom Gesprächspartner ab. Zu große Schritte können nicht allgemein nachvollzogen werden (und sind meist fehlerhaft). Zu kleine Schritte erschweren die Überschaubarkeit. Man sollte jedoch die Technik beherrschen, jeden Beweis in beliebig kleine Schritte zerlegen zu können und den Beweis durch Strukturierung dennoch überschaubar zu halten (ein bekanntes Resultat aus der Logik besagt, daß man jeden Beweis in der in dieser Vorlesung verwendeten Sprache in so kleine Schritte zerlegen kann, daß man jeden einzelnen Schritt durch einen Computer kontrollieren lassen kann). Andererseits sollte man es auch beherrschen, nur die wesentlichen Gedanken eines Beweises zu präsentieren, sodaß man sich also in der Argumentation auf "beliebige Gesprächspartner" einstellen kann und andererseits auch beliebig feine Kontrollen seines eigenen Denkens durchführen kann.

Die Rolle von Grundwissen

Man beachte, daß ein Beweis immer relativ zu einem vorausgesetzten Grundwissen geschieht.

Grundwissen kann z.B. sein:

eine Aussage, deren Gültigkeit in der betrachteten Realität durch Beobachten erwiesen wurde (z.B. physikalische Aussagen),

eine früher schon bewiesene Aussage,

eine versuchsweise eingeführte Aussage ("Hypothese"), deren Konsequenzen man untersuchen möchte ("Erklären vieler Einzeltatsachen durch wenige Grundgesetze": "Theorienbildung"),

Aussagen, deren Gültigkeit man voraussetzt, um die in der folgenden Untersuchung "interessierenden" Realitäten von den nicht interessierenden zu unterscheiden ("Axiome"),

Aussagen, die in jeder betrachteten Realität gelten ("allgemeingültige Aussagen"),

Definitionen,

temporär eingeführte Annahmen bei bestimmten Beweistechniken (siehe z.B. die Techniken "Annahme des Gegenteils", "Annahme, zu zeigen", "sei ... so, daß").

Heuristik der Beweisfindung

Das wesentliche heuristische (= ideenspendende) Mittel der Beweisfindung ist die Betrachtung von Beispielen. D.h. um zu entdecken,

ob A aus G folgt bzw.
warum A aus G folgt bzw.
um "interessante" A zu entdecken, die aus G folgen,

betrachte man Beispiele von Realitäten, in denen G gilt, insbesondere Zeichnungen.

Beispiele (Zeichnungen), aus denen man etwas für den Beweis Interessantes entnehmen kann, müssen dabei folgende Eigenschaften haben:

sie dürfen nicht zu kompliziert sein, damit sie mit einem Blick überschaubar sind, sie dürfen <u>nicht zu einfach</u> sein, damit man schon eine Vorstellung "vom allgemeinen Fall" bekommt,

sie sollen sich auf Angabe der für die Aufgabe <u>wesentlichen Teile</u> beschränken (Erhöhung der Überschaubarkeit),

sie sollen in den für die Aufgabe wesentlichen Teilen <u>korrekt</u> sein (die wesentlichen Teile von G sollen in den Beispielen gelten, in unwesentlichen Teilen können Beispiele inkorrekt sein).

Man hüte sich aber, die Beobachtung an einem Beispiel als Beweis einer allgemeinen Behauptung mißzuverstehen: In einem konkreten Beispiel (Zeichnung) kann eine Eigenschaft gelten, die nicht für jedes Beispiel aus der interessierenden Klasse gilt.

Direkt oder indirekt, Beweisen oder Widerlegen

Um zu entdecken, ob eine Aussage A (ohne freie Variable) aus einem Grundwissen G folgt oder nicht, kann man zyklisch folgende Versuche machen:

1. Versuch, A aus G zu beweisen,
2. Versuch, aus $\neg A$ (und G) einen Widerspruch (das ist eine Aussage der Gestalt $B \wedge \neg B$) herzuleiten ("<u>indirekter Beweis</u>"),
3. Versuch, $\neg A$ aus G zu beweisen (<u>Widerlegung von A</u>),
4. Versuch, aus A (und G) einen Widerspruch herzuleiten.

Beim <u>Gelingen</u> des Versuchs 1. oder 2. folgt A aus G. Bei Gelingen des Versuchs 3. oder 4. folgt $\neg A$ aus G. Aus dem <u>Scheitern</u> eines Versuchs hat man meist eine <u>Idee</u> für das Gelingen eines der anderen Versuche. Ob man gleich mit dem ersten oder dem zweiten Versuch beginnt (<u>direkt oder indirekt</u>), hängt vom Beispiel ab. (Vgl. S.274).

Beobachtung der Grundlinien der Beweistechnik an einem Beispiel

Wir betrachten den Beweis der Behauptung N4) in der Fallstudie.

Die Idee für diese Behauptung kommt aus der Betrachtung von Beispielen (siehe die Wertetafel auf S. 229): Die Tabelle ist nicht zu klein (sonst würde man noch kein Gesetz sehen) und auch nicht zu groß (sonst würde man "vor lauter Bäumen den Wald nicht sehen"). Die uns wesentlich erscheinenden Spalten haben wir markiert (dann sieht man vielleicht ein Gesetz in den Spaltennummern).

Der Beweis wird zunächst durch Anwendung der Werteverlaufsinduktion zerlegt (Top-down-Schritt):

> Induktionsanfang,
> Induktionsschritt:
>
> > Unter der Induktionsvoraussetzung, die temporär zum Grundwissen dazu genommen wird, ist (1) und (2) zu zeigen.

Der Induktionsschritt wird in natürlicher Weise zerlegt in den Beweis von (1) und den Beweis von (2).

Der Beweis von (1) wird durch die Beweistechnik der Fallunterscheidung in vier voneinander entkoppelte Beweise zerlegt. Die Idee, in welche vier Fälle man den Beweis zerlegen kann, kommt einerseits aus der syntaktischen Struktur der Formel (1), andererseits aus der Zeichnung auf S.231 bzw. aus dem in dieser Zeichnung verarbeiteten Wissen (N1) bzw. (N3), angewandt auf $F_{\overline{k}+1}$ (Bottom-up-Schritt). Drei der Fälle sind "leicht" (in "einem Schritt" einzusehen).

Die Beweisidee für den vierten Fall bekommen wir wieder aus der Zeichnung auf S.234. Hier ist wichtig, daß die Zeichnung die wesentlichen Dinge korrekt zeigt (das Verhältnis zwischen $F_{\overline{k}-1}$, $F_{\overline{k}}$ und $F_{\overline{k}+1}$ ist maßstabsgetreu) und alles Unwesentliche, z.B. die einzelnen Werte von G, weggelassen wird. Man sieht dann: $\frac{F_{\overline{k}+1}}{3}$ ist kleiner als $F_{\overline{k}-1}$. Man kann also vermuten: Vielleicht gilt das allgemein? Wenn man diese Idee hat, zerlegt sich der Beweis naheliegend in den Beweis von (B1), (B2), (B3).

Bei der Präsentation des Beweises haben wir die Beweisideen für diese drei Beweisteile anhand der Graphik anschaulich dargestellt und nicht nur als allgemeine Aussagen formuliert.

(B1) besteht in einem sehr elementaren Zusammenspiel von Bottom-up-Schritten:

Grundwissen:

a) Für alle $k \leqq \bar{k}$,
für alle $F_k < n \leqq F_{k+1}$,
für alle $i < \frac{n}{3}$:

$$G(n,i) \iff G(n-F_k,i).$$

b) Für alle $k \geqq 1$: $F_{k+2} = F_{k+1} + F_k$.

c) $\bar{k} \geqq 2$.

d) $i < \frac{F_{\bar{k}+1}}{3}$ (i ist hier eine Konstante, siehe später!).

e) $x \leqq x$

f) Für alle k: $F_k < F_{k+1}$.

Zu zeigen:

A) $G(F_{\bar{k}+1},i) \iff G(F_{\bar{k}-1},i)$

Beweis:

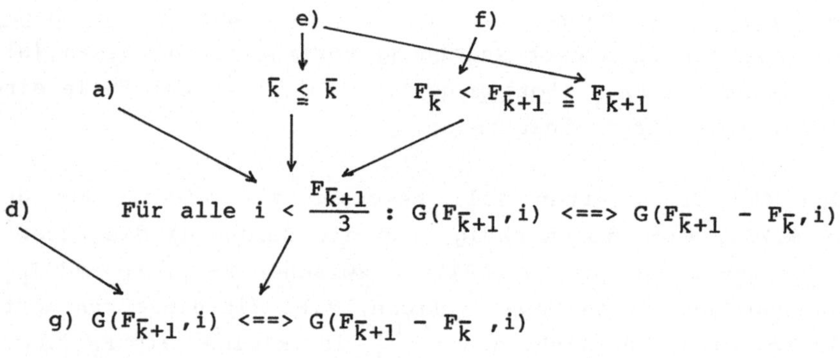

b) c)

$F_{\bar{k}+1} - F_{\bar{k}} = F_{\bar{k}-1}$ g)

A).

(Durch die Pfeile haben wir angedeutet, welche Aussagen aus welchen Aussagen folgen. Manche der Schlüsse könnte man noch feiner zerlegen. In der Praxis begnügt man sich aber mit viel gröberen Angaben, weil man annimmt, daß elementare Schließketten dieser Art "im Kopf" getätigt werden können, siehe den Text in der Fallstudie). Der Charakter der Beweise von (B2) und (B3) ist ähnlich wie der von (B1).

Für den Beweis von (2) braucht man wieder eine wesentliche Idee, die man wieder aus einer Zeichnung erhält, siehe S.236. (*) ist eine typische "Bottom-up"-Behauptung, die man "auf Vorrat" vorbereitet. Der Beweis von (2) wird wieder in zwei Teile zerlegt: (2a) und (2b). Die Zerlegung geht dann weiter durch Induktion, Fallunterscheidung etc. Jeder einzelne Beweisblock und das Zusammenspiel der Blöcke ist dann überschaubar (sollte es wenigstens sein!).

DETAILS DER BEWEISTECHNIK: ZERLEGUNGSTECHNIKEN (TOP-DOWN-SCHRITTE)

Die wichtigsten Beweistechniken sind Techniken zur Zerlegung von Beweisen in Teilbeweise. Solche sind z.B. die Techniken zur Zerlegung von Korrektheitsbeweisen, S.127 ff. oder die nur im Bereich der natürlichen Zahlen anwendbare Technik der Induktionsbeweise. Genauso wie speziell die Zerlegung von Korrektheitsbeweisen wird die Zerlegung von Beweisen allgemein durch die syntaktische Struktur der zu beweisenden Formel gesteuert. Betrachte also (wenn Du keine andere Idee hast) immer das äußerste Zeichen der zu beweisenden Formel und wende dementsprechend eine der folgenden Techniken an.

Zerlegung des Beweises von Allaussagen

Um eine Aussage der Gestalt

Für alle x: A

zu zeigen, wo A eine Aussage ist, in welcher im Normalfall die Variable x frei vorkommt,

(bzw. um die Aussage A mit freier Variable x) zu zeigen,

genügt es

$A_x[\bar{x}]$

zu zeigen, wo $\bar{x}$ eine Objektkonstante sein muß, die in der Formulierung des Grundwissens noch nicht vorkommt.

($A_x[\bar{x}]$ ... die Formel, die aus A entsteht, indem man die freie Variable x überall durch $\bar{x}$ ersetzt).

Man kündigt die Anwendung dieser Technik oft mit folgenden Worten an:

"Zu zeigen ist: Für alle x: A.

Wir nehmen ein $\bar{x}$ fix, aber beliebig und zeigen $A_x[\bar{x}]$".

Damit der Beweis von $A_x[\bar{x}]$ tatsächlich als Beweis von "Für alle x: A" ausreicht, ist beides wichtig, nämlich:

1. daß $\bar{x}$ eine Konstante ist ($\bar{x}$ "fix") und
2. daß $\bar{x}$ in der Formulierung des bisherigen Grundwissens nirgends vorkommt ($\bar{x}$ "beliebig").

Oft formuliert man die Anwendung dieser Technik schlampig so:

"Zu zeigen ist: Für alle x: A.

Sei x beliebig, aber fix. Wir zeigen: A."

D.h. man benutzt x im folgenden Beweis von A als Konstante. Das ist ungefährlich, solange man sich in einem Beweis an jeder Stelle im klaren ist, ob irgendein Buchstabe wie z.B. "x" Konstante oder Variable ist.

Oft spricht man auch gar nicht davon, daß x ab dieser Beweisstelle als Konstante zu betrachten ist. Es wird dann im weiteren Verlauf des Beweises klar, daß x ein "fixes, aber beliebiges x" ist.

Man kann die Beweistechnik "beliebig, aber fix" auf unserer Ebene der Betrachtung so rechtfertigen:

Wenn $A_x[\bar{x}]$ für die Konstante $\bar{x}$ gezeigt werden kann, über die man "nichts weiß" (weil $\bar{x}$ in der Formulierung des bisherigen Grundwissens nicht vorgekommen ist, also keine wie immer geartete Aussage über $\bar{x}$ bekannt ist), dann hätte man statt $\bar{x}$ den Namen $\bar{\bar{x}}$ eines beliebigen anderen Gegenstandes der betrachteten Realität nehmen können und hätten genauso $A_x[\bar{\bar{x}}]$ zeigen können. Man könnte also "für beliebige x" A beweisen, d.h. man hat "Für alle x: A" gezeigt.

Die Technik "beliebig, aber fix" ist besonders häufig im Zusammenspiel mit der Technik "Annahme:..., zu zeigen:..." zu verwenden (siehe nachfolgendes Beispiel).

Das Hilfssymbol $\bar{x}$ spielt nur eine temporäre Rolle, bis der Beweis von "Für alle x: A" erbracht ist.

Beispiel:

Im Beweis von (N4), S. 234 müssen wir unter anderem zeigen:

(1) Für alle i:

Falls $i \neq F_{\bar{k}+1}$: $\neg G(F_{\bar{k}+1}, i)$,

falls $i = F_{\bar{k}+1}$: $G(F_{\bar{k}+1}, i)$.

i ist hier eine gebundene Variable. Wenn i weiter unten im Beweis wieder vorkommt, dann hat die Bedeutung von i mit der Bedeutung in der hier betrachteten Formel nichts mehr zu tun! Anstatt (1) zu zeigen, haben wir "ein fixes, aber beliebiges i" genommen (i ist damit ab jetzt als Konstante vereinbart!) und zeigen

(1) Falls $i = F_{\bar{k}+1}$: ...

Wie wichtig diese genaue Unterscheidung zwischen Konstanten und Variablen ist, sieht man im weiteren Verlauf des Beweises, siehe z.B. S. 262, wo man die Aussage

"Für alle $i < \frac{F_{\bar{k}+1}}{3}$: ..." (i...gebundene Variable)

spezialisiert auf den Fall der oben eingeführten Konstanten i. Wenn man Verwechslungen befürchtet, ist es besser, bei Einführung der Konstanten neue Buchstaben zu nehmen (siehe z.B. die Einführung von $\bar{k}$ im Beweis von (N4)).

<u>Zerlegung des Beweises von Existenzaussagen</u>

Um eine Aussage der Gestalt

Es existiert ein x, sodaß A

zu zeigen, wo A eine Aussage ist, in welcher im Normalfall die Variable x frei vorkommt, genügt es

$A_x[t]$

für irgendeinen Term t zu zeigen. (Beweis durch <u>Angabe eines Beispiels</u>).

"Es genügt einen Term t zu finden, daß ...": Das ist natürlich eine untertreibende Formulierung! In Wahrheit ist der Beweis von Existenzaussagen gerade der schwierigste und kreativste Teil von Beweisen, weil es im allgemeinen keine Regeln gibt, wie man einen Term t finden kann, für welchen man dann $A_x[t]$ beweisen kann ("wie man einen, durch einen Term t bezeichenbaren Gegenstand finden kann, der die Eigenschaft A hat").

Der Beweis von Existenzaussagen ist die wichtigste Beweisaufgabe. Insbesondere sind die üblichen Bestimmungsprobleme der Gestalt

Geg.: x.
Ges.: y,
sodaß: A (eine Aussage mit freien Variablen x,y).

von der Art, daß das Problem eben darin besteht, einen Term t (mit freier Variabler x) zu finden, sodaß

"Für alle x: $A_y[t]$"

gilt, woraus

"Für alle x existiert ein y, sodaß A"

geschlossen werden kann. Die "Lösung" von Problemen der angegebenen Art kann man deshalb auch als Beweisaufgaben der Art

"Es existiert ein y, sodaß A"

betrachten ("für fixes, aber beliebiges x").

<u>Beispiel:</u>

Im Beweis von (N5) auf S.232 wollen wir im Falle $i<n$ und $G(n-i,j_o)$ für ein $j_o \leqq 2i$ unter anderem zeigen, daß

Es existiert ein $j \leqq 2(i+1)$, sodaß $G((n+1)-(i+1),j)$,

also ausführlich geschrieben:

(1) Es existiert ein j, sodaß
$\underbrace{j \leqq 2(i+1) \text{ und } G((n+1)-(i+1),j)}$.
Aussage A mit freier Variabler j

Wir zeigen $A_j[j_o]$, d.h. wir zeigen

$j_o \leqq 2(i+1)$ und $G((n+1)-(i+1),j_o)$.

j_o ist ein "Term", nämlich eine Konstante. Damit ist dann (1) gezeigt.

<u>Zerlegung von Beweisen mit Existenzaussagen im Grundwissen</u>

Um unter Annahme eines Grundwissens G, in welchem eine Aussage der Gestalt

Es existiert ein x, sodaß A

vorkommt, eine Aussage

B

zu beweisen, genügt es, diese Aussage unter der zusätzlichen Annahme

$A_x[\bar{x}]$

zu beweisen, wo $\bar{x}$ eine Objektkonstante sein muß, die in der Formulierung des Grundwissens G noch nicht vorkommt.

Man kündigt die Verwendung dieser Technik oft mit folgenden Worten an:

"Es existiert x, sodaß A.
Sei nun $\bar{x}$ so, daß $A_x[\bar{x}]$",

was man unter Verwendung des Quantors "ein solches" auch so schreiben könnte:

"$\bar{x}$:= ein solches x, daß A"

Damit die Einführung von $A_x[\bar{x}]$ aber keinen Schaden stiftet, d.h. nicht eine zusätzliche Behauptung darstellt, aus der mehr ableitbar wäre als aus "Es existiert ein x, sodaß A", ist beides wichtig, nämlich

1. daß $\bar{x}$ eine Konstante ist
   (sonst wäre ja $A_x[\bar{x}]$gleichbedeutend mit "Für alle x: A",

2. daß $\bar{x}$ in der Formulierung des Grundwissens noch nicht vorgekommen ist (sonst hätte $\bar{x}$ die bisher für $\bar{x}$ bereits abgeleiteten Eigenschaften und zusätzlich noch die Eigenschaft $A_x[\bar{x}]$, was keineswegs richtig sein muß).

Daß, nachdem "Es existiert ein x, sodaß A" bewiesen wurde, die Einführung von $A_x[\bar{x}]$ keinen Schaden stiftet, läßt sich hausverstandsmäßig so überlegen: "Es existiert ein x, sodaß A" bedeutet, daß ein Objekt mit der Eigenschaft A in der betrachteten Realität existiert. Wir können ihm einen Namen, nämlich $\bar{x}$ geben. Obwohl wir vielleicht sonst über dieses Objekt nichts wissen, z.B. gar nicht wissen, wie man es "finden" kann, wissen wir wenigstens, daß es die Eigenschaft A hat, daß also $A_x[\bar{x}]$ gilt.

Wieder ist es so, daß man die Anwendung dieser Beweistechnik schlampig oft so formuliert:

"Es existiert ein x, sodaß A.

Sei nun x so, daß A."

D.h. man benutzt in der weiteren Ableitung x als Konstante. Wieder ist es in diesem Fall aber wichtig, daß man sich im klaren ist, welche Symbole an einer bestimmten Stelle des Beweises Konstante und welche Variable sind.

Oft spricht man auch gar nicht davon, daß man x als Konstante einführt. Es wird dann im weiteren Verlauf des Beweises klar, daß x "so ein x ..." ist.

Beispiel:

Wir betrachten im Beweis von (N5) wieder den Fall, wo $i<n$ und

(1) es existiert ein j, sodaß
$$j \leqq 2i \text{ und } G(n-i,j).$$

Wir wollen unter diesen Voraussetzungen beweisen, daß

(2) es existiert ein j, sodaß
$$j \leqq 2(i+1) \text{ und } G((n+1)-(i+1),j).$$

(Siehe voriges Beispiel.) j ist in beiden Aussagen (1) und (2) eine gebundene Variable. Der durch j bezeichnete Gegenstand, der die in (1) bzw. (2) ausgesprochene Bedingung erfüllt, muß nicht derselbe sein! Wie sollen wir ein für (2) "geeignetes Beispiel eines Gegenstands j" finden? Dazu benutzen wir das "Material, das uns die Aussage (1) bereitstellt", nämlich

"sei j_o so, daß
$$j_o \leqq 2i \text{ und } G(n-i,j_o)".$$

j_o ist jetzt eine Konstante und bezeichnet einen fixen Gegenstand, von dem wir außer den in (1) angegebenen Eigenschaften nichts wissen.

"Zufällig" paßt der durch j_o bezeichnete Gegenstand in unserem Fall auch bereits als Beispiel für (2): Man beweist
$$j_o \leqq 2(i+1) \text{ und } G((n+1)-(i+1),j_o)$$
und hat damit auch (2) bewiesen.

Im Normalfall wird man das <u>aus Existenzsaussagen im Grundwissen vorhandene "Material"</u> aber noch in mannigfacher Art (zu Termen, Programmen) kombinieren müssen, um ein "geeignetes Beispiel" für die zu beweisende Existenzaussage zu finden. Wir machen zu diesem wichtigen Punkt noch ein Beispiel.

Beispiel:

Zu beweisen sei:

"Die Summe zweier beschränkter Funktionen ist beschränkt".

Wir formulieren genauer:

(1) Definition:

Sei F: $\mathbf{R} \longrightarrow \mathbf{R}$

f ist beschränkt: $\Longleftrightarrow \bigvee_{S\in\mathbf{R}} \bigwedge_{x\in\mathbf{R}} |f(x)| \leqq S.$

(2) Definition:

Seien $f,g\colon \mathbf{R} \longrightarrow \mathbf{R}$:

$f+g\colon \mathbf{R} \longrightarrow \mathbf{R}$

$x \longmapsto f(x)+g(x)$.

Zu zeigen ist:

(3) f,g beschränkt ==> f+g beschränkt.

Wir nehmen fixe, aber beliebige reelle Funktionen f und g und nehmen an

(4) f ist beschränkt,

(5) g ist beschränkt,

und sollen zeigen

(6) f+g ist beschränkt.

Aufgrund der Definitionen wissen wir

(4') $\bigvee_{S\in\mathbf{R}} \bigwedge_{x\in\mathbf{R}} |f(x)| \leqq S,$

(5') $\bigvee_{S\in\mathbf{R}} \bigwedge_{x\in\mathbf{R}} |g(x)| \leqq S,$

und müssen zeigen

(6') $\bigvee_{S\in\mathbf{R}} \bigwedge_{x\in\mathbf{R}} |f(x)+g(x)| \leqq S.$

S kommt in allen drei Aussagen (4'), (5'), (6') als gebundene Variable vor. Aus den Existenzaussagen (4'), (5'), die zum Grundwissen gehören, entnehmen wir "Material" und kombinieren es zu einem Beispiel für die zu beweisende Existenzaussage (6'): Sei S_f so, daß

(4") $\bigwedge_{x\in\mathbf{R}} |f(x)| \leqq S_f$

und sei S_g so, daß

(5") $\bigwedge_{x\in\mathbf{R}} |f(x)| \leqq S_g.$

Dann gilt auch

(6") $\bigwedge_{x\in\mathbf{R}} |f(x)+g(x)| \leqq S_f+S_g$

(warum?). S_f und S_g sind (zwei verschiedene!) Konstante, (6") gilt für den aus diesem "Material" gebildeten Term S_f+S_g. Also darf man auch

(6') $\bigvee_{S\in\mathbf{R}} \bigwedge_{x\in\mathbf{R}} |f(x)+g(x)| \leqq S$

behaupten. (Warum darf man $\bigvee_{S \in R}$ ... und nicht nur $\bigvee_{S}$ ... behaupten?)

<u>Zerlegung des Beweises von Und-Aussagen</u>

Um eine Aussage der Gestalt

$A \wedge B$

zu beweisen, genügt es,

A

und

B

zu beweisen.

Der Beweis von Konjunktionen zerfällt also in natürlicher Weise in zwei Teilbeweise. Wir geben für diese Sebstverständlichkeit kein Beispiel.

<u>Zerlegung des Beweises von Implikationen und Oder-Aussagen</u>

Um eine Aussage der Gestalt

A ==> B (bzw. $A \vee B$)

(unter Voraussetzung des Grundwissens G) zu beweisen, genügt es, die Aussage

B

unter der zusätzlichen Annahme A (bzw. $\neg A$) zu beweisen (A darf hier keine freien Variablen enthalten!). (Beweistechnik: "<u>Annahme</u>:... <u>zu zeigen</u>:...").

<u>Beispiel:</u>

Wir betrachten den Beweis von (Nl). Zu zeigen ist:

(Nl) Für alle $\frac{n}{3} \leqq i < n$ gilt: $\neg G(n,i)$,

oder nach Auflösung der sprachlichen Abkürzungen:

(Nl') für alle n,i:

$\frac{n}{3} \leqq i < n \Longrightarrow \neg G(n,i)$.

Zum Beweis von (Nl') wählen wir $\bar{n},\bar{i}$ fix, aber beliebig und haben zu zeigen:

(1) $\frac{\bar{n}}{3} \leqq \bar{i} < \bar{n} \Longrightarrow \neg G(\bar{n},\bar{i})$.

Um (1) zu zeigen, nehmen wir an

(2) $\frac{\bar{n}}{3} \leqq \bar{i} < n$

und haben zu zeigen

(3) $\neg G(\bar{n},\bar{i})$.

Der Beweis von (3) wird auf S.233 durchgeführt.

Beachte: Durch vorhergehende Anwendung der Beweistechnik "beliebig, aber fix" kommt in (2) keine freie Variable mehr vor! Die Anwendung der Beweistechnik "Annahme...zu zeigen..." tritt häufig in der Verbindung mit der Beweistechnik "beliebig, aber fix" auf. Man kündigt die Anwendung dieser Beweistechniken meist nur sehr kurz an, z.B. wie folgt:

"Zu zeigen ist:

(N1) Für alle $\frac{n}{3} \leqq i < n$: $\neg G(n,i)$.

Seien n,i so, daß $\frac{n}{3} \leqq i < n$. Wir sollen $\neg G(n,i)$ zeigen", o.ä.

Zerlegung des Beweises von Äquivalenzen

Um eine Aussage der Gestalt

A <==> B

zu beweisen (wo A,B Aussagen ohne freie Variable seien), genügt es,

unter der zusätzlichen Annahme A die Aussage B und

unter der zusätzlichen Annahme B die Aussage A

zu beweisen. (Beweis "von links nach rechts und von rechts nach links").

(Diese Beweistechnik ist aufgrund des Vorhergehenden klar, wenn man bedenkt, daß A <==> B "dasselbe bedeutet wie" ((A==>B) ∧ (B==>A))).

Beispiel:

Wir analysieren die zweite der Äquivalenzen im Beweis von (N4) auf S.239 genauer. Zu zeigen ist:

(1) $\neg \bigvee_{j \leqq 2i} G(\bar{n}+1-i,j) \iff \neg \bigvee_{\substack{j \leqq 2i \\ j < \frac{\bar{n}+1-i}{3}}} G(\bar{n}+1-i,j)$.

Dazu genügt es zu zeigen, daß

(2) $\bigvee_{j \leqq 2i} G(\bar{n}+1-i,j) \iff \bigvee_{\substack{j \leqq 2i \\ j < \frac{\bar{n}+1-i}{3}}} G(\bar{n}+1-i,j)$.

Beweis von rechts nach links:

Annahme:

(3) $\bigvee_{\substack{j \leqq 2i \\ j < \frac{\bar{n}+1-i}{3}}} G(\bar{n}+1-i,j)$.

Zu zeigen:

(4) $\bigvee_{j \leqq 2i} G(\bar{n}+1-i,j)$.

Sei j_o so wie in der Annahme (3) vorausgesetzt, also
$j_o \leqq 2i$, $j_o < \frac{\bar{n}+1-i}{3}$, $G(\bar{n}+1-i,j_o)$.
Dann gilt für dieses j_o "umso mehr"
$j_o \leqq 2i$, $G(\bar{n}+1-i,j_o)$.
Also gilt auch (4).

(Beachte: In (3) kommt keine freie Variable vor! Was ist mit $\bar{n}$ und i?)

Einen Beweis wie diesen würde man natürlich in Zusammenfassung der Beweistechniken "beliebig, aber fix", "Annahme, zu zeigen", "sein j_o ein solches j, daß", "Angabe eines Beispiels" kurz einfach so präsentieren:"Für ein j von rechts gilt natürlich auch alles, was links verlangt ist" oder noch kürzer:"Die Richtung von rechts nach links ist trivial".

Beweis von links nach rechts:

Annahme:

(4) $\bigvee_{j \leqq 2i} G(\bar{n}+1-i,j)$.

Zu zeigen:

(3) $\bigvee_{\substack{j \leq 2i \\ j < \frac{\bar{n}+1-i}{3}}} G(\bar{n}+1-i,j)$.

Sei j_o so wie in der Annahme vorausgesetzt, also

(5) $j_o \leqq 2i$ und $G(\bar{n}+1-i,j_o)$.

Wir zeigen, daß dann auch

(6) $j_o < \frac{\bar{n}+1-i}{3}$.

Nehmen wir einmal an, daß

(7) $j_o \geqq \frac{\bar{n}+1-i}{3}$,

dann würde <u>im Widerspruch zu</u> (5)

(8) $\neg G(\bar{n}+1-i,j_o)$

gelten, weil

(9) $\frac{\bar{n}+1-i}{3} \overset{(7)}{\leqq} j_o \overset{(5)}{\leqq} 2i < \bar{n}+1-i$

siehe Überlegung auf S. 239

und

(N1) $\frac{n}{3} \leqq i < n \implies \neg G(n,i)$.

(Sind i,n in (N1) Variable oder Konstante? Was ist i in (9)?) Aus (5) und (6) folgt (3).

<u>Zerlegung des Beweises atomarer Aussagen (und deren Negationen)</u>

Um eine Aussage der Gestalt

$p(t_1,\ldots,t_n)$ (bzw. $\neg p(t_1,\ldots,t_n)$)

zu zeigen, wo p eine Prädikatenkonstante ist, die durch eine Definition der Gestalt

$p(x_1,\ldots,x_n) :\Longleftrightarrow A$

Aussage mit freien Variablen $x_1,\ldots,x_n$

eingeführt wurde ($t_1,\ldots,t_n$ ... Terme), <u>geht man auf die Definition zurück</u>, d.h. es genügt zu zeigen

$A_{x_1,\ldots,x_n}[t_1,\ldots,t_n]$.

Wenn p nicht durch eine Definition eingeführt wurde, sondern ein Grundprädikat ist, welches in seinem Zusammenhang mit anderen Grundkonstanten <u>implizit</u> (als Teil eines Datentyps) durch Axiome verschiedenster Art eingeführt wurde, dann kann man über die Beweiszerlegung des Beweises von $p(t_1,\ldots,t_n)$ nichts Allgemeines mehr sagen.

Das konsequente <u>Zurückgehen auf die Definition</u> (bzw. das zur Verfügung stehende Grundwissen, z.B. die Axiome des Datentyps) ist ein wesentlicher Gesichtspunkt beim Schließen. Man gewöhne sich an, von Begriffen nur das zu verwenden, was implizit oder explizit im Grundwissen durch Axiome oder Definitionen festgelegt wurde. Das ist eine wichtige Denkdisziplin, die am Anfang erfahrungsgemäß die größten Schwierigkeiten bereitet.

Beispiel:

Wir betrachten wieder den Beweis von (N1). Unter der Voraussetzung $\frac{n}{3} \leqq i < n$ (i,n fix, aber beliebig) haben wir zu zeigen

(1) $\neg G(n,i)$.

Wir gehen auf die Definition zurück (eine "rekursive" Definition!). Wir müssen also zeigen

(3) $\neg(i=n$ oder $i<n$ und $\neg \bigvee_{j \leqq 2i} G(n-i,j))$,

d.h. es ist zu zeigen

(4) $i \neq n$ und $i \geqq n$ oder $\bigvee_{j \leqq 2i} G(n-i,j)$.

$i \neq n$ gilt wegen der Voraussetzung $i<n$. Der Beweis von $\bigvee_{j \leqq 2i} G(n-i,j)$ wird auf S.233 ausgeführt.

Zerlegung von Beweisen von Aussagen mit Funktionskonstanten

Um eine Aussage der Gestalt

$$A_x[f(t_1,\ldots,t_n)]$$

zu beweisen, wo f durch eine explizite Definition der Gestalt

$$f(x_1,\ldots,x_n) := t$$

↑ Term mit freien Variablen $x_1,\ldots,x_n$

eingeführt wurde ($t_1,\ldots,t_n$ ... Terme) geht man auf die Definition zurück, d.h. es genügt zu zeigen

$$A_x\left[t_{x_1,\ldots,x_n}[t_1,\ldots,t_n]\right].$$

Zerlegung von Beweisen durch Fallunterscheidung

Eine wichtige Beweistechnik, die nicht durch die syntaktische Struktur der zu beweisenden Aussage nahegelegt wird, ist der Beweis durch Fallunterscheidung:

Um eine Aussage

A

zu beweisen, genügt es, wenn man Aussagen $B_1,\dots,B_k$ (ohne freie Variable) findet, sodaß man

$B_1 \vee \dots \vee B_k$

beweisen kann und außerdem folgende Beweise durchführen kann:

Beweis von A unter der zusätzlichen Annahme B_1,

⋮

Beweis von A unter der zusätzlichen Annahme B_k.

($B_1,\dots,B_k$ heißen Fallbeschreibungen).

Beispiel:

Wir betrachten den Beweis von (1) im Beweis von (N4), und zwar den Beweisteil, wo die zusätzliche Annahme $i \neq F_{\bar{k}+1}$ getroffen wurde.

In diesem Fall gilt:

$$i < \frac{F_{\bar{k}+1}}{3} \vee \frac{F_{\bar{k}+1}}{3} \leqq i < F_{\bar{k}+1} \vee F_{\bar{k}+1} < i$$

(Das sind die möglichen "Fälle" für die Lage von i. i ist in diesem Stadium des Beweises bereits eine Konstante!). Man zeigt dann

$\neg G(F_{\bar{k}+1}, i)$

in jedem der drei Fälle, d.h. sowohl unter der Voraussetzung

$i < \frac{F_{\bar{k}+1}}{3}$,

als auch unter der alleinigen Voraussetzung

$\frac{F_{\bar{k}+1}}{3} \leqq i < F_{\bar{k}+1}$,

als auch unter der alleinigen Voraussetzung

$F_{\bar{k}+1} < i$.

Zerlegung des Beweises von Aussagen über spezielle Bereiche

Der Beweis von Aussagen über spezielle Bereiche, wie z.B. die natürlichen Zahlen, Mengen etc. kann durch wiederholtes Anwenden der bisher zusammengestellten "universellen" Zerlegungstechniken unter Verwendung der speziellen Axiome (Eigenschaften), die für die betreffenden Bereiche gelten, in sehr typischen Weisen zerlegt werden, die man sich tunlichst für die betreffenden Bereiche als Handwerkzeug merkt. Z.B. ist für den Bereich der natürlichen Zahlen der Induktionsbeweis so eine spezielle Zerlegungstechnik. Als Axiom(enschema) lautet der Induktionsschluß

$$(A(0) \wedge \bigwedge_{n} (A(n) \Longrightarrow A(n+1))) \Longrightarrow \bigwedge_{n} A(n)$$

(A sei Aussage mit einer freien Variablen. Die Ersetzung dieser Variablen durch verschiedene Terme z.B. 0,n,n+1 deuten wir hier kurz-durch A(0), A(n), A(n+1) an). Durch Anwenden der obigen Zerlegungsregeln für Beweise (Technik "beliebig, aber fix", Technik "Annahme, zu zeigen" etc.) ergibt sich aus diesen Axiomen (für jede Formel A ergibt sich ein eigenes Axiom) folgende Beweistechnik:

Um eine Aussage der Gestalt

$$\bigwedge_{n} A(n)$$

(wobei der Laufbereich von n die natürlichen Zahlen sind)
zu beweisen, genügt es,

A(0) (Induktionsanfang)

zu beweisen und für ein fixes, aber beliebiges $\bar{n}$

unter der zusätzlichen Annahme $A(\bar{n})$ (Induktionsannahme)

die Aussage

$A(\bar{n}+1)$

zu beweisen (Induktionsschritt).

Genauso kann man z.B. für den Bereich der Mengen folgende Beweiszerlegungsregel überlegen (unter Verwendung des Extensionalitätsaxioms):

Um die Aussage

M = N

zu beweisen (M und N Terme ohne freie Variable für Mengen), genügt es, für ein fixes, aber beliebiges x unter der Annahme $x \in M$ die Aussage $x \in N$ und

unter der Annahme $x \in N$ die Aussage $x \in M$

zu beweisen,

usw. Durch Übung im Beweisen bekommt man einen Erfahrungsschatz in der Beweiszerlegung von typischen Aussagen über spezielle Bereiche.

BOTTOM-UP-SCHRITTE IN BEWEISEN

Wenn eine Beweiszerlegung bis zu einem Stadium fortgeschritten ist, wo eine weitere Zerlegung weder durch die syntaktische Struktur, noch durch eine Betrachtung der Bedeutung der zu beweisenden Aussagen (z.B. zur Gewinnung einer Idee für eine Fallunterscheidung) nahegelegt wird, kommt das Stadium, wo man versuchen wird, die zu beweisenden Aussagen in einem oder mehreren korrekten Bottom-up-Schritten (Schluß-Schritten) aus dem Grundwissen abzuleiten. Auch dieses Stadium kann noch beliebig viel Kreativität verlangen, weil man nicht weiß, welche der unendlich vielen möglichen Bottom-up-Schritte zum Ziel führen.

Man kann sich durch Iterationen einfacher Schritte beliebig komplizierte und beliebig viele Schlußschritte zusammenbauen. Wir geben einige einfache elementare Beispiele solcher Schlußschritte, und zwar diesmal dem syntaktischen Aufbau der Formeln im vorhandenen <u>Grundwissen</u> folgend. Wir fassen dabei Beispiele von Schlußregeln für Junktoren und für Quantoren zusammen.

Die Schlußschritte der angegebenen Art sind so, daß sie im Gehirn eines normalen Erwachsenen als Summe der Erfahrungen mit verschiedensten (endlichen) Realiäten als selbstverständliche Denkgewohnheiten eingespeichert sind. Wir geben deshalb im folgenden nur wenige Beispiele von solchen Schlußregeln. Man kann einige von ihnen jedoch auch z.B. mit den Top-down-Beweisregeln auf andere zurückführen. Z.B. der Bottom-up-Schlußschritt

Wenn wir $(A \wedge B) \wedge C$ wissen,
<u>dann wissen wir auch</u> $A \wedge (B \wedge C)$

(A,B,C ... beliebige Aussagen),

kann wie folgt auf noch einfachere Schlußschritte zurückgeführt werden:

Um $A \wedge (B \wedge C)$ zu beweisen, genügt es,

A und
$B \wedge C$

zu beweisen.

Um $B \wedge C$ zu beweisen, genügt es,

B

und

C

zu beweisen. Wenn wir aber $(A \wedge B) \wedge C$ wissen, dann wissen wir auch

$A \wedge B$

und

C.

Wenn wir $(A \wedge B)$ wissen, wissen wir auch

A

und

B.

Also ist alles gezeigt, was wir zeigen müssen. Außer einfachsten Top-down-Techniken ("es genügt zu zeigen") haben wir nur folgende Bottom-up-Technik ("dann wissen wir auch") gebraucht:

Wenn wir $A \wedge B$ wissen,
wissen wir auch A (bzw. B).

Jeder Bottom-up-Schritt kann natürlich auch als ein Top-down-Schritt gelesen werden. So kann der Bottom-up-Schritt

"Wenn wir $A \iff B$ wissen,
dann wissen wir auch $\neg A \iff \neg B$"

auch so verwendet werden

"Um $\neg A \iff \neg B$ zu zeigen,
genügt es, wenn wir $A \iff B$ zeigen."

In dieser Form haben wir diesen Schritt z.B. im Beweisbeispiel auf

S.273 angewandt. Allerdings ergeben sich diese Top-down-Schritte nicht "zwingend" aus der syntaktischen Struktur der zu zeigenden Aussage (vgl. auch den Top-down-Schritt "Fallunterscheidung").

Beispiele von Iunktoren-Schlüssen

$$\frac{A \wedge B}{A} \qquad \frac{A \wedge B}{B} \qquad \frac{A}{A \vee B} \qquad \frac{B}{A \vee B}$$

$$\frac{\neg\neg A}{A} \qquad \frac{A}{\neg\neg A}$$

$$\frac{A \wedge B}{B \wedge A} \qquad \frac{A \vee B}{B \vee A}$$ (Kommutativität von $\wedge$ und $\vee$)

$$\frac{(A \wedge B) \wedge C}{A \wedge (B \wedge C)} \qquad \frac{A \wedge (B \wedge C)}{(A \wedge B) \wedge C}$$ (Assoziativität von $\wedge$, analog für $\vee$)

$$\frac{A \wedge (B \vee C)}{(A \wedge B) \vee (A \wedge C)} \qquad \frac{A \vee (B \wedge C)}{(A \vee B) \wedge (A \vee C)}$$ (Distributivität von $\wedge$ und $\vee$)

$$\frac{(A \wedge B) \vee (A \wedge C)}{A \wedge (B \vee C)} \qquad \frac{(A \vee B) \wedge (A \vee C)}{A \vee (B \wedge C)}$$

$$\frac{\neg(A \wedge B)}{\neg A \vee \neg B} \qquad \frac{\neg(A \vee B)}{\neg A \wedge \neg B}$$ (De-Morgan-Regeln)

$$\frac{\neg A \vee \neg B}{\neg(A \wedge B)} \qquad \frac{\neg A \wedge \neg B}{\neg(A \vee B)}$$

$$\frac{A \qquad A \Longrightarrow B}{B}$$ (Modus-Ponens)

$$\frac{A \Longrightarrow B}{\neg B \Longrightarrow \neg A}$$ (Kontraposition) $$\frac{A \Longleftrightarrow B}{\neg A \Longleftrightarrow \neg B}$$

(Zur Schreibweise: $\frac{A \wedge B}{A}$ bedeutet "wenn wir $A \wedge B$ wissen, dann wissen wir auch A". Die Formeln über dem Strich heißen wieder "Prämissen", die unter dem Strich "Konklusion".)

Beispiel für die Anwendung von Iunktoren-Schlüssen:

Wir betrachten einen Teil des Beweises auf S.262: Durch Einsetzen von $\bar{k}$ für k, $F_{\bar{k}+1}$ für n und (der Konstanten) i für (die Variable) i erhalten wir aus a)

(1) $(\bar{k} \leqq \bar{k}, F_{\bar{k}} < F_{\bar{k}+1}, F_{\bar{k}+1} \leqq F_{\bar{k}+1}, i < \frac{F_{\bar{k}+1}}{3})$

$(G(F_{\bar{k}+1}, i) \Longleftrightarrow G(F_{\bar{k}+1} - F_{\bar{k}}, i))$.

Außerdem wissen wir

(2) $\bar{k} \leqq \bar{k}$ (durch Einsetzen aus e)),

(3) $F_{\bar{k}} < F_{\bar{k}+1}$ (durch Einsetzen aus f)),

(4) $F_{\bar{k}+1} \leqq F_{\bar{k}+1}$ (aus e)),

(5) $i < \frac{F_{\bar{k}+1}}{3}$ (d)).

Aus (1) bis (5) ergibt sich

g) $G(F_{\bar{k}+1}, i) \Longleftrightarrow G(F_{\bar{k}+1} - F_{\bar{k}}, i)$

durch Anwenden der Schlußregel

$$\frac{A_1, A_2, A_3, A_4 \quad A_1 \wedge A_2 \wedge A_3 \wedge A_4 \Longrightarrow B}{B.}$$

Die in Beweisen auftretenden Junktorenschlüsse sind meist so klar, daß man sie überhaupt nicht erwähnt (siehe die Darstellung des obigen Beweises auf S. 235).

Junktorenschlüsse sind sogar in folgendem exakten Sinne "trivial": Es läßt sich immer durch einen Algorithmus entscheiden,

ob eine Formel B
aus vorliegenden Formeln $A_1,\ldots,A_n$
aus "iunktorenlogischen" Gründen folgt oder nicht.

Wir gehen darauf noch näher ein:

Iunktoren: Tautologien und Iunktoren-Schlußregeln

Eine beliebige Aussage A ist in eindeutiger Weise

aus "elementaren" Aussagen
(das sind atomare Aussagen und
Aussagen, die als äußerstes Zeichen einen Existenz-oder Allquantor haben)
durch Iunktoren zusammengesetzt.

Beispiele:

(A) $\underbrace{x \equiv y \bmod m}_{\text{elementare Aussage } A_1} \iff \underbrace{\bigvee_q x = y + q.m}_{\text{elementare Aussage } A_2}$

Diese Aussage hat die "aussagenlogische Struktur"

$A_1 \iff A_2$.

(B) $(\underbrace{6<9}_{\text{elementare Aussage } A_1} \wedge (\underbrace{6<9}_{A_1} \implies \underbrace{f(6,9)=f(6,9-6)}_{\text{elementare Aussage } A_2})) \implies \underbrace{f(6,9)=f(6,9-6)}_{A_2}$.

Diese Aussage hat die aussagenlogische Struktur

$(A_1 \wedge (A_1 \implies A_2)) \implies A_2$.

("Aussagenlogik": die Logik der Iunktoren).

Die Gültigkeit einer Aussage A in einer betrachteten Realität ist bekannt, wenn man die Gültigkeit bzw. Nicht-Gültigkeit der elementaren Bestandteile der Aussage A in der betrachteten Realität kennt (die Gültigkeit von Aussagen, die einen Iunktor als äußerstes Zeichen haben, hängt ja nur von der Gültigkeit der Teilaussagen ab: vgl. S. 52.)

Beispiele:

(A) $\underbrace{5 \equiv 15 \bmod 8}_{A_1} \Longleftrightarrow \underbrace{\bigvee_q 5 = 15 + q.8}_{A_2}$

A_1	A_2	$A_1 \Longleftrightarrow A_2$
nicht gültig (in der Realität der ganzen Zahlen)	nicht gültig (in der Realität der ganzen Zahlen)	gültig

(B) $(\underbrace{6<9}_{A_1} \wedge (\underbrace{6<9}_{A_1} \Longrightarrow \underbrace{f(6,9)=f(6,9-6)}_{A_2})) \Longrightarrow \underbrace{f(6,9)=f(6,9-6)}_{A_2}.$

A_1	A_2	$(A_1 \wedge (A_1 \Longrightarrow A_2)) \Longrightarrow A_2$
		A_1: gültig, $A_1 \Longrightarrow A_2$: gültig; $A_1 \wedge (A_1 \Longrightarrow A_2)$: gültig
gültig (in der Realität der ganzen Zahlen)	gültig (wenn man f als Symbol für den GGT verwendet)	gültig

Die Aussage (B) hat gegenüber der Aussage (A) die zusätzliche Eigenschaft, daß sie immer den "Wahrheitswert" "gültig" liefern würde, auch wenn (z.B. bei einer anderen Interpretation der vorkommenden Zeichen in einer anderen Realität) die elementaren Teilaussagen A_1 und A_2 andere

Wahrheitswerte annehmen würden. So eine Aussage heißt "<u>aussagenlogische Tautologie</u>". Wir überprüfen das durch Anschreiben der gesamten "Wahrheitstabelle", die durch Ausprobieren aller möglichen Belegungen der elementaren Bestandteile A_1, A_2 mit Wahrheitswerten entsteht:

A_1	A_2	$(A_1 \wedge (A_1 \Longrightarrow A_2)) \Longrightarrow A_2$
gültig	gültig	gültig
gültig	nicht gültig	gültig
nicht gültig	gültig	gültig
nicht gültig	nicht gültig	gültig

In dieser Spalte steht bei einer Tautologie immer "gültig".

Man nennt ferner eine Formel B "<u>aussagenlogische Folge</u>" von Formeln $A_1,\ldots,A_n$, genau dann wenn $(A_1 \wedge \ldots \wedge A_n) \Longrightarrow B$ eine aussagenlogische Tautologie ist. Die Konklusionen der angegebenen aussagenlogischen Schlüsse sind z.B. aussagenlogische Folgen der Prämissen. Alle Formeln B, die man durch aussagenlogische Schlüsse der angegebenen Art aus Formeln $A_1,\ldots,A_n$ erhalten kann, sind auch wieder aussagenlogische Folgen von $A_1,\ldots,A_n$.

In der Tat kann man auch zeigen, daß jede aussagenlogische Folge B von Formeln $A_1,\ldots,A_n$ durch endlich oftmalige Anwendung von einigen wenigen sehr einfachen aussagenlogischen Schlußregeln erhalten werden kann ("<u>Vollständigkeit</u>" von Schlußregelsystemen). Um also zu entscheiden, ob eine Formel B durch rein aussagenlogische Schlüsse aus Formeln $A_1,\ldots,A_n$ entsteht, braucht man nur folgendes Kriterium anzuwenden:

Ist $(A_1 \wedge \ldots \wedge A_n) \Longrightarrow B$ eine Tautologie?

Es ist insofern "leicht", von einer Formel A mit n elementaren Bestandteilen festzustellen, ob sie Tautologie ist, da man ja "nur" für alle möglichen 2^n verschiedenen "Belegungen" der elementaren Bestandteile mit "Wahrheitswerten" auszuprobieren braucht, ob die Formel A den Wahrheitswert "gültig" erhält. In der Praxis kann dieser Nachweis aber für große n sehr zeitaufwendig, ja undurchführbar sein. Wenn man in einem Beweis also nicht sofort erkennt, ob eine Formel B aussagenlogische Konsequenz von Formeln $A_1,\dots,A_n$ ist, so versucht man doch, durch einige Top-down-und Bottom-up-Schritte einen Beweis zu konstruieren (so wie wir es im Beispiel des Assoziativgesetzes auf S.287 demonstriert haben), bevor man systematisch mit Wahrheitstafeln arbeitet.

<u>Beispiele von Quantoren-Schlüssen</u>

$\dfrac{\bigwedge_x (A \wedge B)}{\bigwedge_x A \wedge \bigwedge_x B}$	$\dfrac{\bigwedge_x A \wedge \bigwedge_x B}{\bigwedge_x (A \wedge B)}$	
$\dfrac{\bigwedge_x (A \wedge B)}{(\bigwedge_x A) \wedge B}$	$\dfrac{(\bigwedge_x A) \wedge B}{\bigwedge_x (A \wedge B)}$	(falls x in B nicht vorkommt),
$\dfrac{\bigwedge_x A \vee \bigwedge_x B}{\bigwedge_x (A \vee B)}$		(nicht umgekehrt),
$\dfrac{\bigvee_y \bigwedge_x A}{\bigwedge_x \bigvee_y A}$		(nicht umgekehrt),
$\dfrac{\neg \bigwedge_x A}{\bigvee_x \neg A}$	$\dfrac{\bigvee_x \neg A}{\neg \bigwedge_x A}$	(De-Morgan-Regeln),
$\dfrac{\neg \bigvee_x A}{\bigwedge_x \neg A}$	$\dfrac{\bigwedge_x \neg A}{\neg \bigvee_x A}$	

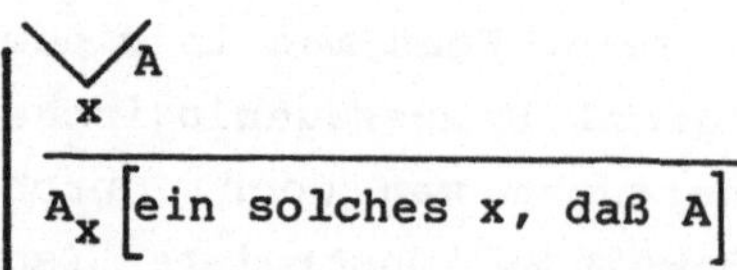

Wir zeigen an einem Beispiel, wie man die De-Morgan-Regel auf einfachere Regeln zurückführt:

Zu zeigen:

(1) $\neg \bigwedge_x E(x) \implies \bigvee_x \neg E(x)$.

(Pfeil auf E:) ein einstelliges Prädikatensymbol

Wir zeigen stattdessen ("Kontraposition")

(2) $\neg \bigvee_x \neg E(x) \implies \bigwedge_x E(x)$

Annahme:

(3) $\neg \bigvee_x \neg E(x)$

Zu zeigen:

(4) $\bigwedge_x E(x)$.

Sei $\bar{x}$ fix, aber beliebig. Wir zeigen

(5) $E(\bar{x})$.

Annahme des Gegenteils:

(6) $\neg E(\bar{x})$

Zu zeigen: ein Widerspruch.

Aus (6) folgt:

(7) $\bigvee_x \neg E(x)$.

Das ist bereits ein Widerspruch zu (3).

Kurzdarstellung des Beweises:

Zu zeigen: $\neg \bigwedge_x E(x) \implies \bigvee_x \neg E(x)$.

In der Tat folgt aus $\neg \bigvee_x \neg E(x)$ die Aussage $\bigwedge_x E(x)$.
Denn angenommen $\neg E(x)$ für ein x, dann $\bigvee_x \neg E(x)$ im Widerspruch zur Annahme $\neg \bigvee_x \neg E(x)$.

Ein Beispiel für die Anwendung der "Ein solches"-Schlußregel findet sich auf S. 291.

EINSETZEN, GLEICHHEIT, ERSETZEN

Wir fassen die Beweistechniken "Einsetzen", "Umgang mit dem Gleichheitszeichen" und "Ersetzen" hier in einem Abschnitt zusammen, weil sie innerhalb des Beweisens einen Rahmen für das bilden, was man oft "Buchstabenrechnen" nennt, oder, anders ausgedrückt, die deskriptive Sprache der Mathematik zu einer Programmiersprache machen. Auch treten diese Beweistechniken meist zusammen auf, wenn mit Hilfe der bisher besprochenen Beweistechniken Quantoren und Iunktoren eliminiert sind.

Schlußregeln für Einsetzen, Gleichheit, Ersetzen

$$\frac{A}{A_x[t]} \qquad \frac{\bigwedge_x A}{A_x[t]}$$ (Einsetzen),

$$\frac{A}{A'}$$ (Umbenennen gebundener Variabler)

(wo A' aus A dadurch ensteht, daß man einige gebundene Variable an allen Stellen, wo sie vorkommen, durch andere ersetzt),

$$t = t \qquad \frac{s = t}{t = s} \qquad \frac{s = t,\ t = u}{s = u}$$

(Reflexivität, Symmetrie und Transitivität der Gleichheit),

$$\frac{s = t \quad A}{A'} \qquad \frac{S \Longleftrightarrow T \quad A}{A'}$$

(Ersetzen von Gleichem durch Gleiches in Aussagen),

(A' entsteht aus A durch Ersetzen von s durch t, bzw. S durch T, an einigen Stellen, wo s bzw. S in A vorkommt),

$$\frac{s = t}{a = a'}$$

(Ersetzen von Gleichem durch Gleiches in in Termen)

(a' entsteht aus a durch Ersetzen von s durch t an einigen Stellen, wo s in a vorkommt).

(A,S,T ... Aussagen, a,s,t ... Terme.
x ... eine Variable, die in A frei vorkommt.
Achtung: Das Einsetzen von Termen und Umbenennen von gebundenen Variablen ist nicht uneingeschränkt erlaubt, siehe Beispiele).

Beispiel:

Wir betrachten den Beweis auf S. 262 noch genauer.

Z.B. entsteht $F_{\bar{k}} < F_{\bar{k}+1}$ aus f) $\bigwedge_{k} F_k < F_{k+1}$ durch Einsetzen des "Terms" (der Konstanten) $\bar{k}$ für die durch den Allquantor gebundene Variable k. Aus b) $\bigwedge_{k \geqq 1} F_{k+2} = F_{k+1} + F_k$ entsteht durch Einsetzen des Terms $\bar{k}-1$ die Aussage

(1) $(\bar{k}-1) \geqq 1 \Longrightarrow F_{(\bar{k}-1)+2} = F_{(\bar{k}-1)+1} + F_{\bar{k}-1}$.

Aus der Aussage

(2) $x \geqq y \qquad x+z \geqq y+z$,

die wir zum Grundwissen rechnen, entsteht durch Einsetzen die Aussage

(3) $\bar{k} \geqq 2 \implies \bar{k}-1 \geqq 2-1$

Nun gilt c) $\bar{k} \geqq 2$. Also gilt mit modus ponens wegen (3) auch

(4) $\bar{k}-1 \geqq 2-1$.

Als Grundwissen betrachten wir: 2-1=1. Dann folgt aus (4) durch <u>Ersetzen</u>

(5) $\bar{k}-1 \geqq 1$.

Aus (1) und (5) folgt dann wieder mit modus ponens

(6) $F_{(\bar{k}-1)+2} = F_{(\bar{k}-1)+1} + F_{\bar{k}-1}$.

Durch einige ähnliche Einsetz- und Ersetzschritte zeigt man $(\bar{k}-1)+2 = \bar{k}+1$, $(\bar{k}-1)+1 = \bar{k}$. Daraus kann man wieder durch <u>Ersetzen</u> in (6)

(7) $F_{\bar{k}+1} = F_{\bar{k}} + F_{\bar{k}-1}$

erhalten und daraus wieder durch solche Schritte unter Verwendung von Grundwissen

(8) $F_{\bar{k}+1} - F_{\bar{k}} = F_{\bar{k}-1}$.

Aus g) erhält man dann durch <u>Ersetzen</u> gemäß (8) die Behauptung

A) $G(F_{\bar{k}+1}, i) \iff G(F_{\bar{k}-1}, i)$.

Die Symmetrie und Transitivität des Gleichheitszeichens kommen dabei versteckt ständig vor, z.B.

$$(\bar{k}-1) + 2 = \bar{k} - (1 - 2) = \bar{k} - (-1) = \bar{k} + 1,$$

(erstes =) durch Einsetzen in allgemeine Gesetze der Arithmetik; (zweites =) durch Ersetzen von (1-2) durch (-1); (drittes =) durch Einsetzen

was nur eine Abkürzung für die einzelnen Behauptungen

$(\bar{k}-1)+2 = \bar{k}-(1-2)$,

$\bar{k}-(1-2) = \bar{k}-(-1)$,

$\bar{k}-(-1) = \bar{k} + 1$,

und schließlich die daraus durch die Transitivität entstehende Behauptung

$(\bar{k}-1)+2 = \bar{k}+1$

ist. Genauso schreibt man oft

$A_1 \Longleftrightarrow A_2 \Longleftrightarrow A_3 \quad \ldots$

als Abkürzung für

$A_1 \Longleftrightarrow A_2$ und

$A_2 \Longleftrightarrow A_3$ und

...

(vgl. Beweisteile auf S. 239).

Beispiel:

Aus

$$x|y \Longleftrightarrow \bigvee_z x.z = y$$

darf man offensichtlich nicht auf

$$z|12 \Longleftrightarrow \bigvee_z z.z = 12$$

schließen. Beim Substituieren in Aussagen, in denen gebundene Variable vorkommen, muß man nämlich dafür sorgen, daß durch das Substituieren eines Terms t (z.B. hier der Variablen z) für eine freie Variable x (z.B. hier die Variable x) nicht eine in t vorkommende freie Variable (hier z.B. z selbst) gebunden wird (hier durch den Quantor $\bigvee_z$). Das kann man immer verhindern, indem man vor der Substitution die gebundenen Variablen in der Aussage entsprechend "umbenennt",

z.B. kann man von

$$x|y \Longleftrightarrow \bigvee_z x.z = y$$

zu

$$x|y \Longleftrightarrow \bigvee_u x.u = y$$

und dann zu

$$z|12 \Longleftrightarrow \bigvee_u z.u = 12$$

übergehen. Ähnlich muß man auch beim Umbenennen gebundener Variabler eine gewisse Vorsicht walten lassen (so darf man in obigem Beispiel nicht z in x umbenennen, vgl. auch Übung , S.).

<u>Beispiel:</u>

Wir betrachten eine verallgemeinerte Form des Beweises von (*) auf S.236. Aufgrund der Schlußregel für "ein solches" und der Ersetzungsregel kann man von

$$\bigvee_x A \quad \text{und } f := \text{ein solches } x, \text{ daß } A$$

übergehen zu

$$A_x\,[f].$$

In unserem Beispiel wissen wir

$$\bigvee_n (F_{\bar{k}+1} < n \leqq F_{\bar{k}+2}, \quad n - F_{\bar{k}+1} < \tfrac{n}{3}).$$

Wenn wir

$$N := \text{ein solches } n, \text{ daß } (F_{\bar{k}+1} < n \leqq F_{\bar{k}+2} \text{ und } n - F_{\bar{k}+1} < \tfrac{n}{3})$$

setzen, wissen wir also

(1) $F_{\bar{k}+1} < N \leqq F_{\bar{k}+2}$ und $N - F_{\bar{k}+1} < \frac{N}{3}$.

Für alle n mit $F_{\bar{k}+1} < n \leqq N$ kann man dann

$$n - F_{\bar{k}+1} < \tfrac{n}{3}$$

auf die angegebene Art zeigen. Umso mehr kann man das zeigen, wenn man zusätzlich zu (1) noch weiß, daß N maximal ist, d.h. daß

Für alle n mit

$$F_{\bar{k}+1} < n \leqq F_{\bar{k}+2} \text{ und } n - F_{\bar{k}+1} < \tfrac{n}{3}$$

gilt: $n \leqq N$.

Rechnen als spezielles Beweisen

Wie bereits erwähnt, ergeben die Einsetzregel, die Ersetzregel und die Eigenschaften der Gleichheit, tunlichst ergänzt durch einige Regeln für den Iunktor ==> ein Arsenal an Beweistechniken, das auch das gesamte "Rechnen" (mit Konstanten und Variablen, "Buchstabenrechnen") als Spezialfall enthält. Etwas genauer gilt der folgende

Satz (KLEENE 52):

Alle überhaupt mit Computer berechenbaren Funktionen

lassen sich durch "Programme" beschreiben, die
aus einer endlichen Anzahl von Gleichungen zwischen Termen (ohne Quantoren) bestehen und

deren "Auswertung" durch Anwendung der Einsetz-, Ersetz und Gleichheitsregel geschieht.

Solche Gleichungen nennt man oft auch "rekursive Definitionen" der Funktionen. Umso mehr enthält die Gesamtheit der Beweistechniken das Rechnen als Spezialfall und es darf daher nicht wunder nehmen, daß

mehr mathematisches Wissen (d.h. mehr "in der betrachteten Realität", "für den verwendeten Datentyp" als gültig bewiesene Aussagen)

bessere Lösungsverfahren für die betrachteten Probleme ergibt.

Denn mehr mathematisches Wissen, mehr bereits als bewiesen zur Verfügung stehende Sätze, bedeuten speziell auch kürzere Beweise neuer Sätze der Gestalt

$\bigwedge_{x} \bigvee_{y} A_{x,y}$ ("Problemlösen"),

insbesondere auch kürzeres "Rechnen", d.h. Konstruieren von Termen für Aussagen der Gestalt

$\bigvee_{y} A_{\bar{x},y}$ ("Problemlösen für die spezielle Eingabe $\bar{x}$).

<u>Beispiel:</u>

Ein "Programm" für die Addition für einen "Computer", der außer der Einsetz-, Ersetz- und Gleichheitsregel nur die Operation "+1" (beschrieben durch das einstellige Funktionssymbol ') beherrscht, wäre z.B.:

(1) $0 + x = x$

(2) $y' + x = (y + x)'$.

Wir "berechnen" z.B. 2 + 3, d.h. $0'' + 0'''$ dadurch, daß wir nacheinander "erschließen":

(3) $0'' + 0''' = (0' + 0''')'$ (aus (2) durch "Einsetzen"),

(4) $0' + 0''' = (0 + 0''')'$ (aus (2) durch "Einsetzen",

(5) $0 + 0''' = 0'''$ (aus (1) durch "Einsetzen",

(6) $(0 + 0''')' = 0''''$ (aus (5) durch "Ersetzen"),

(7) $0' + 0''' = 0''''$
(aus (4) und (6) wegen der "Transitivität"),

(8) $(0' + 0''')' = 0'''''$ (aus (7) durch "Ersetzen"),

(9) $0'' + 0''' = 0'''''$
(aus (3) und (8) wegen der "Transitivität").

Oder in Kurzschreibweise:

$$0'' + 0''' \overset{(2)}{=} (\underbrace{0' + 0'''}_{\substack{= (2) \\ \underbrace{(0 + 0''')'}_{\substack{= (1) \\ 0'''}}}})' = 0'''''.$$

ÜBUNGEN UND ERGÄNZUNGEN

1. Übung (Entscheidungsprobleme, Wiederholung vom Schulstoff):

Stelle eine Liste von typischen Entscheidungsproblemen zusammen, die sich in den Schullehrbüchern finden. Stelle für jedes Problem die Bestimmungsstücke zusammen ohne exakte Definition der verwendeten Teilbegriffe. (Z. B. Entscheidungsproblem "Äquivalenz von Boole'schen Termen": Eingaben s, t (zwei Boole'sche Terme), Frage: s und t beschreiben die gleiche Boole'sche Funktion?)

2. Übung (Entscheidungsproblem, Problemanalyse):

Gib eine exakte Beschreibung des Problems, ob eine gegebenes Wort gemäß den Regeln einer gegebenen BNF-Grammatik ableitbar ist. (Hinweis: vgl. Übung 10, S. 148, vgl. Vorlesung "Einführung in die Informatik". Eine Regel einer BNF-Grammatik ist beschreibbar durch ein Paar (x,y) von Wörtern: x ... Symbol auf der linken Seite der Regel, y ... Wort auf der rechten Seite der Regel.) Das Wort w ist aus dem Wort v in einem Schritt ableitbar genau dann, wenn v und w in der Gestalt v = axb, w = ayb geschrieben werden können, wo (x,y) eine Regel der betrachteten Grammatik ist. w ist aus v ableitbar, wenn w aus v in endlich vielen derartigen Zwischenschritten ableitbar ist. Führe diesen Grundgedanken durch Definitionen exakt aus.).

3. Übung (Datentypen, Wiederholung von Schulstoff):

Wiederhole unter Verwendung der Schulbücher die Definitionen der Begriffe "Ring" und "Körper". Das sind besonders einfache Datentypen, wo alle beteiligten Funktionen den gleichen Grundbereich als Argumentbereich und Wertebereich haben. Z. B. ist der Datentyp "Ring" wie folgt charakterisiert:

Funktion + (x,y):
Funktion - (x):
Funktion 0:
Funktion . (x,y):

Axiome: (1) $(x+y)+z = x+(y+z)$,
(2) $x+0 = x$,
(3) $x+(-x) = 0$,
(4) $x+y = y+x$,
(5) $(x.y).z = x.(y.z)$,
(6) $x.(y+z) = x.y + x.z$.

"Realisierungen" dieses Datentyps ("Beispiele von Ringen") sind **Z** zusammen mit Addition und Multiplikation, ebnso **Q**, **R**, **C** zusammen mit Addition und Multiplikation. Beweise das im Detail für **C**, indem du die Definition der Operationen $\oplus$ und $\odot$ aus der Übung 11, S. 149 nimmst und 0 und das einstellige Minus naheliegend wählst. Zeige ebenso, daß der Bereich der (n,n)-Matrizen über **R** mit den in Übung 12, S.150 definierten Operationen einen Ring bilden, ebenso der Bereich der Polynomfunktionen und auch der Polynome (definiere dazu Operationen +, -, o, . in diesen Bereichen in naheliegender Weise), ebenso Restklassenbereiche (vgl. Übung 10, S. 78).

Stelle ebenso die Axiome des Datentyps "Körper" zusammen und gib Realisierungen dieses Datentyps. Betrachte insbesondere den Restklassenbereich modulo (3) und überprüfe, ob er ein Körper ist.

Wie heißen die einzelnen Gesetze? Benenne auch die einzelnen Axiome in den folgenden Übungen.

4. Übung (Datentypen, Wiederholung von Schulstoff)

Wiederhole unter Verwendung der Schulbücher die Definition des Begriffs "Gruppe". Gib eine Lösung des folgenden Berechnungsproblems:

gegeben: x,y
gesucht: z, sodaß $x.z = y$,

wobei "." eine Operation ist, für welche die Gruppenaxiome gelten. Beobachte, wie sich die Lösung dieses Problems unverändert auf verschiedene Realisierungen des Datentyps "Gruppe" überträgt (gib dazu verschiedene Beispiele für Gruppen an: Verwende die Schulbücher).

Betrachte insbesondere auch das Beispiel der Permutationen von $\mathbb{N}_n$ mit der Hintereinanderausführung als Gruppenverknüpfung. Diskutiere an diesem Beispiel den Vorteil, den eine Problemlösung relativ zu abstrakten Datentypen als Grundbausteinen hat.

5. Übung (einfache Beweise, Datentypen, Wiederholung von Schulstoff)

Beweise ausführlich, aber übersichtlich unter Verwendung der verschiedenen Beweistechniken. daß für beliebige Untermengen A, B, C einer Menge M folgende Gleichung gilt:

(1) $(A \cup B) \cup C = A \cup (B \cup C)$

Gib Rechenschaft, welche Symbole an welchen Stellen des Beweises Variable und welche Konstante sind. Führe den aussagenlogischen Teil des Beweises einmal mit Wahrheitstafeln (vgl. S. 284) und einmal durch Zerlegung in elementare Top-down- und Bottom-up-Schritte (vgl. S. 278) durch. Hole die Beweisidee aus Venn-Diagrammen. Beweise ebenso das Assoziativgesetz für $\cap$, das Kommutativgesetz für $\cup$ und $\cap$ und das Distributivgesetz für $\cap$ über $\cup$ und für $\cup$ über $\cap$ und die folgenden Gesetze.

(2) $A \cap (B \cup A) = A$, $A \cup (B \cap A) = A$ (Verschmelzungsgesetz)

(3) $A \cup \emptyset = A$, $A \cap M = A$

(4) $A \cup \bar{A} = M$, $A \cap \bar{A} = \emptyset$

Ein Datentyp, für dessen Operationen die angegebenen Axiome gelten, heißt Boole'scher Verband oder Boole'sche Algebra. Pot (M) zusammen mit den Operationen $\cup, \cap, \bar{}$ und $\emptyset$, M bilden also einen Boole'schen Verband. Gib andere Beispiele von Boole'schen Verbänden (z. B. Verband der Wahrheitswerte "wahr", "falsch" mit den Operationen "Konjunktion", "Disjunktion", "Negation", vgl. S. 52; z. B. Verband der Teiler einer ganzen Zahl z mit den Operationen GGT, KGV und $\lambda x.\frac{z}{x}$ als "Komplement". Was muß z erfüllen, damit diese Komplementbildung das zu (4) analoge Gesetz erfüllt?).

6. Übung (Datentypen, Wiederholung von Schulstoff):

Definition: Sei R $\subseteq$ MxM:
R heißt reflexiv :<==> Für alle x: xRx.
R heißt symmetrisch :<==> Für alle x,y: xRy ==> yRx.
R heißt antisymmetrisch :<==> Für alle x,y: (xRy, yRx) ==> x=y.

R heißt transitiv :<==> Für alle x,y,z: (xRy, yRz) ==> xRz.

Gib eine Charakterisierung der Datentypen "Quasiordnung", "partielle Ordnung", "totale (oder lineare) Ordnung", "Äquivalenzrelation" in der auf S. 250 gegebenen Form durch Angabe der betreffenden Axiome (Quasiordnung: reflexiv, transitiv; partielle Ordnung: reflexiv, antisymmetrisch, transitiv; totale Ordnung: wie partielle Ordnung, zusätzlich: xRy $\vee$ yRx; Äquivalenzrelation: Reflexiv, symmetrisch, transitiv). Gib Realisierungen dieser Datentypen.

7. Übung (Routine in der Anwendung der Beweistechniken, Datentypen in Korrektheitsweisen):

Beweise die auf den S. 90 ff. im Rahmen des Korrektheitsbeweises für das Sortierprogramm "in einem Schritt" (anhand einer Zeichnung) als gültig angesehene Aussagen ausführlich unter Verwendung der Beweistechniken und unter alleiniger Verwendung der "Speicheraxiome" für die Operationen "Schreiben", "Lesen" und "Länge" auf S. 249. Die Anweisung (b_k,b_{k+1}): = (b_{k+1},b_k) muß dazu als Abkürzung für
b: = $s(s(b,k,b_{k+1}),k+1,b_k)$ aufgefaßt werden.

8. Übung (Routine in der Anwendung der Beweistechniken):

Beweise ausführlich unter Anwendung der Beweistechniken, daß die auf S. 251 angeführten Beispiele von Realisierungen der Operationen "Schreiben", "Lesen" und "Länge" tatsächlich die "Speicheraxiome" erfüllen.

9. Übung (Datentypen, Wissen und Algorithmus):

Betrachte folgenden Datentyp (vgl. auch die Übung S. 99):

m ("Mischen zweier Folgen"),

l, r ("Bilden des linken bzw. rechten Teils einer Folge"),

mit den Axiomen

x, y sortiert $\Longrightarrow$ $m(x,y)$ sortiert,

$m(x,y) <> xy$ (Konkatenation von x und y),

$x <> x', y <> y' \Longrightarrow m(x,y) <> x'y'$,

$|x| > 1 \Longrightarrow 1 \leqq |l(x)| < |x|$,

$1 \leqq |r(x)| < |x|$,

$l(x)\ r(x) = x$.

Gib ausführliche Interpretationen der Axiome durch umgangssprachliche Umschreibungen und beweise dann mit Hilfe dieser Axiome, daß für alle Folgen a gilt

f(a) ist sortiert und

$a * f(a)$,

wenn f folgende Eigenschaften hat:

$|a| = 1 \Longrightarrow f(a) = a$,

$|a| > 1 \Longrightarrow f(a) = m(f(l(a)), f(r(a)))$

(rekursive Formulierung des <u>Sortier-Algorithmus durch Mischen</u>). Zeige an einem Beispiel, wie man nur durch Einsetzen, Ersetzen und Schlußregeln für das Gleichheitszeichen und die Junktoren f((2,1,3,2,1,3,4,1)) "ausrechnen" (d. h. die Folge (2,1,...,1) sortieren) kann. Gib verschiedene Realisierungen für die Operationen m, l, r an, die die Axiome erfüllen. Beobachte, wie sich dadurch die Komplexität des Algorithmus ändert, nicht aber die Korrektheit.

<u>10. Übung</u> (Routine in der Anwendung der Beweistechniken, Wiederholung von Schulstoff):

Gib eine exakte Definition des Begriffes <u>"Grenzwert einer reellen - Folge"</u> in der Form

lim f := ein soches a $\in$ **R**, daß ...

für Folgen f: **N** $\longrightarrow$ **R**, die konvergent sind, d. h. für welche "ein solches a $\in$ **R** existiert, daß ...". Die Eigenschaft "..." lautet: Die Folgenglieder f_n sollen für "genügend große" n "beliebig nahe bei" a liegen. Beschreibe diese Vorstellungen exakt mit Quantoren. Hinweis: "Für alle $\varepsilon > 0$ existiert ein N $\in$ **N**, sodaß ...").

Gib unter Verwendung der Beweistechniken Beweise für folgende Aussagen:

$$\lim_{n \to \infty} \frac{1}{n} = 0,$$

$$\lim_{n \to \infty} \left(\frac{1}{2}\right)^n = 0,$$

$$\lim_{n \to \infty} (f_n + g_n) = \lim_{n \to \infty} f_n + \lim_{n \to \infty} g_n$$

(Hier wird "lim" als <u>Quantor</u> verwendet, der aus einem Term einen Term macht, während weiter oben lim ein Funktionssymbol ist! Die beiden Verwendungsarten von "lim" hängen wie folgt zusammen:

$\lim_{n \to \infty} t$, wo t ein Term mit freier Variabler n ist,

ist eine Abkürzung für

$\lim (\lambda n \in \mathbf{N}.t)$.

Präsentiere die obigen Beweise wie auch die Beweise in den vorangegangenen Übungen in <u>strukturierter Form</u>:

> <u>Zerlegung</u> eines Beweises durch Anwenden der Beweistechniken,
> Angabe der wesentlichen <u>Beweisideen</u> für Teilprobleme an
> den betreffenden Beweisstellen, (gib aussagekräfige Zeichnungen an),
> Details der Teilbeweise unter Verwendung der Beweistechniken.

Achte insbesondere auf die Verwendung von Variablen und Konstanten und auf die Bildung von "Beispielen" für den Beweis von <u>Existenzaussagen</u> aus "Material", das aus gültigen Existenzaussagen gewonnen wird.

<u>11. Übung</u> (Explizitmachen von Beweistechniken):

Analysiere den Beweis von (2), S. 236 in der Art wie der Beweis von (1), S. 260 analysiert wurde.

12. Übung (Tautologien):

Ob eine Formel eine Tautologie ist, kann man oft auch leicht mit folgender "indirekten Methode" feststellen, die wir am Beispiel

((A ∨ B) ∧ (A ===> C) ∧ (B ===> C)) ===> C

zeigen, wobei A,B,C die elementaren Bestandteile der betrachteten Formel seien. Man nimmt an, daß es eine Belegung mit Wahrheitswerten gebe, sodaß die Aussage bei dieser Belegung falsch wäre, und leitet einen Widerspruch ab:

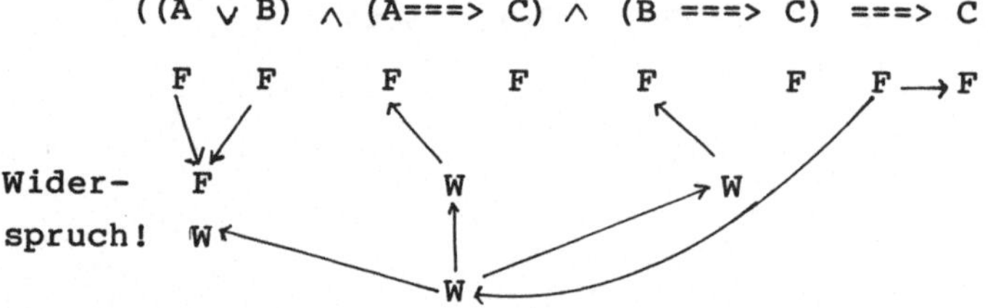

(F ... "falsch", W ... "wahr". Die Pfeile zeigen, welche Festsetzung eines Wahrheitswertes welche andere Festsetzung zur Folge hat.)

Zeige mit die Methode, daß folgende Formeln Tautologien sind:

(A ===> C) ∧ (¬A ===> D) ===> (C ∨ D)

(A ===> B) ∧ (B ===> C) ===> (A ===> C)

Probiere die Methode auch an dem folgenden Beispiel. Was bemerkt man?

(A ∧ (B ∨ A)) <===> A.

Beweise die obigen Aussagen jetzt mit der Methode "Annahme: ..., zu zeigen: ..." unter Verwendung sehr einfacher Schlußregeln inklusive "modus ponens". Führe dieselben Beweise auch mündlich.

<u>13. Übung</u> (Routine im Umgang mit den Beweistechniken, Wiederholung von Schulstoff):

Suche in einem Schullehrbuch einen Beweis der folgenden Tatsache:

$\sqrt{2}$ ist keine rationale Zahl

und formuliere den Beweis ausführlich unter Verwendung der Beweistechniken. Gib den Beweis in strukturierter Form wieder.

<u>14. Übung</u> (Erarbeitung von neuem mathematischen Wissen durch Beweisen):

Betrachte die folgende Menge M von Punkten, die in "Klassen" eingeteilt ist:

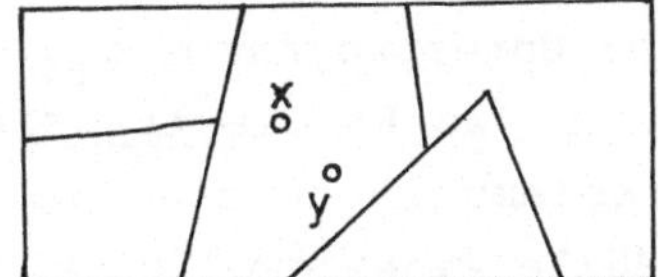

Formuliere einen exakten Begriff von "Klasseneinteilung"
(Hinweis: P ist eine Klasseneinteilung <u>(Partition)</u> von M genau dann, wenn P aus lauter nicht leeren Teilmengen von M besteht, wobei
"alle Teilmengen zusammen überdecken M" und
"zwei Teilmengen überlappen sich nicht".)

Definiere für eine Partition P von M exakt die folgende Relation M // P, die zwischen zwei Punkten x,y $\in$ M genau dann gilt, wenn x und y in "derselben Klasse von P" liegen. Zeige, daß diese Relation eine <u>Äquivalenzrelation</u> ist.

Betrachte andererseits eine beliebige Äquivalenzrelation R von M. Sei M/R die Menge aller Äquivalenzklassen von M bei R, wobei "die zum Punkt x $\in$ M gehörige Äquivalenzklasse bei R" alle Punkte umfaßt, die mit x in der Relation R stehen. Gib eine exakte Definition von M/R und zeige, daß M/R eine Partition von M ist.

Wenn man von einer Äquivalenzrelation R ausgeht und die Partition P:=M/R bildet, dann kann mann natürlich auch von P weitergehen und dazu wieder die zugehörige Äquivalenzrelation M//P bilden. Was vermutest du über den Zusammenhang zwischen R und M//P = M//(M/R)?
Beweise deine Vermutung exakt. Gehe genauso von einer Partition

P aus, bilde M//P und dann M/(M//P). Wie werden P und M/(M//P) zusammenhängen? Beweis!

<u>15. Übung</u> (Problemlösung als ganzheitlicher Prozeß):

Schreibe ein Computer-Programm, das von einem beliebigen Programm-Text entscheidet, ob sich Prozeduren rekursiv aufrufen. Gehe dabei alle Schritte des Problemlösungsprozesses, insbesondere auch den Korrektheitsbeweis, durch.

(Hinweis: Gegeben sei folgende Relation:

p R q: <==> Unterprogramm p ruft Unterprogramm q in seinem Prozedurrumpf auf.

Rekursive Aufrufe liegen vor, wenn es ein Programm p gibt, sodaß p R q_1 R q_2 ... R q_n R p für gewisse Unterprogramme $q_1, \ldots, q_n$, d. h. wenn es Programme p gibt, sodaß p R* p, wo R* die <u>transitive Hülle</u> von R ist. Die Lösung des gegebenen Problems läuft also im wesentlichen auf die Bestimmung der transitiven Hülle einer endlichen Relation R hinaus. Gib eine exakte Definition dieses Begriffes für beliebige, auch unendliche Relationen R, vgl. Übung 2, S. 294. Für endliche Relationen R gilt:

$$R^* = \bigcup_{i=1}^{n} R^i,$$

wobei $R^1 := R$, $R^{i+1} = R \circ R^i$, $n = |M|$.

$$X \circ Y := \{(x,y): (x,z) \in X \text{ und } (z,y) \in Y \text{ für ein } z \in M\}.$$

Beweise diese Beziehung. Entwickle aus diesem Wissen einen <u>ersten Lösungsalgorithmus</u> für das Problem. Entwickle einen <u>besseren Algorithmus</u> für dieses Problem durch folgende Beobachtung:

Seien 1, ..., n "ohne Beschränkung der Allgemeinheit" (was heißt das?) die Elemente von M und sei W folgendes Prädikat:

W(R,j,k,i): <==> j läßt sich mit k in R durch einen Weg verbinden, der nur Zwischenknoten aus der Menge {1,...,i} enthält.

Dann gilt:

(W1) $W(R,j,k,i+1) \iff W(R,j,k,i)$ oder $(W(R,j,i+1,i) \wedge W(R,i+1,k,i))$.

(W2) $(j,k) \in R^* \iff W(R,j,k,n)$.

Definiere W exakt, formuliere (W1) und (W2) anschaulich, mache dazu eine Zeichnung, beweise (W1) und (W2). Entwickle aus (W1) und (W2) einen iterativen Algorithmus <u>(Warshall Algorithmus)</u>:

```
R*: = R
for i: = 1 to n do
   for j: = 1 to n do
      if (j,i) ∈ R*
      then for k: = 1 to n do
               if (i,k) ∈ R*
               then R*: = R* ∪ {(j,k)}.
```

Beweise seine Korrektheit mit der Methode der induktiven Behauptungen und unter Verwendung der Beweistechniken. Realisiere jetzt den <u>Datentyp "Relation"</u> durch eine "Boole'sche Matrix" B, vgl. Übung 6, S. 146, also

$$(j,k) \in R \iff B_{j,k} = 1,$$

und beweise, daß die Anweisung

<u>if</u> $(i,k) \in R^*$ <u>then</u> $R^* := R^* \cup \{(j,k)\}$

durch die Anweisung

$$B_{j,k} := B_{j,k} \vee B_{i,k}$$

korrekt realisiert ist. Rechne Beispiele mit und ohne Verwendung der Boole'schen Matrizen. Gib Komplexitätabschätzungen für die beiden Lösungsverfahren. Dokumentiere das Verfahren.

Literatur zum Thema dieser Vorlesung

Literatur über das Arbeiten mit der Literatur:

DORLING 77.

Literatur über den Gesamtvorgang des mathematischen Problemlösens:

Über den Gesamtvorgang des mathematischen Problemlösens gibt es erstaunlicherweise wenig auf die Praxis ausgerichtet Literatur. Über Techniken des Ideenfinden (Heuristik) ist nach wie vor POLYA 49 und POLYA 54 das grundlegendste Buch, siehe aber auch WICKELGREN 47 und ADAMS 74. Auch problemorientierte spezielle Bücher aus der Unterhaltungsmathematik enthalten zur Heuristik oft interessante, jedoch unsystematische Beiträge, siehe z. B. BUTTS 73, GARDNER 71. Neuerdings kann man zum Thema der Heuristik auch in den Büchern über Künstliche Intelligenz manche Anregungen für die Praxis des Problemlösens finden, siehe z. B. NILSSON 71. Den gesamten Vorgang des Problemlösens betrachtet auch das Gebiet der Systemtheorie /Systemtechnik, siehe z.B. F. PICHLER 75, WYMORE 76, RUBINSTEIN 75. Auch gibt es einige Bücher, die speziell das mathematische Modellbilden an Beispielen demonstrieren, z. B. ANDREWS/MELONE 76, KAUFMAN/FAURE 74. Der systematische Entwurf korrekter Algorithmen wird in DIJKSTRA 76 und WIRTH 72 demonstriert. Über die Technik der Korrektheitsbeweise für Algorithmen findet sich das Wesentliche in MANNA 74. Das für die Praxis nützliche Werkzeug für Komplexitätsabschätzungen findet sich in KNUTH 68 und AHO/HOPCROFT/ULLMAN 74. Über die Praxis des Beweises gibt es paradoxerweise derzeit kaum ein befriedigendes Lehrbuch, obwohl natürlich über die Grundlagen der Mathematik und die Logik ein nicht mehr überschaubares theoretisches Schrifttum existiert.

Lehrbücher zum Thema "Mathematik für Informatiker"

In deutscher Sprache:

BIRKHOFF/BARTEE 70,
DÖRFLER 77,
OBERSCHELP/WILLE 76.

In englischer Sprache:

GILLIGAN/NENNO 75,
JAMISON 73,
KAPPS/BERGMANN 75,
KORFHAGE 74,
PRATHER 76,
PREPARATA/YEH 73,
TREMBLAY/MANOHAR 75,
ZURMÜHL 65.

Zitierte Literatur

J. L. ADAMS. Conceptual Blockbusting. Norton, New York, 1974.

A. V. AHO, J. E. HOPCROFT, J. D. ULLMAN. The Design and Analysis of Computer Algorithms. Addison-Wesley, Reading, 1974.

J. G. ANDREWS, R. R. MCLONE (Hrsg.). Mathematical Modelling. Butterworths, London, 1976.

R. E. BELLMANN. Dynamic Programming. Princetown, 1957.

G. BIRKHOFF, T. C. BARTEE. Modern Applied Algebra. (Deutsche Übersetzung: Angewandte Algebra. Oldenburg, München, 1973).

B. BUCHBERGER. Eine Fallstudie in systematischer Algorithmenentwicklung und Algorithmenverifikation: Ein Algorithmus für ein Nimmspiel. Bericht Nr. 162, Universität Linz, Institut für Mathematik, 1980.

T. BUTTS. Problem Solving in Mathematics. Scott, Foresman & Co., London, 1973.

O. J. DAHL, E. W. DIJKSTRA, C. A. R. HOARE. Structured Programming. Academic Press, London, 1972.

DE BRUIJN. Asymptotic Methods in Analysis. North Holland, Amsterdam, 1961.

E. W. DIJKSTRA. A Discipline of Programming. Prentice-Hall Inc., Englewood, 1976.

W. DÖRFLER. Mathematik für Inforamtiker I, II. C. Hansen, München 1977.

A. R. DORLING (Hrsg.). Use of Mathematical Literature. Butterworths, London, 1977.

GARDNER. Logik unterm Galgen. Verlag Vieweg, Braunschweig, 1971.

P. GESSNER, H. WACKER. Dynamische Optmierung (Einführung-Modelle-Computerprogramme). C. Hanser Verlag, München, 1972.

L. G. GILLIGAN, R. B. NENNO. Finite Mathematics, An Elementary Approach. Goodyear, Pacific Palisades, 1975.

S. GOLDBERG. Differenzengleichungen und ihre Anwendung in Wirtschaftswissenschaften, Psychologie und Soziologie. Oldenbur-g, München, 1968.

R. V. JAMISON. Introduction to Computer Science Mathematics. McGraw Hill, New York, 1973.

C. A. KAPPS, S. BERGMAN. Introduction to the Theory of Computing. C. E. Merill, Columbus, 1975.

A. KAUFMANN, R. FAURE. Methoden des Operations Research (Eine Einführung in Fallstudien). W. de Gruyter, Berlin, 1974.

S. C. KLEENE. Introduction to Metamathematics. North-Holland, Amsterdam, 1952.

K. KNOPP. Theorie und Anwendung der unendliche Reihen. Springer, 5. Auflage, 1964.

D. E. KNUTH. The Art of Computer Programming, Vol. 1 (Fundamental Algorithms). Addison-Wesley, Reading, 1968.

D. E. KNUTH. The Art of Computer Programming, Vol. 3 (Sorting and Searching). Addison-Wesley, Reading 1973.

R. R. KORFHAGE. Discrete Computational Structures. Academic Press, New York, 1974.

H. LORIN. Sorting and Sort Systems. Addison-Wesley, Reading, 1975.

Z. MANNA. Mathematical Theory of Computation. McGraw Hill, 1974.

K. MEHLHORN. Effiziente Algorithmen. Teubner, Stuttgart, 1977.

K. NEUMANN. Dynamische Programmierung. Bibliographisches Institut, Mannheim, 1969.

M. J. NILSSON. Problem-Solving Methods in Artifical Intelligence. McGraw Hill, New York, 1971.

W. OBERSCHELP, D. WILLE. Mathematischer Einführungskurs für Informatiker. Teubner, Stuttgart, 1976.

F. PICHLER. Mathematische Systemtheorie. W. de Gruyter Verlag, Berlin, 1975.

G. POLYA. How to Solve it. (Deutsche Übersetzung: Schule des Denkens. Francke Verlag, Bern, 1967).

G. POLYA. Mathematics and Plausible Reasoning I, II. (Deutsche Übersetzung: Mathematik und plausibles Schließen. Birkhauser Verlag, Basel, 1962.)

R. E. PRATHER. Discrete Mathematical Structures for Computer Science. Houghton Mifflin, Boston, 1976.

F. P. PREPARATA, R. T. YEH. Introduction to Discrete Structures for Computer Science and Engineering. Addison-Wesley, Reading, 1973.

P. RECHENBERG. Programmieren mit PL/I. Oldenbourg, München, 1975.

M. F. RUBINSTEIN. Patterns of Problem Solving. Prentice-Hall Inc., London, 1975.

G. TINHOFER. Methoden der angewandten Graphentheorie. Springer, Wien, 1976.

J. P. TREMBLAY, R. MANOHAR. Discrete Mathematical Structures with Applications to Computer Science. McGraw Hill, New York, 1975.

W. A. WICKELGREN. How to Solve Problems. Freeman, San Francisco, 1974.

N. WIRTH. Systematisches Programmieren. Teubner, 1972.

WOROBJEW. Fibonacci-Zahlen. (Deutsche Übersetzung aus dem Russischen: Deutscher Verlag der Wissenschaften, Berlin, 1972.)

A. W. WYMORE. Systems Engineering Methodology for Interdisciplinary Teams. Wiley-Interscience, 1976.

R. ZURMÜHL. Praktische Mathematik. Springer, Berlin, 1965.

Symbolverzeichnis

Logik:

$\wedge$, $\vee$, $\neg$, ==>, <==>, $\bigwedge_x$, $\bigvee_x$ (S. 50, 51, 55).

Algorithmen:

begin, do, else, end, endfor, endif, endwhile, for, function, if, procedure, then, to, while, :=, ; (S. 62, 65).

{E} S {A} (S. 124).

Mengenlehre:

$\in$ (S. 103).

$\cap$, $\cup$, -, $\bigcap$, $\bigcup$, x, Pot, $\subseteq$, $\supseteq$, $\not\subseteq$, $\emptyset$, $\bar{y}$ (S. 109, 110).

{ } (S. 104), () (S. 108).

N, $\mathbf{N}_0$, $\mathbf{N}_n$, **Z**, **Q**, **R**, **C** (S. 111).

f: N $\longrightarrow$ M (S. 116).

x $\longrightarrow$ t (S. 119).

λx.t (S. 118).

Zahlbereiche:

Σ, Π (S. 58).

GGT, KGV, x|y, |x|, $\lfloor x \rfloor$, [x], $\lceil x \rceil$, n!, $\binom{n}{k}$ (S. 77,78,79).

0(f(n)) (S. 194).

Stichwortverzeichnis

F. L. Bauer, G. Goos

Informatik

Eine einführende Übersicht
Teil 1

2. Auflage. 1973. 111 Abbildungen. XII, 220 Seiten
(Heidelberger Taschenbücher, Band 80)
DM 19,80
ISBN 3-540-063332-3

Inhaltsübersicht:
Information und Nachricht. - Begriffliche Grundlagen der Programmierung. - Maschinenorientierte algorithmische Sprachen. - Schaltnetze und Schaltwerke. - Anhang: Zahlsysteme.

Die 2. Auflage dieses Lehrbuches wurde in vielen Einzelheiten verbessert, ohne daß die grundlegende Konzeption geändert worden wäre. Das Taschenbuch „Informatik - Eine einführende Übersicht" ist das wichtigste deutschsprachige Lehrbuch seines Gebietes.

Aus den Besprechungen zur 1. Auflage:

„...Der Stoffentstehung entsprechend, vermittelt das Buch zunächst solche Grundlagen, die Verbindungen zur Nachrichtentechnik, Psychologie und Neurologie geben, und streift Kodierungs- und Informationstheorie. Danach werden begriffliche Grundlagen der Programmierung als zentrales Thema der Informatik dargestellt und zu maschinenorientierten algorithmischen Sprachen und zur maschinennahen Programmierung übergeleitet. Der erste Teil schließt mit Hardware-Überlegungen, insbesondere der Schaltwerkstheorie. ...
...Wegen seiner zielsicheren Erklärung, sehr guten Verständlichkeit und geschickten Stoffwahl ist das vorliegende Werk als Unterstützung von Vorlesungen und Kursen, aber auch zum Selbststudium sehr geeignet und zu empfehlen." *Elin-Zeitschrift*

Springer-Verlag
Berlin
Heidelberg
New York

F. L. Bauer, G. Goss

Informatik

Eine einführende Übersicht
Teil 2

2. Auflage. 1974. 73 Abbildungen. XIII, 207 Seiten
(Heidelberger Taschenbücher Band 91)
DM 19,80
ISBN 3-540-06899-6

Inhaltsübersicht:
Dynamische Speicherverteilung. – Hintergrundspeicher und Verkehr mit der Außenwelt, Grundprogramme. - Automaten und formale Sprachen. - Syntaktische und semantische Definition algorithmischer Sprachen. - Anhang: Datenendgeräte. Zur Geschichte der Informatik.

Dieser 2. Band einer einführenden Übersicht über die Informatik stellt zusammen mit dem 1. Teil eine abgerundete und elementare Einführung in die grundlegenden Probleme dieses modernen Wissenschaftszweiges dar. Der 2. Teil befaßt sich in seinem ersten Kapitel mit den Problemen der dynamischen Speicherverteilung, wie sie vor allem beim Compilerbau auftreten. Im folgenden Kapitel werden Hintergrundspeicher und deren Zusammenwirken mit dem Hauptspeicher beschrieben. Ein Unterkapitel ist der Datenverwaltung gewidmet, ein weiteres den Betriebssystemen und Dienstprogrammen (Utility Programs). Daran anschließend werden die Grundlagen der Automatentheorie, formalen Sprachen, sowie die Definition von Programmiersprachen behandelt. Neben einzelnen Berbesserungen enthält die 2. Auflage einen Anhang über bestimmte Aspekte der Hardware, beispielsweise Datengeräte.

Springer-Verlag
Berlin
Heidelberg
New York